SolidWorks 2020
中文版从入门到精通
（微课视频版）

胡仁喜　张晓敏　刘冬雨　等编著

电子工业出版社
Publishing House of Electronics Industry
北京·BEIJING

内 容 简 介

本书通过 178 个典型工程实例，由浅入深、从易到难地讲述了 SolidWorks 2020 的知识点，重点讲解了 SolidWorks 2020 在工程设计中的应用。本书按知识结构分为 11 章，包括 SolidWorks 2020 基础、草图绘制、基础特征建模、附加特征建模、辅助特征工具、曲线、曲面、钣金设计、装配体设计、工程图的绘制、手压阀设计综合实例。

本书电子资源包括书中所有实例的源文件、结果文件及操作过程的视频讲解文件，读者均可免费下载（详见前言）。

本书适合作为各级学校和培训机构相关专业人员学习 SolidWorks 软件的教学和自学辅导书，也可以作为机械设计和工业设计相关人员的学习参考书。

未经许可，不得以任何方式复制或抄袭本书之部分或全部内容。
版权所有，侵权必究。

图书在版编目（CIP）数据

SolidWorks 2020 中文版从入门到精通：微课视频版/胡仁喜等编著. —北京：电子工业出版社，2020.9
ISBN 978-7-121-39611-3

Ⅰ. ①S… Ⅱ. ①胡… Ⅲ. ①计算机辅助设计－应用软件 Ⅳ. ①TP391.72

中国版本图书馆 CIP 数据核字（2020）第 179170 号

责任编辑：王艳萍
印　　刷：三河市鑫金马印装有限公司
装　　订：三河市鑫金马印装有限公司
出版发行：电子工业出版社
　　　　　北京市海淀区万寿路 173 信箱　邮编 100036
开　　本：787×1 092　1/16　印张：26.25　字数：672 千字
版　　次：2020 年 9 月第 1 版
印　　次：2020 年 9 月第 1 次印刷
定　　价：88.00 元

凡所购买电子工业出版社图书有缺损问题，请向购买书店调换。若书店售缺，请与本社发行部联系，联系及邮购电话：(010) 88254888，88258888。
质量投诉请发邮件至 zlts@phei.com.cn，盗版侵权举报请发邮件至 dbqq@phei.com.cn。
本书咨询联系方式：(010) 88254574，wangyp@phei.com.cn。

前　　言

　　SolidWorks 是由著名的三维 CAD 软件开发供应商 SolidWorks 公司发布的三维机械设计软件，可以最大限度地释放机械、模具、消费品设计师们的创造力，使他们只需花费较少时间即可设计出更好、更有吸引力、更有创新力、在市场上更受欢迎的产品。随着新产品的不断升级和改进，SolidWorks 2020 已成为目前市场上扩展性最佳的软件产品之一，也是唯一集三维设计和分析、产品数据管理、多用户协作以及注塑件确认等功能于一体的软件。

　　SolidWorks 2020，不论在价格上，还是在功能实用性上，都是一个飞跃。SolidWorks 家族在市场上的普及面越来越广，已经逐渐成为主流三维机械设计的第一选择，其强大的绘图功能、空前的易用性以及一系列提升设计效率的新特性，不断推进业界对三维设计的应用，也加速了整个三维设计行业发展的步伐。SolidWorks 正在成为机械设计领域中的三维设计标准，其文件格式已成为三维设计软件领域中流通率（数据交换、使用率）最高的格式。

一、本书特色

　　本书具有以下 5 大特色。

1. 由浅入深

　　本书编著者结合自己多年的计算机辅助设计领域的工作与教学经验，针对初级用户学习 SolidWorks 的难点和疑点，由浅入深，全面、细致地讲解了 SolidWorks 在工业设计应用领域的各种功能和使用方法。

2. 实例专业

　　本书中的很多实例本身就是工程设计项目案例，经过编著者精心提炼和改编，不仅保证了读者能够学好知识点，更重要的是能帮助读者掌握实际操作技能。

3. 提升技能

　　本书从全面提升 SolidWorks 设计能力的角度出发，结合大量的案例来讲解如何利用 SolidWorks 进行工程设计，真正让读者懂得计算机辅助设计并能独立地完成各种工程设计。

4. 内容全面

　　本书在有限的篇幅内讲解了 SolidWorks 的常用功能，内容涵盖了草图绘制、零件建模、曲面造型、装配建模、工程图绘制等知识。

5. 学以致用

　　结合大量的工业设计实例，详细讲解 SolidWorks 的知识要点，读者能够在学习案例的过程中，潜移默化地掌握 SolidWorks 软件的操作技巧，同时培养其工程设计的实践能力。

二、本书的组织结构和主要内容

　　本书通过 178 个典型工程实例，全面介绍 SolidWorks 2020 中文版从基础到实例的全部知识，帮助读者从入门走向精通。全书分为 11 章，各章内容如下。

第 1 章主要介绍 SolidWorks 2020 基础。

第 2 章主要介绍草图绘制。

第 3 章主要介绍基础特征建模。

第 4 章主要介绍附加特征建模。

第 5 章主要介绍辅助特征工具。

第 6 章主要介绍曲线。

第 7 章主要介绍曲面。

第 8 章主要介绍钣金设计。

第 9 章主要介绍装配体设计。

第 10 章主要介绍工程图的绘制。

第 11 章通过一个手压阀设计综合实例演示了 SolidWorks 2020 的使用。

三、电子资料使用说明

本书除利用传统纸面进行讲解外，还随书配送了多媒体学习资料，包含全书的讲解实例和练习实例的源文件、结果文件，并制作了与实例同步的，共 216 段、长达 874 分钟的视频讲解文件。利用丰富的多媒体资源，读者可以轻松愉悦地学习本书。

上述电子资源，读者可关注微信公众号"华信教育资源网"，回复"39611"获得。

四、致谢

本书由河北交通职业技术学院的胡仁喜博士以及河北省农业农村厅的张晓敏和刘冬雨老师编著，井晓翠、万金环等也为本书的编写提供了大量帮助，在此向他们表示感谢！

由于时间仓促，加上编者水平有限，书中不足之处在所难免，望广大读者联系 wangyp@phei.com.cn 批评指正，编者将不胜感激，也可以加入 QQ 群 487450640 参与交流探讨。

编著者

目　　录

第1章　SolidWorks 2020 基础 …………… 1
1.1　SolidWorks 2020 简介 …………… 1
1.1.1　启动 SolidWorks 2020 …… 1
1.1.2　新建文件 …………………… 2
1.1.3　SolidWorks 用户界面 …… 3
1.2　SolidWorks 工作环境设置 ………… 8
1.2.1　设置工具栏 ………………… 8
1.2.2　设置工具栏命令按钮 ……… 9
1.2.3　设置快捷键 ………………… 10
1.2.4　设置背景 …………………… 11
1.2.5　设置实体颜色 ……………… 13
1.2.6　设置单位 …………………… 13
1.3　文件管理 …………………………… 14
1.3.1　打开文件 …………………… 15
1.3.2　保存文件 …………………… 15
1.3.3　退出 SolidWorks2020 …… 16

第2章　草图绘制 ……………………………… 17
2.1　草图绘制的基本知识 ……………… 17
2.1.1　进入草图绘制状态 ………… 17
2.1.2　退出草图绘制状态 ………… 18
2.1.3　草图绘制命令按钮 ………… 18
2.1.4　绘图光标和锁点光标 ……… 20
2.2　草图绘制工具 ……………………… 21
2.2.1　绘制点 ……………………… 21
2.2.2　绘制直线与中心线 ………… 22
2.2.3　绘制圆 ……………………… 24
2.2.4　绘制圆弧 …………………… 25
2.2.5　绘制矩形 …………………… 27
2.2.6　绘制多边形 ………………… 29
2.2.7　绘制椭圆与部分椭圆 ……… 30
2.2.8　绘制抛物线 ………………… 31
2.2.9　绘制样条曲线 ……………… 31
2.2.10　绘制草图文字 ……………… 33
2.3　草图编辑工具 ……………………… 34
2.3.1　绘制圆角 …………………… 34
2.3.2　绘制倒角 …………………… 34
2.3.3　等距实体 …………………… 35
2.3.4　转换实体引用 ……………… 36
2.3.5　剪裁实体 …………………… 37
2.3.6　延伸实体 …………………… 38
2.3.7　分割实体 …………………… 38
2.3.8　镜向实体 …………………… 39
2.3.9　线性草图阵列 ……………… 40
2.3.10　圆周草图阵列 ……………… 41
2.3.11　移动实体 …………………… 41
2.3.12　复制实体 …………………… 42
2.3.13　旋转实体 …………………… 42
2.3.14　缩放实体比例 ……………… 42
2.4　尺寸标注 …………………………… 43
2.4.1　度量单位 …………………… 43
2.4.2　线性尺寸的标注 …………… 43
2.4.3　直径和半径尺寸的
　　　　标注 ………………………… 44
2.4.4　角度尺寸的标注 …………… 45
2.5　几何关系 …………………………… 46
2.5.1　添加几何关系 ……………… 46
2.5.2　自动添加几何关系 ………… 47
2.5.3　显示/删除几何关系 ……… 48
2.6　综合实例 …………………………… 49
2.6.1　绘制拨叉草图 ……………… 49
2.6.2　绘制压盖草图 ……………… 53

第3章　基础特征建模 ………………………… 59
3.1　特征建模基础 ……………………… 59
3.2　参考几何体 ………………………… 59
3.2.1　基准面 ……………………… 60
3.2.2　基准轴 ……………………… 64
3.2.3　坐标系 ……………………… 67
3.3　拉伸特征 …………………………… 68
3.3.1　拉伸薄壁特征 ……………… 70
3.3.2　实例——绘制封油圈 …… 71

3.3.3 拉伸切除特征……73
  3.3.4 实例——绘制锤头……74
 3.4 旋转特征……76
  3.4.1 旋转凸台/基体……77
  3.4.2 旋转切除……78
  3.4.3 实例——绘制油标尺……79
 3.5 扫描特征……81
  3.5.1 凸台/基体扫描……81
  3.5.2 切除扫描……82
  3.5.3 引导线扫描……83
  3.5.4 实例——绘制弹簧……85
 3.6 放样特征……87
  3.6.1 设置基准面……87
  3.6.2 凸台放样……88
  3.6.3 引导线放样……89
  3.6.4 中心线放样……91
  3.6.5 用分割线放样……92
  3.6.6 实例——绘制连杆……92
 3.7 综合实例——绘制十字螺丝刀……101

第4章 附加特征建模……105
 4.1 圆角特征……105
  4.1.1 恒定大小圆角特征……105
  4.1.2 多半径圆角特征……107
  4.1.3 圆形角圆角特征……108
  4.1.4 逆转圆角特征……108
  4.1.5 变半径圆角特征……109
  4.1.6 实例——绘制挡圈……111
 4.2 倒角特征……113
  4.2.1 创建倒角特征……113
  4.2.2 实例——绘制圆头平键……114
 4.3 圆顶特征……116
  4.3.1 创建圆顶特征……117
  4.3.2 实例——绘制螺丝刀……117
 4.4 拔模特征……121
  4.4.1 创建拔模特征……121
  4.4.2 实例——绘制球棒……124
 4.5 抽壳特征……126
  4.5.1 创建抽壳特征……127
  4.5.2 实例——绘制变径气管……128
 4.6 孔特征……129
  4.6.1 创建简单直孔……129
  4.6.2 创建异型孔……131
  4.6.3 实例——绘制支架……132
 4.7 筋特征……137
  4.7.1 创建筋特征……137
  4.7.2 实例——绘制轴承座……138
 4.8 综合实例——绘制托架……141

第5章 辅助特征工具……149
 5.1 阵列特征……149
  5.1.1 线性阵列……149
  5.1.2 圆周阵列……151
  5.1.3 草图阵列……153
  5.1.4 实例——绘制法兰盘……153
 5.2 镜向特征……158
  5.2.1 创建镜向特征……159
  5.2.2 实例——绘制管接头……160
 5.3 特征的复制与删除……169
 5.4 参数化设计……170
  5.4.1 链接尺寸……170
  5.4.2 方程式驱动尺寸……171
  5.4.3 系列零件设计表……174
 5.5 库特征……177
  5.5.1 库特征的创建与编辑……177
  5.5.2 将库特征添加到零件中……178
 5.6 查询……178
  5.6.1 测量……179
  5.6.2 质量属性……180
  5.6.3 截面属性……181
 5.7 零件的特征管理……182
  5.7.1 退回与插入特征……182
  5.7.2 压缩与解除压缩特征……184
  5.7.3 Instant3D……186
 5.8 零件的外观……187
  5.8.1 设置零件的颜色……188
  5.8.2 设置零件的透明度……189
 5.9 综合实例——绘制木质音箱……191

第 6 章 曲线 …………………… 196
6.1 三维草图 …………………… 196
6.1.1 绘制三维草图 …………… 196
6.1.2 实例——绘制办公椅 …… 198
6.2 创建曲线 …………………… 203
6.2.1 投影曲线 ………………… 203
6.2.2 组合曲线 ………………… 205
6.2.3 螺旋线和涡状线 ………… 206
6.2.4 实例——绘制螺母 ……… 208
6.2.5 分割线 …………………… 210
6.2.6 通过参考点的曲线 ……… 212
6.2.7 通过 XYZ 点的曲线 ……… 214
6.3 综合实例——绘制齿条 …… 215

第 7 章 曲面 …………………… 224
7.1 创建曲面 …………………… 224
7.1.1 拉伸曲面 ………………… 224
7.1.2 旋转曲面 ………………… 225
7.1.3 扫描曲面 ………………… 226
7.1.4 放样曲面 ………………… 227
7.1.5 等距曲面 ………………… 228
7.1.6 延展曲面 ………………… 229
7.1.7 实例——绘制卫浴把手 … 229
7.2 编辑曲面 …………………… 237
7.2.1 缝合曲面 ………………… 237
7.2.2 延伸曲面 ………………… 238
7.2.3 剪裁曲面 ………………… 239
7.2.4 填充曲面 ………………… 241
7.2.5 中面 ……………………… 242
7.2.6 替换面 …………………… 242
7.2.7 删除面 …………………… 244
7.2.8 移动/复制/旋转曲面 …… 245
7.3 综合实例——绘制熨斗 …… 247

第 8 章 钣金设计 ……………… 257
8.1 概述 ………………………… 257
8.2 钣金特征工具与钣金菜单 … 257
8.2.1 启用钣金特征工具栏 …… 257
8.2.2 "钣金"菜单 …………… 258
8.2.3 "钣金"选项卡 ………… 258
8.3 钣金主壁特征 ……………… 259
8.3.1 法兰特征 ………………… 259
8.3.2 边线法兰 ………………… 263
8.3.3 斜接法兰 ………………… 264
8.3.4 放样折弯 ………………… 266
8.3.5 实例——绘制 U 形槽 …… 268
8.4 钣金细节特征 ……………… 270
8.4.1 切口特征 ………………… 270
8.4.2 通风口 …………………… 271
8.4.3 褶边特征 ………………… 273
8.4.4 转折特征 ………………… 274
8.4.5 绘制的折弯特征 ………… 276
8.4.6 闭合角特征 ……………… 277
8.4.7 断开边角/边角剪裁特征 … 278
8.4.8 实例——绘制六角盒 …… 280
8.5 展开钣金 …………………… 283
8.5.1 将整个钣金零件展开 …… 283
8.5.2 将钣金零件部分展开 …… 284
8.6 钣金成形 …………………… 285
8.6.1 使用成形工具 …………… 285
8.6.2 修改成形工具 …………… 286
8.6.3 创建新成形工具 ………… 288
8.7 综合实例——绘制电气箱 … 291

第 9 章 装配体设计 …………… 303
9.1 装配体基本操作 …………… 303
9.1.1 创建装配体文件 ………… 303
9.1.2 插入装配零件 …………… 305
9.1.3 删除装配零件 …………… 305
9.2 定位零部件 ………………… 306
9.2.1 固定零部件 ……………… 306
9.2.2 移动零部件 ……………… 307
9.2.3 旋转零部件 ……………… 308
9.2.4 添加配合关系 …………… 308
9.2.5 删除配合关系 …………… 309
9.2.6 修改配合关系 …………… 309
9.2.7 SmartMates 配合方式 …… 310
9.3 零件的复制、阵列与镜向 … 312
9.3.1 零件的复制 ……………… 312
9.3.2 零件的阵列 ……………… 313
9.3.3 零件的镜向 ……………… 314

9.4	装配体检查 …………………… 317	
	9.4.1 碰撞测试 ………………… 317	
	9.4.2 动态间隙 ………………… 318	
	9.4.3 体积干涉检查 …………… 319	
	9.4.4 装配体统计 ……………… 320	
9.5	爆炸视图 ……………………… 320	
	9.5.1 生成爆炸视图 …………… 321	
	9.5.2 编辑爆炸视图 …………… 322	
9.6	装配体的简化 ………………… 322	
	9.6.1 零部件显示状态的切换 … 323	
	9.6.2 零部件压缩状态的切换 … 324	
9.7	综合实例——绘制传动装配体 … 325	

第 10 章 工程图的绘制 …………… 334

- 10.1 工程图的绘制方法 …………… 334
- 10.2 定义图纸格式 ………………… 336
- 10.3 标准三视图的绘制 …………… 338
- 10.4 模型视图的绘制 ……………… 339
- 10.5 派生视图的绘制 ……………… 340
  - 10.5.1 剖面视图 ………………… 340
  - 10.5.2 旋转剖视图 ……………… 342
  - 10.5.3 投影视图 ………………… 343
  - 10.5.4 辅助视图 ………………… 343
  - 10.5.5 局部视图 ………………… 345
  - 10.5.6 断裂视图 ………………… 346
- 10.6 操纵视图 ……………………… 347
  - 10.6.1 移动和旋转视图 ………… 347
  - 10.6.2 显示和隐藏 ……………… 348
  - 10.6.3 更改零部件的线型 ……… 349
  - 10.6.4 图层 ……………………… 349
- 10.7 注解的标注 …………………… 350
  - 10.7.1 注释 ……………………… 351
  - 10.7.2 表面粗糙度 ……………… 352
  - 10.7.3 几何公差 ………………… 352
  - 10.7.4 基准特征符号 …………… 353
- 10.8 分离工程图 …………………… 354
- 10.9 打印工程图 …………………… 355
- 10.10 综合实例 …………………… 355
  - 10.10.1 支承轴零件工程图的创建 … 355
  - 10.10.2 装配体工程图的创建 … 362

第 11 章 手压阀设计综合实例 ……… 368

- 11.1 胶垫 …………………………… 368
- 11.2 销钉 …………………………… 369
- 11.3 球头 …………………………… 370
- 11.4 阀杆 …………………………… 371
- 11.5 锁紧螺母 ……………………… 373
  - 11.5.1 创建主体 ………………… 373
  - 11.5.2 创建螺纹 ………………… 374
- 11.6 调节螺母 ……………………… 375
  - 11.6.1 创建主体 ………………… 376
  - 11.6.2 创建螺纹 ………………… 377
- 11.7 弹簧 …………………………… 378
- 11.8 手柄 …………………………… 380
  - 11.8.1 创建手柄基体 …………… 380
  - 11.8.2 创建凸台 ………………… 381
  - 11.8.3 倒圆角 …………………… 382
- 11.9 阀体 …………………………… 383
  - 11.9.1 创建阀体主体及筋板 …… 383
  - 11.9.2 创建阀体内腔及上下入口 … 385
  - 11.9.3 创建阀体台阶及支架 …… 387
  - 11.9.4 倒圆角及倒角 …………… 389
  - 11.9.5 创建螺纹 ………………… 391
- 11.10 手压阀装配体 ……………… 393
- 11.11 阀体工程图 ………………… 399
  - 11.11.1 创建视图 ……………… 401
  - 11.11.2 添加标注 ……………… 403
  - 11.11.3 添加注释 ……………… 405
- 11.12 手压阀装配工程图 ………… 405
  - 11.12.1 创建视图 ……………… 406
  - 11.12.2 添加尺寸及序号 ……… 409
  - 11.12.3 添加明细表及注释 …… 410

第 1 章　SolidWorks 2020 基础

> SolidWorks 是一套机械设计软件，采用了大家熟悉的 Microsoft Windows 图形用户界面。使用这套简单易学的工具，机械设计工程师能快速地按照其设计思想绘制出草图，并运用特征与尺寸绘制模型实体、装配体及详细的工程图。
> 除了进行产品设计，SolidWorks 还集成了强大的辅助功能，可以对设计的产品进行三维浏览、运动模拟、碰撞和运动分析、受力分析等。

1.1　SolidWorks 2020 简介

SolidWorks 公司推出的 SolidWorks 2020 在创新性、使用的方便性以及界面的人性化等方面都得到了增强，不但改善了传统机械设计的模式，而且具有强大的建模功能和参数设计功能，大大缩短了产品设计的时间，提高了产品设计的效率。

SolidWorks 2020 在用户界面、草图绘制、特征、零件、装配体、工程图、出详图、钣金设计、输入和输出以及网络协同等方面都得到了增强，比原来的版本至少增强了 250 个功能，使用户可以更方便地使用该软件。本节将介绍 SolidWorks 2020 的一些基础知识。

1.1.1　启动 SolidWorks 2020

SolidWorks 2020 安装完成后，就可以启动该软件了。在 Windows 操作环境下，选择屏幕左下角的"开始"→"所有程序"→"SolidWorks 2020"命令，或者双击桌面上 SolidWorks 2020 的快捷方式图标，就可以启动该软件。SolidWorks 2020 的启动画面如图 1-1 所示。

图 1-1　SolidWorks 2020 的启动画面

启动画面消失后，系统进入 SolidWorks 2020 的初始界面，初始界面中只有几个菜单栏和"标准"工具栏,如图1-2所示,用户可在设计过程中根据自己的需要打开其他工具栏。

图1-2 SolidWorks 2020的初始界面

1.1.2 新建文件

选择菜单栏中的"文件"→"新建"命令,或者单击"标准"工具栏中的"新建"按钮,弹出"新建SOLIDWORKS文件"对话框,如图1-3所示,其按钮的功能如下。

- "零件"按钮:双击该按钮,可以生成单一的三维零部件文件。
- "装配体"按钮:双击该按钮,可以生成零件或其他装配体的排列文件。
- "工程图"按钮:双击该按钮,可以生成属于零件或装配体的二维工程图文件。

单击"零件"按钮→"确定"按钮,即进入完整的用户界面。

在SolidWorks 2020中,"新建SOLIDWORKS文件"对话框有两个版本可供选择,一个是高级版本,一个是新手版本。

高级版本在各个标签上显示模板按钮,当选择某一文件类型时,模板预览出现在"预览"框中。在该版本中,用户可以保存模板,添加自己的标签,也可以选择"MBD"选项卡来访问指导教程模板,如图1-4所示。

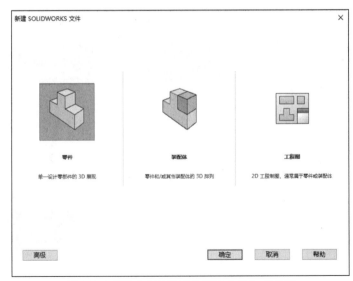

图1-3 "新建SOLIDWORKS文件"对话框

该版本使用较简单的对话框,提供零件、装配体和工程图文档的说明。

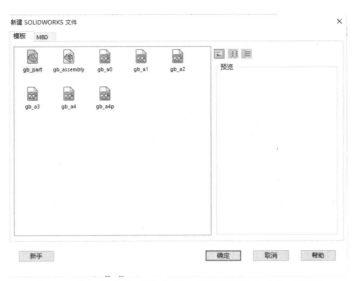

图 1-4　高级版本的"新建 SOLIDWORKS 文件"对话框

1.1.3　SolidWorks 用户界面

新建一个零件文件后，进入 SolidWorks 2020 用户界面，如图 1-5 所示。其中包括菜单栏、工具栏、特征管理区、图形区和状态栏等。

图 1-5　SolidWorks 用户界面

装配体文件、工程图文件、零件文件的用户界面类似，在此不再赘述。

菜单栏包含了所有 SolidWorks 命令，工具栏可根据文件类型（零件、装配体或工程图）来调整和放置并设定其显示状态。SolidWorks 用户界面底部的状态栏可以提供设计人员正在执行的功能的有关信息。下面介绍该用户界面的一些基本功能。

1. 菜单栏

菜单栏显示在标题栏的下方，默认情况下菜单栏是隐藏的，只显示"标准"工具栏，如

图 1-6 所示。

要显示菜单栏需要将光标移动到 SolidWorks 图标 上或单击它，显示的菜单栏如图 1-7 所示。若要保持菜单栏始终可见，需要将"图钉"按钮 更改为钉住状态 ，其中最关键的功能集中在"插入"菜单和"工具"菜单中。

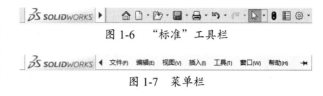

图 1-6 "标准"工具栏

图 1-7 菜单栏

通过单击工具栏按钮旁边的下移方向键，可以打开带有附加功能的下拉菜单。这样可以通过工具栏访问更多的菜单命令。例如，"保存"按钮 的下拉菜单包括"保存""另存为""保存所有"等命令，如图 1-8 所示。

SolidWorks 的菜单项对应于不同的工作环境，其相应的菜单及其中的命令也会有所不同。在以后的应用中会发现，当执行某些任务操作时，不起作用的菜单会临时变灰，此时将无法应用该菜单。

如果选择保存文档时进行提示，则当文档在指定间隔（分钟或更改次数）内保存时，将出现"未保存的文档通知"对话框，如图 1-9 所示，其中包含"保存文档""保存所有文档"选项，并将在几秒后淡化消失。

图 1-8 "保存"按钮的下拉菜单

图 1-9 "未保存的文档通知"对话框

2．工具栏

SolidWorks 中有很多可以按需要显示或隐藏的内置工具栏。选择菜单栏中的"视图"→"自定义"命令，或者在工具栏区域右击，弹出"自定义"菜单，选择"视图"命令，在打开的"自定义"对话框中勾选"视图"复选框，会出现浮动的"视图"工具栏，可以自由拖动或将其放置在需要的位置上，如图 1-10 所示。

此外，还可以设定哪些工具栏在没有文件被打开时可显示，或者根据文件类型（零件、装配体或工程图）来放置工具栏并设定其显示状态（自定义、显示或隐藏）。例如，保持"自定义"对话框的打开状态，在 SolidWorks 用户界面中，可对工具栏按钮进行如下操作。

- 从工具栏上一个位置拖动到另一个位置。
- 从一个工具栏拖动到另一个工具栏。
- 从工具栏拖动到图形区，即从工具栏上将之移除。

有关工具栏命令的各种功能和具体操作方法将在后面的章节中做具体的介绍。

在使用工具栏或工具栏中的命令时，将指针移动到工具栏图标附近，会弹出消息提示，显示该工具的名称及相应的功能，如图 1-11 所示，显示一段时间后，该提示会自动消失。

3．状态栏

状态栏位于 SolidWorks 用户界面底端的水平区域，提供了当前窗口中正在编辑的内容的状态，以及指针位置坐标、草图状态等信息。

第 1 章　SolidWorks 2020 基础

图 1-10　调用"视图"工具栏

- 重建模型按钮：在更改了草图或零件而需要重建模型时，重建模型图标会显示在状态栏中。
- 草图状态：在编辑草图过程中，状态栏中会出现5种草图状态，即完全定义、过定义、欠定义、没有找到解、发现无效的解。在零件完成之前，最好完全定义草图。
- 测量实体：对所选实体进行测量。
- "重装"按钮：在使用协作选项时用于访问"重装"对话框的按钮。
- 单位系统 MMGS ：在编辑草图过程中，单击 自定义 "单位系统"按钮，在弹出的列表中选择绘制草图的文档单位，如图1-12所示。
- 显示或隐藏标签文本框图标：该标签用来将关键词添加到特征和零件中以方便搜索。

图1-11 消息提示

图1-12 "单位系统"列表

4. FeatureManager 设计树

FeatureManager 设计树位于 SolidWorks 用户界面的左侧，是 SolidWorks 中常用的部分，它提供了激活的零件、装配体或工程图的大纲视图，从而可以很方便地查看模型或装配体的构造情况，或者查看工程图中的不同图纸和视图。

FeatureManager 设计树和图形区是动态链接的。在使用时可以在任何窗格中选择特征、草图、工程视图和构造几何线。FeatureManager 设计树可以用来组织和记录模型中各个要素及要素之间的参数信息和相互关系，以及模型、特征和零件之间的约束关系等，几乎包含了所有设计信息。FeatureManager 设计树如图 1-13 所示。

FeatureManager 设计树的功能主要有以下几个方面。

- 以名称来选择模型中的项目，即可通过在模型中选择其名称来选择特征、草图、基准面及基准轴。SolidWorks 在这一项中很多功能与 Window 操作界面类似，例如在选择的同时按住<Shift>键，可以选取多个连续项目；在选择的同时按住<Ctrl>键，可以选取非连续项目。
- 确认和更改特征的生成顺序。在 FeatureManager 设计树中拖动项目可以调整特征的生成顺序，这将更改重建模型时特征重建的顺序。
- 通过双击特征的名称可以显示特征的尺寸。
- 如要更改项目的名称，在名称上缓慢单击两次以选择该名称，然后输入新的名称即可，如图 1-14 所示。

图 1-13　FeatureManager 设计树

图 1-14　在 FeatureManager 设计树中更改项目名称

- 压缩和解除压缩零件特征和装配体零部件，在装配零件时是常用的，同样，如要选择多个特征，在选择的时候按住<Ctrl>键。
- 右击清单中的特征，然后选择父子关系，以便查看父子关系。
- 右击设计树，还可显示如下项目：特征说明、零部件说明、零部件配置名称、零部件配置说明等。
- 将文件夹添加到 FeatureManager 设计树中。

对 FeatureManager 设计树的熟练操作是应用 SolidWorks 的基础，也是重点，由于其功能强大，不能一一列举，在以后章节中会多次用到，只有在学习的过程中熟练应用设计树的功能，才能提升建模的速度和效率。

5．PropertyManager 标题栏

PropertyManager 标题栏一般在初始化时使用。编辑草图并选择草图特征进行编辑时，所选草图特征的 PropertyManager 将自动出现。

激活 PropertyManager 时，FeatureManager 设计树会自动出现。要扩展 FeatureManager 设计树，可以在其中单击文件名称左侧的 ▶ 标签。FeatureManager 设计树是透明的，因此不影响对其下面模型的修改。

1.2 SolidWorks 工作环境设置

要熟练使用一套软件，必须先认识软件的工作环境，然后设置适合自己的使用环境，这样可以使设计更加便捷。SolidWorks 软件同其他软件一样，可以根据自己的需要显示或者隐藏工具栏，以及添加或者删除工具栏中的命令按钮，还可以根据需要设置零件、装配体和工程图的工作界面。

1.2.1 设置工具栏

SolidWorks 系统默认的工具栏是比较常用的，SolidWorks 有很多工具栏，由于图形区的限制，不能显示所有的工具栏。在建模过程中，用户可以根据需要显示或者隐藏部分工具栏，其设置方法有两种，下面将分别介绍。

1. 利用菜单命令设置工具栏

利用菜单命令添加或者隐藏工具栏的操作步骤如下。

（1）选择菜单栏中的"工具"→"自定义"命令，或者在工具栏区域右击，在弹出的快捷菜单中选择"自定义"命令，此时系统弹出的"自定义"对话框如图 1-15 所示。

（2）单击对话框中的"工具栏"选项卡，此时会出现系统所有的工具栏，勾选需要显示的工具栏复选框。

（3）确认设置。单击对话框中的"确定"按钮，在图形区中会显示选择的工具栏。

图 1-15 "自定义"对话框

如果要隐藏已经显示的工具栏，取消对工具栏复选框的勾选，然后单击"确定"按钮，此时在图形区中将会隐藏取消勾选的工具栏。

2. 利用鼠标右键设置工具栏

利用鼠标右键添加或者隐藏工具栏的操作步骤如下。

（1）在工具栏区域右击，系统会出现"工具栏"快捷菜单，如图 1-16 所示。

图 1-16 "工具栏"快捷菜单

（2）单击需要显示的工具栏，前面复选框的颜色会加深，则图形区中将会显示选择的工具栏；单击已经显示的工具栏，前面复选框的颜色会变浅，则图形区中将会隐藏选择的工具栏。

另外，隐藏工具栏还有一个简便的方法，即选择界面中不需要显示的工具栏，用鼠标将其拖动到图形区中，此时工具栏上会出现标题栏。如图 1-17 所示是拖动至图形区中的"注解"工具栏，单击"注解"工具栏右上角中的 （关闭）按钮，则将隐藏该工具栏。

图 1-17 "注解"工具栏

1.2.2 设置工具栏命令按钮

系统默认工具栏中并没有包括平时使用的所有命令按钮，用户可以根据自己的需要添加或者删除命令按钮。

设置工具栏中命令按钮的操作步骤如下。

（1）选择菜单栏中的"工具"→"自定义"命令，或者在工具栏区域右击，在弹出的快捷菜单中选择"自定义"命令，此时系统弹出"自定义"对话框。

（2）单击该对话框中的"命令"选项卡，此时出现的"命令"选项卡中的"类别"选项组和"按钮"选项组如图 1-18 所示。

（3）在"类别"选项组中选择工具栏，此时会在"按钮"选项组中出现该工具栏中所有的命令按钮。

（4）在"按钮"选项组中单击选择要增加的命令按钮，然后按住鼠标左键拖动该按钮到要放置的工具栏上，松开鼠标左键。

（5）单击对话框中的"确定"按钮，则工具栏上会显示添加的命令按钮。

如果要删除无用的命令按钮，只要打开"自定义"对话框中的"命令"选项卡，然后将要删除的按钮用鼠标左键拖动到图形区，即可删除该工具栏中的命令按钮。

例如，在"草图"工具栏中添加"椭圆"命令按钮。选择菜单栏中的"工具"→"自定义"命令，打开"自定义"对话框，然后单击"命令"选项卡，在"类别"选项组中选择"草图"

工具栏，在"按钮"选项组中单击选择"椭圆"按钮⊘，按住鼠标左键将其拖动到"草图"工具栏中合适的位置，然后松开鼠标左键，该命令按钮即可添加到工具栏中。如图1-19所示为添加命令按钮前后"草图"工具栏的变化情况。

图1-18　"自定义"对话框中的"命令"选项卡

图1-19　添加命令按钮

技巧荟萃

添加或者删除命令按钮后，对工具栏的设置会应用到当前激活的SolidWorks文件类型中。

1.2.3　设置快捷键

除了可以使用菜单栏和工具栏执行命令，SolidWorks软件还允许用户通过自行设置快捷键的方式来执行命令。其操作步骤如下。

（1）选择菜单栏中的"工具"→"自定义"命令，或者在工具栏区域右击，在弹出的快捷菜单中选择"自定义"命令，此时系统弹出"自定义"对话框。

（2）单击对话框中的"键盘"选项卡，如图1-20所示。

（3）在"类别"下拉列表框中选择"所有命令"选项，然后在下面列表的"命令"选项中选择要设置快捷键的命令。

（4）在"快捷键"选项中输入要设置的快捷键。

图 1-20 "自定义"对话框中的"键盘"选项卡

（5）单击对话框中的"确定"按钮，快捷键设置成功。

> **技巧荟萃**
> （1）如果要设置的快捷键已经被使用，则系统会提示该快捷键已被使用，必须更改要设置的快捷键。
> （2）如果要取消已设置的快捷键，在"键盘"选项卡中选择"快捷键"选项中设置的快捷键，然后单击对话框中的"移除快捷键"按钮，则该快捷键就会被取消。

1.2.4 设置背景

 设置背景

在 SolidWorks 中，可以更改操作界面的背景及颜色，以设置个性化的用户界面。设置背景的操作步骤如下：

（1）选择菜单栏中的"工具"→"选项"命令，此时系统弹出"系统选项-颜色"对话框。

（2）在对话框的"系统选项"选项卡的左侧列表框中选择"颜色"选项，如图 1-21 所示。

（3）在"颜色方案设置"列表框中选择"视区背景"选项，然后单击"编辑"按钮，此时系统弹出如图 1-22 所示的"颜色"对话框，在其中选择要设置的颜色，然后单击"确定"按钮。可以使用该方式设置其他选项的颜色。

（4）单击"系统选项-颜色"对话框中的"确定"按钮，系统背景颜色设置成功。

在如图 1-21 所示对话框的"背景外观"选项组中，点选下面 4 个不同的单选钮，可以得到不同的背景效果，用户可以自行设置，在此不再赘述。如图 1-23 所示为一个设置好背景颜色的零件图。

图 1-21 "系统选项-颜色"对话框

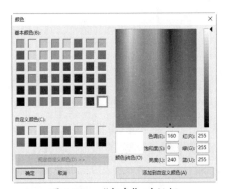

图 1-22 "颜色"对话框

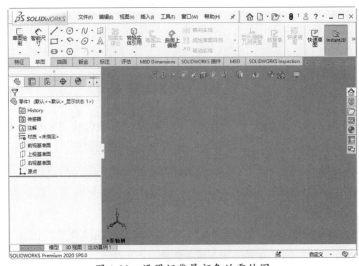

图 1-23 设置好背景颜色的零件图

1.2.5 设置实体颜色

系统默认的绘制模型实体的颜色为灰色。在零件和装配体模型中，为了使图形有层次感和真实感，通常改变实体的颜色。下面结合具体例子说明设置实体颜色的步骤。如图 1-24（a）所示为系统默认颜色的零件模型，如图 1-24（b）所示为设置颜色后的零件模型。

（a）系统默认颜色的零件模型　（b）设置颜色后的零件模型

图 1-24　设置实体颜色

（1）在特征管理器中选择要改变颜色的特征，此时图形区中相应的特征会改变颜色，表示已被选中的面，然后右击，在弹出的快捷菜单中选择"外观"命令，如图 1-25 所示。

（2）系统弹出的"颜色"属性管理器如图 1-26 所示，单击其中的"颜色"选项。

（3）系统弹出的"颜色"选项组如图 1-27 所示，单击选择需要改变的颜色。

图 1-25　快捷菜单　　　　图 1-26　"颜色"属性管理器　　　图 1-27　"颜色"选项组

（4）单击"颜色"属性管理器中的"确定"按钮 ✓，完成实体颜色的设置。

在零件模型和装配体模型中，除了可以对特征的颜色进行设置，还可以对面的颜色进行设置。首先在图形区中选择面，然后右击，在弹出的快捷菜单中进行设置，步骤与设置特征颜色类似。

在装配体模型中还可以对整个零件的颜色进行设置，一般在特征管理器中选择需要设置的零件，然后对其进行设置，步骤与设置特征颜色类似。

技巧荟萃

对于单个零件而言，设置实体颜色渲染实体，可以使模型更加接近实际情况，更逼真。对于装配体而言，设置零件颜色可以使装配体具有层次感，方便观测。

1.2.6 设置单位

在三维实体建模前，需要设置好系统的单位，系统默认的单位为 MMGS（毫米、克、秒），可以使用自定义的方式设置其他类型的单位系统以及长度单位等。

下面以修改长度单位的小数位数为例，说明设置单位的操作步骤。

（1）打开源文件"\ch1\1.2.6.SLDPRT"，选择菜单栏中的"工具"→"选项"命令。

（2）系统弹出"文档属性-单位"对话框，单击该对话框中的"文件属性"选项卡，然后在左侧列表框中选择"单位"选项，如图 1-28 所示。

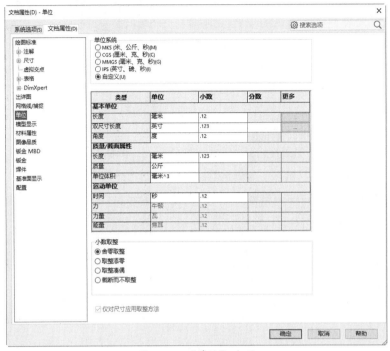

图 1-28　"单位"选项

（3）将"基本单位"选项组中"长度"选项的"小数"设置为无，然后单击"确定"按钮。如图 1-29 所示为设置单位前后的图形比较。

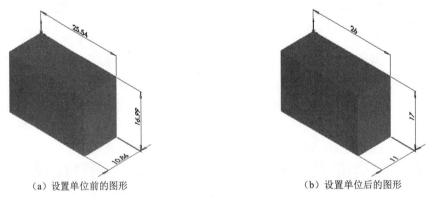

（a）设置单位前的图形　　　　　　　　（b）设置单位后的图形

图 1-29　设置单位前后图形比较

1.3　文件管理

除了前面讲述的新建文件，常见的文件管理工作还有打开文件、保存文件、退出系统等，下面简要进行介绍。

1.3.1 打开文件

在 SolidWorks 2020 中，可以打开已存储的文件，对其进行相应的编辑和操作。打开文件的操作步骤如下。

（1）选择菜单栏中的"文件"→"打开"命令，或者单击"标准"工具栏中的"打开"按钮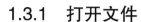，执行打开文件命令。

（2）系统弹出如图 1-30 所示的"打开"对话框，对话框中的"快速过滤器"用于选择文件的类型。选择不同的文件类型，则在对话框中会显示文件夹中对应文件类型的文件。单击"显示预览窗格"按钮▢，选择的文件就会显示在对话框中右上角窗口中，但是并不打开该文件。

选取了需要的文件后，单击对话框中的"打开"按钮，就可以打开选择的文件，对其进行相应的编辑和操作。

通过"文件类型"下拉列表框，还可以调用其他软件（如 ProE、Catia、UG 等）所形成的图形并对其进行编辑，如图 1-31 所示是"文件类型"下拉列表框。

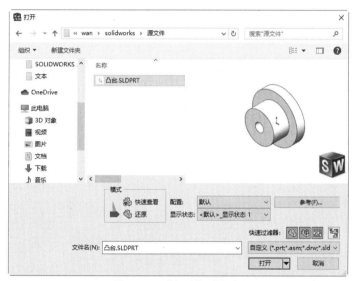

图 1-30 "打开"对话框

图 1-31 "文件类型"下拉列表框

1.3.2 保存文件

已编辑的图形只有保存后，才能在需要时打开该文件对其进行相应的编辑和操作。保存文件的操作步骤如下。

选择菜单栏中的"文件"→"保存"命令，或者单击"标准"工具栏中的"保存"按钮🖫，执行保存文件命令，此时系统弹出如图 1-32 所示的"另存为"对话框。在该对话框的左侧下拉列表框中选择文件存放的文件夹，在"文件名"文本框中输入要保存的文件名称，在"保存类型"下拉列表框中选择所保存文件的类型。通常情况下，在不同的工作模式下，系统会自动设置文件的保存类型。

"保存类型"下拉列表框中，并不限于 SolidWorks 类型的文件，如"*.sldprt""*.sldasm"

"*.slddrw"等类型也存在。也就是说，SolidWorks 不但可以把文件保存为自身软件的类型，还可以保存为其他类型的文件，方便其他软件对其调用并进行编辑。

在如图 1-32 所示的"另存为"对话框中，可以保存文件的同时备份一份。保存备份文件，需要预先设置保存的目录。设置备份文件保存目录的步骤如下。

选择菜单栏中的"工具"→"选项"命令，系统弹出如图 1-33 所示的"系统选项-备份/恢复"对话框，单击"系统选项"选项卡中的"备份/恢复"选项，在"备份文件夹"文本框中可以修改保存备份文件的目录。

图 1-32 "另存为"对话框

图 1-33 "系统选项-备份/恢复"对话框

1.3.3 退出 SolidWorks2020

在将文件编辑并保存完成后，就可以退出 SolidWorks 2020 系统。选择菜单栏中的"文件"→"关闭"命令，或者单击系统操作界面右上角的"关闭"按钮，可直接关闭。

如果对文件进行了编辑操作而没有保存，或者在操作过程中，不小心执行了关闭命令，会弹出系统提示框，如图 1-34 所示。如果要保存对文件的修改，则选择"全部保存"选项，系统会保存修改后的文件，并退出 SolidWorks 系统；如果不保存对文件的修改，则选择"不保存"选项，系统不保存修改后的文件，并退出 SolidWorks 系统；单击"取消"按钮，则取消关闭操作，回到原来的操作界面。

图 1-34 系统提示框

第 2 章 草图绘制

SolidWorks 的大部分特征是由二维草图绘制开始的,草图绘制在该软件的使用中占有重要地位,本章将详细介绍草图的绘制与编辑方法。

草图一般是由点、线、圆弧、圆和抛物线等基本图形构成的封闭或不封闭的几何图形,是三维实体建模的基础。一个完整的草图包括几何形状、几何关系和尺寸标注 3 方面的信息。能否熟练掌握草图的绘制和编辑方法,决定了能否快速进行三维建模,能否提高工程设计的效率,能否灵活地把该软件应用到其他领域。

2.1 草图绘制的基本知识

本节主要介绍如何进入草图绘制状态,熟悉"草图"选项卡,认识绘图光标和锁点光标,以及如何退出草图绘制状态。

2.1.1 进入草图绘制状态

绘制二维草图,必须进入草图绘制状态。草图必须在平面上绘制,这个平面可以是基准面,也可以是三维模型上的平面。由于开始进入草图绘制状态时没有三维模型,因此必须指定基准面。

首先必须认识草图绘制的工具,如图 2-1 所示为常用的"草图"选项卡。绘制草图可以先选择绘制的平面,也可以先选择草图绘制实体。下面通过案例分别介绍两种方式的操作步骤。

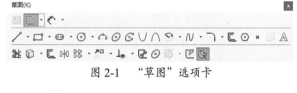

图 2-1 "草图"选项卡

【案例 2-1】进入草图绘制状态

1. 选择草图绘制实体

以选择草图绘制实体的方式进入草图绘制状态的操作步骤如下。

(1)选择菜单栏中的"插入"→"草图绘制"命令,或者单击"草图"选项卡中的"草图绘制"按钮 ,或者直接单击"草图"工具栏上的"草图绘制"

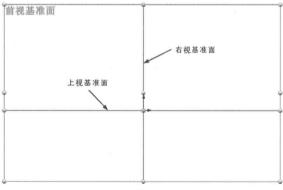

图 2-2 系统默认基准面

按钮 ,此时图形区显示的系统默认基准面如图 2-2 所示。

(2)单击选择图形区 3 个基准面中的一个,确定要在哪个平面上绘制草图实体。

(3)单击"前导视图"工具栏中的"正视于"按钮 ,旋转基准面,方便绘图。

2. 选择草图绘制基准面

以选择草图绘制基准面的方式进入草图绘制状态的操作步骤如下。

（1）先在特征管理区中选择要绘制的基准面，即前视基准面、右视基准面和上视基准面中的一个。

（2）单击"标准视图"选项卡中的"正视于"按钮，旋转基准面。

（3）单击"草图"选项卡中的"草图绘制"按钮，或者单击要绘制的草图实体，进入草图绘制状态。

2.1.2 退出草图绘制状态

草图绘制完毕后，可立即建立特征，也可以退出草图绘制状态再建立特征。有些特征的建立，需要多个草图，如扫描实体等，因此需要了解退出草图绘制状态的方法。退出草图绘制状态的方法主要有如下几种，下面将分别介绍。

【案例2-2】退出草图绘制状态

（1）使用菜单方式：选择菜单栏中的"插入"→"退出草图"命令，退出草图绘制状态。

（2）利用选项卡上图标按钮方式：单击"标准"选项卡中的"重建模型"按钮，或者单击"退出草图"按钮，退出草图绘制状态。

（3）利用快捷菜单方式：在图形区右击，弹出如图 2-3 所示的快捷菜单，选择"退出草图"命令，退出草图绘制状态。

（4）利用图形区确认角落的按钮：在绘制草图的过程中，图形区右上角会显示如图 2-4 所示的确认提示图标，单击上面的 按钮，退出草图绘制状态。

单击确认角落下面的按钮，弹出系统提示框，提示用户是否保存对草图的修改，如图 2-5 所示，然后根据需要单击其中的按钮，退出草图绘制状态。

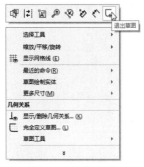
图 2-3 快捷菜单

图 2-4 确认提示图标

图 2-5 系统提示框

2.1.3 草图绘制命令按钮

"草图"选项卡如图 2-1 所示，有些草图绘制按钮没有在该选项卡中显示，用户可以利用 1.2.2 小节中讲述的方法设置相应的命令按钮。"草图"选项卡中按钮功能主要包括 4 大类，分别是：草图绘制、实体绘制、标注几何关系和草图编辑工具。各命令按钮的名称与功能分别如表 2-1～表 2-4 所示。

表 2-1 草图绘制命令按钮

按钮图标	名称	功能说明
▶	选择	选择草图实体、边线、顶点、零部件等
⊞	网格线/捕捉	对激活的草图或工程图选择显示草图网格线,并可设定网格线显示和捕捉功能选项
□/↰	草图绘制/退出草图	进入或者退出草图绘制状态
3D	3D 草图	在三维空间任意位置添加一个新的 3D 草图,或编辑一个现有 3D 草图
🗔	基准面上的 3D 草图	在 3D 草图中,在基准面上绘制草图,如有必要生成新的 3D 草图
◇	修改草图	比例缩放、平移或旋转激活的草图
↗□	移动时不求解	移动草图实体而不求解草图中的尺寸或几何关系
↗□	移动实体	选择一个或多个草图实体和注解并将之移动,该操作不生成几何关系
品	复制实体	选择一个或多个草图实体和注解并将之复制,该操作不生成几何关系
↗	缩放实体比例	选择一个或多个草图实体和注解并将之按比例缩放,该操作不生成几何关系
↻	旋转实体	选择一个或多个草图实体和注解并将之旋转,该操作不生成几何关系

表 2-2 实体绘制命令按钮

按钮图标	名称	功能说明
╱	直线	以起点和终点的方式绘制一条直线
□	边角矩形	以对角线的起点和终点的方式绘制一个矩形,其一边为水平或竖直直线
▫	中心矩形	以中心点的方式绘制矩形草图
◇	3 点边角矩形	以指定 3 点的方式绘制矩形草图
◈	3 点中心矩形	绘制带有中心点的矩形草图
◰	平行四边形	生成边不为水平或竖直的平行四边形及矩形
⊙	多边形	生成边数为 3~40 的等边多边形
⊙	圆	以先指定圆心,再拖动光标确定半径的方式绘制一个圆
○	周边圆	以圆周、直径两点的方式绘制一个圆
↶	圆心/起/终点画弧	以顺序指定圆心、起点及终点的方式绘制一个圆弧
⤴	切线弧	绘制一条与草图实体相切的弧线,选择草图实体的端点,然后拖动来生成切线弧
⌒	3 点圆弧	绘制 3 点圆弧。选择起点和终点,然后拖动圆弧来设定半径或反转圆弧
⊘	椭圆	绘制一个完整椭圆,选择椭圆中心,拖动设定主轴和次轴
⌒	部分椭圆	绘制一部分椭圆。选择椭圆中心,拖动设定轴,再定义椭圆的范围
∪	抛物线	绘制一条抛物线。放置焦点,拖动来放大抛物线,然后将之单击并拖动定义曲线范围
∿	样条曲线	以不同路径上的两点或者多点绘制一条样条曲线,可以在端点处指定相切关系
❂	曲面上的样条曲线	在曲面/面上绘制样条曲线。单击以添加样条曲线点来生成束缚到曲面/面的样条曲线
▪	点	绘制一个点,可以在草图和工程图中绘制
⤢	中心线	绘制一条中心线,可以在草图和工程图中绘制,使用中心线生成对称草图实体、旋转特征或作为构造几何线
A	文字	在特征表面上添加文字草图,然后拉伸或者切除生成文字实体

表 2-3 标注几何关系命令按钮

按钮图标	名称	功能说明
⊥	添加几何关系	给选定的草图实体添加几何关系，即限制条件
⊥₀	显示/删除几何关系	显示或者删除草图实体的几何限制条件
=	搜寻相等关系	扫描草图的相等长度或半径元素。在相等长度或半径的草图元素之间设定相等关系
⊥	自动几何关系	打开或关闭自动添加几何关系

表 2-4 草图编辑工具命令按钮

按钮图标	名称	功能说明
⋮	构造几何线	将草图或者工程图中的草图实体转换为构造几何线，构造几何线的线型与中心线的相同
⌐	绘制圆角	在两个草图实体的交叉处倒圆角，从而生成一个切线弧
⌐	绘制倒角	此工具在二维和三维草图中均可使用。在两个草图实体交叉处按照一定角度和距离剪裁，并用直线相连，形成倒角
⊏	等距实体	按给定的距离等距一个或多个草图实体，可以是线、弧、环等草图实体
⌘	转换实体引用	将其他特征轮廓投影到草图平面上，形成一个或者多个草图实体
⊛	交叉曲线	在基准面和曲面或模型面、两个曲面、曲面和模型面、基准面和整个零件的曲面的交叉处生成草图曲线
◆	面部曲线	从面或者曲面中提取 ISO 参数，形成三维曲线
✂	剪裁实体	根据剪裁类型，剪裁或者延伸草图实体
T	延伸实体	将草图实体延伸以与另一个草图实体相遇
⌐	分割实体	将一个草图实体分割以生成两个草图实体
⋈	镜向实体	相对一条中心线生成对称的草图实体
❊❊	线性草图阵列	沿一个轴或者同时沿两个轴生成线性草图排列
✿	圆周草图阵列	生成草图实体的圆周排列

2.1.4 绘图光标和锁点光标

在绘制草图实体或者编辑草图实体时，光标会根据所选择的命令，在绘图时变为相应的图标，以方便用户了解其功能。

绘图光标的类型与功能如表 2-5 所示。

为了提高绘制图形的效率，SolidWorks 软件提供了自动判断绘图位置的功能。在执行绘图命令时，光标会在图形区自动寻找端点、中心点、圆心、交点、中点及其上任意点，这样提高了光标定位的准确性和快速性。

光标在相应的位置，会变成相应的图形，成为锁点光标。锁点光标可以在草图实体上形成，也可以在特征实体上形成。需要注意的是在特征实体上的锁点光标，只能在绘图平面的实体边缘产生，在其他平面的边缘不能产生。

锁点光标的类型在此不再赘述，用户可以在实际使用中慢慢体会，利用好锁点光标可以提高绘图的效率。

表 2-5 绘图光标的类型与功能

光标类型	功能说明	光标类型	功能说明
	绘制一点		绘制直线或者中心线
	绘制三点圆弧		绘制抛物线
	绘制圆		绘制椭圆
	绘制切线圆弧		绘制矩形
	绘制样条曲线		绘制多边形
	剪裁实体		延伸草图实体
	分割草图实体		标注尺寸
	圆周阵列复制草图		线性阵列复制草图

2.2 草图绘制工具

本节主要介绍"草图"选项卡中草图绘制工具的使用方法。由于 SolidWorks 中大部分特征都需要先建立草图轮廓,因此本节的学习非常重要。

2.2.1 绘制点

执行"点"命令后,在图形区中的任何位置,都可以绘制点,绘制的点不影响三维建模的外形,只起参考作用。

执行"异型孔向导"命令后,"点"命令决定产生孔的数量。

"点"命令可以生成草图中两不平行线段的交点及特征实体中两个不平行边缘的交点,产生的交点作为辅助图形,用于标注尺寸或者添加几何关系,并不影响实体模型的建立。下面分别介绍不同类型点的绘制步骤。

1. 绘制一般点

【案例 2-3】绘制一般点

绘制一般点

(1) 在草图绘制状态下,选择菜单栏中的"工具"→"草图绘制实体"→"点"命令,或者单击"草图"选项卡中的"点"按钮 ,光标变为绘图光标 。

(2) 在图形区单击,确认绘制点的位置,此时"点"命令继续处于激活状态,可以继续绘制点。

如图 2-6 所示为使用"点"命令绘制的多个点。

2. 生成草图中两不平行线段的交点

【案例 2-4】生成草图中两不平行线段的交点

生成草图中两不平行线段的交点

以图 2-7(a)所示为例,生成图中直线 1 和直线 2 的交点,其中图 2-7(a)为生成交点前的图形,图 2-7(b)为生成交点后的图形。

(1) 打开源文件"\ch2\2.4.SLDPRT",如图 2-7(a)所示。

（2）在草图绘制状态下按住<Ctrl>键，单击选择如图2-7（a）所示的直线1和直线2。

（3）选择菜单栏中的"工具"→"草图绘制实体"→"点"命令，或者单击"草图"选项卡中的"点"按钮 ▫ ，生成交点后的图形如图2-7（b）所示。

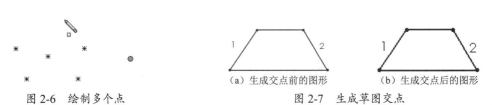

图2-6 绘制多个点　　　　　　　　图2-7 生成草图交点

3．生成特征实体中两个不平行边缘的交点

【案例2-5】生成特征实体中两个不平行边缘的交点

以如图2-8（a）所示为例，生成面A中直线1和直线2的交点，其中图2-8（a）为生成交点前的图形，图2-8（b）为生成交点后的图形。

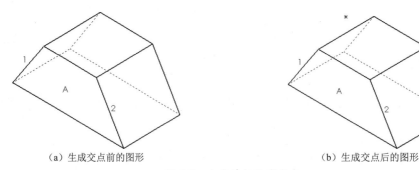

图2-8 生成特征边线交点

（1）打开源文件"\ch2\2.5.SLDPRT"，如图2-8（a）所示。

（2）选择如图2-8（a）所示的面A作为绘图面，进入草图绘制状态。

（3）按住<Ctrl>键，选择如图2-8（a）所示的边线1和边线2。

（4）选择菜单栏中的"工具"→"草图绘制实体"→"点"命令，或者单击"草图"选项卡中的"点"按钮 ▫ ，生成交点后的图形如图2-8（b）所示。

2.2.2 绘制直线与中心线

直线与中心线的绘制方法相同，执行不同的命令，按照类似的操作步骤，在图形区绘制相应的图形即可。

直线分为3种类型，即水平直线、竖直直线和任意角度直线。在绘制过程中，不同类型的直线其显示方式不同，下面将分别介绍。

- 水平直线：在绘制直线过程中，笔形光标附近会出现水平直线图标符号━，如图2-9所示。
- 竖直直线：在绘制直线过程中，笔形光标附近会出现竖直直线图标符号❘，如图2-10所示。
- 任意角度直线：在绘制直线过程中，笔形光标附近会出现任意直线图标符号⊿，如图2-11所示。

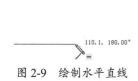
图 2-9 绘制水平直线

图 2-10 绘制竖直直线

图 2-11 绘制任意角度直线

在绘制直线的过程中,光标上方显示的参数为直线的长度和角度,可供参考。一般在绘制过程中,首先绘制一条直线,然后再标注尺寸。

绘制直线的方式有两种:拖动式和单击式。拖动式就是在绘制直线的起点处按住鼠标左键开始拖动鼠标,直到直线终点处放开。单击式就是先在绘制直线的起点处单击一下,然后在直线终点处单击一下。

下面以绘制如图 2-12 所示的中心线和直线为例,介绍中心线和直线的绘制步骤。

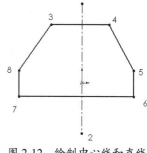
图 2-12 绘制中心线和直线

【案例 2-6】绘制直线与中心线

绘制直线与中心线

(1)在草图绘制状态下,选择菜单栏中的"工具"→"草图绘制实体"→"中心线"命令,或者单击"草图"选项卡中的"中心线"按钮,开始绘制中心线。

(2)在图形区单击确定中心线的起点 1,然后移动光标到图中合适的位置,由于图中的中心线为竖直直线,所以当光标附近出现符号时,单击确定中心线的终点 2。

(3)按<Esc>键,或者在图形区右击,在弹出的快捷菜单中选择"选择"命令,退出中心线的绘制。

(4)选择菜单栏中的"工具"→"草图绘制实体"→"直线"命令,或者单击"草图"选项卡中的"直线"按钮,开始绘制直线。

(5)在图形区单击确定直线的起点 3,然后移动光标到图中合适的位置,由于直线 34 为水平直线,所以当光标附近出现符号时,单击确定直线 34 的终点 4。

(6)重复以上绘制直线的步骤,绘制其他直线,在绘制过程中要注意光标的形状,以确定是水平、竖直或者任意角度直线。

(7)按<Esc>键,或者在图形区右击,在弹出的快捷菜单中选择"退出"命令,退出直线的绘制,绘制的中心线和直线如图 2-12 所示。

在执行"直线"命令时,系统弹出的"插入线条"属性管理器如图 2-13 所示,在"方向"选项组中有 4 个单选钮,默认选择"按绘制原样"单选钮。选择不同的单选钮,绘制直线的类型不一样。选择"按绘制原样"单选钮以外的任意一项,均会要求输入直线的参数。如选择"角度"单选钮,弹出的"线条属性"属性管理器如图 2-14 所示,要求输入直线的参数。设置好参数以后,单击直线的起点就可以绘制出所需要的直线。

在"线条属性"属性管理器的"选项"选项组中有 2 个复选框,勾选不同的复选框,可以分别绘制构造线和无限长直线。

在"线条属性"属性管理器的"参数"选项组中有2个文本框,分别是"长度"文本框和"角度"文本框。通过设置这两个参数可以绘制一条直线。

2.2.3 绘制圆

当执行"圆"命令时,系统弹出的"圆"属性管理器如图 2-15 所示。从属性管理器中可以知道,可以通过两种方式来绘制圆:一种是绘制基于中心的圆,另一种是绘制基于周边的圆。下面将分别介绍绘制圆的不同方法。

1. 绘制基于中心的圆

【案例 2-7】绘制基于中心的圆

(1)在草图绘制状态下,选择菜单栏中的"工具"→"草图绘制实体"→"圆"命令,或者单击"草图"选项卡中的"圆"按钮,开始绘制圆。

(2)在图形区选择一点单击确定圆的圆心,如图 2-16(a)所示。

(3)移动光标拖出一个圆,在合适位置单击确定圆的半径,如图 2-16(b)所示。

(4)单击"圆"属性管理器中的"确定"按钮,完成圆的绘制,如图 2-16(c)所示。

图 2-16 即为基于中心的圆的绘制过程。

图 2-13 "插入线条"　　图 2-14 "线条属性"
　　　属性管理器　　　　　　　属性管理器

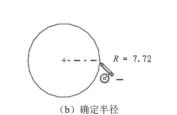
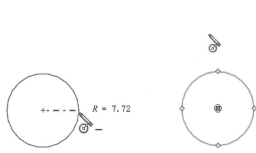

图 2-15 "圆"属性管理器　　图 2-16 基于中心的圆的绘制过程

(a)确定圆心　　(b)确定半径　　(c)确定圆

2. 绘制基于周边的圆

【案例 2-8】绘制基于周边的圆

(1)在草图绘制状态下,选择菜单栏中的"工具"→"草图绘制实体"→"周边圆"命令,或者单击"草图"选项卡中的"周边圆"按钮,开始绘制圆。

(2)在图形区单击确定圆周边上的一点,如图 2-17(a)所示。

(3)移动光标拖出一个圆,然后单击确定圆周边上的另一点,如图 2-17(b)所示。
(4)拖动完成,光标变为如图 2-17(b)所示时,单击确定圆,如图 2-17(c)所示。
(5)单击"圆"属性管理器中的"确定"按钮✓,完成圆的绘制。

图 2-17 即为基于周边的圆的绘制过程。

 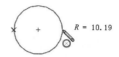

(a)确定圆周边上一点　　　　　(b)拖动绘制圆　　　　　　(c)确定圆

图 2-17　基于周边的圆的绘制过程

圆绘制完成后,可以通过拖动修改圆草图。通过按住左键拖动圆的周边可以改变圆的半径,拖动圆的圆心可以改变圆的位置。同时,也可以通过如图 2-15 所示的"圆"属性管理器修改圆的属性,通过属性管理器中"参数"选项修改圆心坐标和圆的半径。

2.2.4　绘制圆弧

绘制圆弧的方法主要有 4 种,即圆心/起/终点画弧、画切线弧、画 3 点圆弧与用"直线"命令绘制圆弧。下面分别介绍这 4 种绘制圆弧的方法。

1. 圆心/起/终点画弧

圆心/起/终点画弧方法是先指定圆弧的圆心,然后顺序拖动光标指定圆弧的起点和终点,确定圆弧的大小和方向。

【案例 2-9】圆心/起/终点画弧

(1)在草图绘制状态下,选择菜单栏中的"工具"→"草图绘制实体"→"圆心/起/终点画弧"命令,或者单击"草图"选项卡中的"圆心/起/终点画弧"按钮,开始绘制圆弧。
(2)在图形区单击确定圆弧的圆心,如图 2-18(a)所示。
(3)在图形区合适的位置单击,确定圆弧的起点,如图 2-18(b)所示。
(4)拖动光标确定圆弧的终点,并单击确认,如图 2-18(c)所示。
(5)单击"圆弧"属性管理器中的"确定"按钮✓,完成圆弧的绘制。

图 2-18 即为绘制圆弧的过程。

 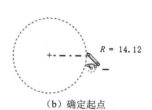

(a)确定圆弧圆心　　　　　　(b)确定起点　　　　　　　(c)拖动确定终点

图 2-18　绘制圆弧的过程

圆弧绘制完成后,可以在"圆弧"属性管理器中修改其属性。

2. 画切线弧

画切线弧是指生成一条与草图实体相切的弧线。草图实体可以是直线、圆弧、椭圆和样条曲线等。

【案例 2-10】画切线弧

（1）打开源文件"\ch2\2.10.SLDPRT"。

（2）在草图绘制状态下，选择菜单栏中的"工具"→"草图绘制实体"→"切线弧"命令，或单击"草图"选项卡中的"切线弧"按钮 ，开始绘制切线弧。

（3）在已经存在草图实体的端点处单击，此时系统弹出"圆弧"属性管理器，如图 2-19 所示，光标变为 形状。

（4）拖动光标确定绘制圆弧的形状，并单击确认。

（5）单击"圆弧"属性管理器中的"确定"按钮 ，完成切线弧的绘制。如图 2-20 所示为绘制的直线的切线弧。

在绘制切线弧时，系统将从指针移动方向推理是需要画切线弧还是画法线弧。存在 4 个目的区，具有如图 2-21 所示的 8 种切线弧。沿相切方向移动指针将生成切线弧，沿垂直方向移动将生成法线弧。可以通过返回到端点，然后向新的方向移动在切线弧和法线弧之间进行切换。

图 2-19 "圆弧"属性管理器

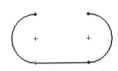

图 2-20 直线的切线弧

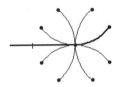

图 2-21 绘制的 8 种切线弧

技巧荟萃

绘制切线弧时，拖动光标的方向会影响绘制圆弧的样式，因此在绘制切线弧时，光标最好沿着产生圆弧的方向拖动。

3. 画 3 点圆弧

画 3 点圆弧是指通过起点、终点与中点绘制圆弧。

【案例 2-11】画 3 点圆弧

（1）在草图绘制状态下，选择菜单栏中的"工具"→"草图绘制实体"→"3 点圆弧"命令，或者单击"草图"选项卡中的"3 点圆弧"按钮 ，开始绘制圆弧，此时光标变为 形状。

（2）在图形区单击，确定圆弧的起点，如图 2-22（a）所示。

（3）拖动光标确定圆弧结束的位置，并单击确认，如图 2-22（b）所示。

（4）拖动光标确定圆弧的半径和方向，并单击确认，如图 2-22（c）所示。

（5）单击"圆弧"属性管理器中的"确定"按钮 ，完成 3 点圆弧的绘制。

图 2-22 即为绘制 3 点圆弧的过程。

选择绘制的 3 点圆弧，可以在"圆弧"属性管理器中修改其属性。

4. 用"直线"命令绘制圆弧

用"直线"命令除了可以绘制直线，还可以绘制连接在直线端点处的切线弧，使用该命令，必须首先绘制一条直线，然后才能绘制圆弧。

【案例2-12】用"直线"命令绘制圆弧

（1）在草图绘制状态下，选择菜单栏中的"工具"→"草图绘制实体""→"直线"命令，或者单击"草图"选项卡中的"直线"按钮，绘制一条直线。

（2）在不结束绘制直线的情况下，将光标稍微向旁边拖动，如图2-23（a）所示。

（3）将光标拖回至直线的终点，开始绘制圆弧，如图2-23（b）所示。

（4）拖动光标到图中合适的位置，并单击确定圆弧的大小，如图2-23（c）所示。

图2-23即为使用"直线"命令绘制圆弧的过程。

将绘制直线状态转换为绘制圆弧状态，必须先将光标拖回至终点，然后拖出才能绘制圆弧。也可以在此状态下右击，此时系统弹出的快捷菜单如图2-24所示，选择"转到圆弧"命令即可绘制圆弧。同样在绘制圆弧的状态下，可选择快捷菜单中的"转到直线"命令，绘制直线。

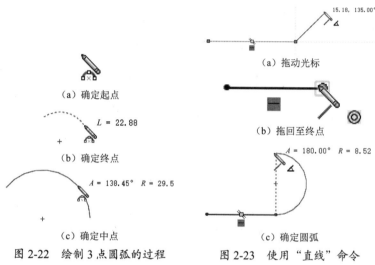

图2-22 绘制3点圆弧的过程　　图2-23 使用"直线"命令绘制圆弧的过程

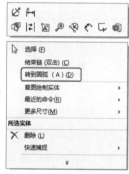

图2-24 快捷菜单

2.2.5 绘制矩形

绘制矩形的方法主要有5种：用"边角矩形""中心矩形""3点边角矩形""3点中心矩形""平行四边形"命令绘制矩形。下面分别介绍绘制矩形的不同方法。

【案例2-13】绘制矩形

1. 用"边角矩形"命令绘制矩形

用"边角矩形"命令绘制矩形的方法是标准的矩形草图绘制方法，即指定矩形的左上与右下的角点，确定矩形的长度和宽度。

以绘制如图2-25所示的矩形为例，说明采用"边角矩形"命令绘制矩形的操作步骤。

图2-25 边角矩形

（1）在草图绘制状态下，选择菜单栏中的"工具"→"草图绘制实体"→"矩形"命令，或者单击"草图"选项卡中的"矩形"按钮，此时光标变为形状。

（2）在图形区单击，确定矩形的一个角点1。

（3）移动光标，单击确定矩形的另一个角点2，矩形绘制完毕。

在绘制矩形时，既可以移动光标确定矩形的角点2，也可以在确定第1个角点时，不释放鼠标，直接拖动光标确定角点2。

矩形绘制完毕后，按住鼠标左键拖动矩形的一个角点，可以动态地改变矩形的尺寸。"矩形"属性管理器如图2-26所示。

2．用"中心矩形"命令绘制矩形

用"中心矩形"命令绘制矩形是指通过矩形的中心点与右上的角点来确定矩形的中心点和4条边线的方法。

以绘制如图2-27所示的矩形为例，说明采用"中心矩形"命令绘制矩形的操作步骤。

（1）在草图绘制状态下，选择菜单栏中的"工具"→"草图绘制实体"→"中心矩形"命令，或者单击"草图"选项卡中的"中心矩形"按钮 回，此时光标变为 形状。

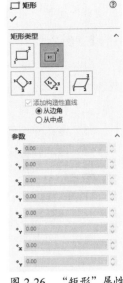

图2-26 "矩形"属性管理器

（2）在图形区单击，确定矩形的中心点1。

（3）移动光标，单击确定矩形的一个角点2，矩形绘制完毕。

3．用"3点边角矩形"命令绘制矩形

"3点边角矩形"命令是指通过指定3个点来确定矩形，前面2个点定义角度和一条边，第3个点确定另一条边。

图2-27 中心矩形

以绘制如图2-28所示的矩形为例，说明采用"3点边角矩形"命令绘制矩形的操作步骤。

（1）在草图绘制状态下，选择菜单栏中的"工具"→"草图绘制实体"→"3点边角矩形"命令，或者单击"草图"选项卡中的"3点边角矩形"按钮 ◇，此时光标变为 形状。

（2）在图形区单击，确定矩形的角点1。

（3）移动光标，单击确定矩形的另一个角点2。

（4）继续移动光标，单击确定矩形的第3个角点3，矩形绘制完毕。

4．用"3点中心矩形"命令绘制矩形

"3点中心矩形"命令是指通过指定3个点来确定矩形。

以绘制如图2-29所示的矩形为例，说明采用"3点中心矩形"命令绘制矩形的操作步骤。

（1）在草图绘制状态下，选择菜单栏中的"工具"→"草图绘制实体"→"3点中心矩形"命令，或者单击"草图"选项卡中的"3点中心矩形"按钮 ◈，此时鼠标变为 形状。

（2）在图形区单击，确定矩形的中心点1。

（3）移动光标，单击确定矩形一条边线的一半长度的一个角点2。

（4）移动光标，单击确定矩形的另一个角点3，矩形绘制完毕。

5．用"平行四边形"命令绘制矩形

用"平行四边形"命令既可以生成平行四边形，也可以生成边线与草图网格线不平行或不垂直的矩形。

以绘制如图 2-30 所示的矩形为例，说明采用"平行四边形"命令绘制矩形的操作步骤。

（1）在草图绘制状态下，选择菜单栏中的"工具"→"草图绘制实体"→"平行四边形"命令，或者单击"草图"选项卡中的"平行四边形"按钮 ，此时鼠标变为 形状。

（2）在图形区单击，确定矩形的第 1 个角点 1。

（3）移动光标，在合适的位置单击，确定矩形的第 2 个角点 2。

（4）移动光标，在合适的位置单击，确定矩形的第 3 个角点 3，矩形绘制完毕。

矩形绘制完毕后，按住鼠标左键拖动矩形的一个角点，可以动态地改变平行四边形的尺寸。

在绘制完矩形的角点 1 与角点 2 后，按住<Ctrl>键，移动光标可以改变平行四边形的形状，然后在合适的位置单击，可以完成任意形状的平行四边形的绘制。如图 2-31 所示为绘制的任意形状的平行四边形。

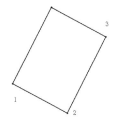 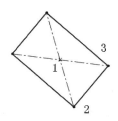 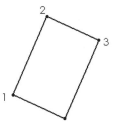 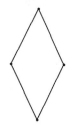

图 2-28　3 点边角矩形　　图 2-29　3 点中心矩形　　图 2-30　平行四边形　　图 2-31　任意形状的平行四边形

2.2.6　绘制多边形

绘制多边形

"多边形"命令用于绘制边数为 3~40 的等边多边形。

【案例 2-14】绘制多边形

（1）在草图绘制状态下，选择菜单栏中的"工具"→"草图绘制实体"→"多边形"命令，或者单击"草图"选项卡中的"多边形"按钮 ，此时鼠标变为 形状，弹出的"多边形"属性管理器如图 2-32 所示。

（2）在"多边形"属性管理器中，输入多边形的边数。也可以接受系统默认的边数，在绘制完多边形后再修改多边形的边数。

（3）在图形区单击，确定多边形的中心。

（4）移动光标，在合适的位置单击，确定多边形的形状。

（5）在"多边形"属性管理器中选择是"内切圆"模式还是"外接圆"模式，然后修改多边形辅助圆直径及角度。

（6）如果还要绘制另一个多边形，单击属性管理器中的"新多边形"按钮，然后重复步骤（2）~（5）即可。

绘制的多边形如图 2-33 所示。

 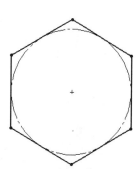

图 2-32　"多边形"属性管理器　　图 2-33　绘制的多边形

> **技巧荟萃**
>
> 多边形有内切圆和外接圆两种方式，两者的区别主要在于标注方法的不同。内切圆标注圆心到各边的垂直距离，外接圆标注圆心到多边形端点的距离。

2.2.7 绘制椭圆与部分椭圆

椭圆是由中心点、长轴长度与短轴长度确定的，三者缺一不可。下面将分别介绍椭圆和部分椭圆的绘制方法。

【案例 2-15】绘制椭圆与部分椭圆

1. 绘制椭圆

绘制椭圆的操作步骤如下。

（1）在草图绘制状态下，选择菜单栏中的"工具"→"草图绘制实体"→"椭圆"命令，或者单击"草图"选项卡中的"椭圆"按钮 ⊙，此时鼠标变为 ▷ 形状。

（2）在图形区合适的位置单击，确定椭圆的中心。

（3）移动光标，在光标附近会显示椭圆的长半轴 R 和短半轴 r。在图中合适的位置单击，确定椭圆的长半轴 R。

（4）移动光标，在图中合适的位置单击，确定椭圆的短半轴 r，此时弹出"椭圆"属性管理器，如图 2-34 所示。

（5）在"椭圆"属性管理器中修改椭圆的中心坐标，以及长半轴和短半轴的大小。

（6）单击"椭圆"属性管理器中的"确定"按钮 ✓，完成椭圆的绘制，如图 2-35 所示。

椭圆绘制完毕后，按住鼠标左键拖动椭圆的中心和 4 个特征点，可以改变椭圆的形状。通过"椭圆"属性管理器可以精确地修改椭圆的位置和长、短半轴大小。

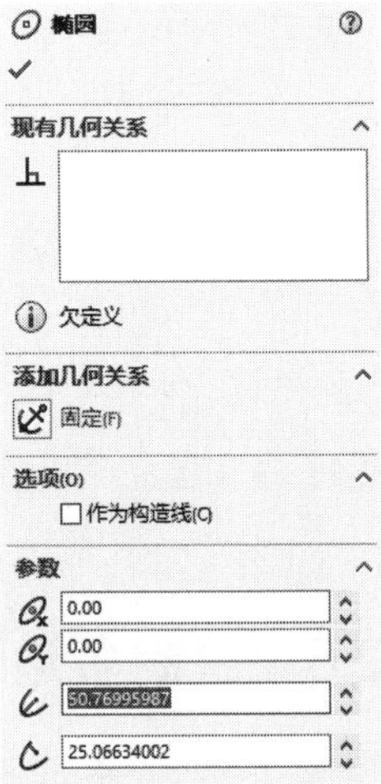

图 2-34 "椭圆"属性管理器

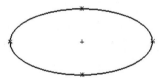

图 2-35 绘制的椭圆

2. 绘制部分椭圆

部分椭圆即椭圆弧，绘制椭圆弧的操作步骤如下。

（1）在草图绘制状态下，选择菜单栏中的"工具"→"草图绘制实体"→"部分椭圆"命令，或者单击"草图"选项卡中的"部分椭圆"按钮 ⌒，此时鼠标变为 ▷形状。

（2）在图形区合适的位置单击，确定椭圆弧的中心。

（3）移动光标，在光标附近显示椭圆的长半轴 R 和短半轴 r。在图中合适的位置单击，确定椭圆弧的长半轴 R。

（4）移动光标，在图中合适的位置单击，确定椭圆弧的短半轴 r。

（5）绕圆周移动光标，确定椭圆弧的范围，此时会弹出"椭圆"属性管理器，根据需要设定椭圆弧的参数。

（6）单击"椭圆"属性管理器中的"确定"按钮 ✓，完成椭圆弧的绘制。

如图 2-36 所示为绘制部分椭圆的过程。

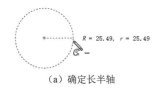
(a) 确定长半轴

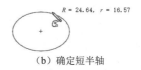
(b) 确定短半轴

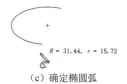
(c) 确定椭圆弧

图 2-36　绘制部分椭圆的过程

2.2.8　绘制抛物线

抛物线的绘制过程是先确定抛物线的焦点，然后确定抛物线的焦距，最后确定抛物线的起点和终点。

【案例 2-16】绘制抛物线

（1）在草图绘制状态下，选择菜单栏中的"工具"→"草图绘制实体"→"抛物线"命令，或者单击"草图"选项卡中的"抛物线"按钮∪，此时鼠标变为 形状。

（2）在图形区中合适的位置单击，确定抛物线的焦点。

（3）移动光标，在图中合适的位置单击，确定抛物线的焦距。

（4）移动光标，在图中合适的位置单击，确定抛物线的起点。

（5）移动光标，在图中合适的位置单击，确定抛物线的终点，此时会弹出"抛物线"属性管理器，根据需要设置抛物线的参数。

（6）单击"抛物线"属性管理器中的"确定"按钮✓，完成抛物线的绘制。

如图 2-37 所示为绘制抛物线的过程。

图 2-37　绘制抛物线的过程

按住鼠标左键拖动抛物线的特征点，可以改变抛物线的形状。拖动抛物线的顶点，使其偏离焦点，可以使抛物线更加平缓；反之，抛物线会更加尖锐。拖动抛物线的起点或者终点，可以改变抛物线一侧的长度。

如果要改变抛物线的属性，在草图绘制状态下，选择绘制的抛物线，此时会弹出"抛物线"属性管理器，按照需要修改其中的参数，就可以修改相应的属性。

2.2.9　绘制样条曲线

系统提供了强大的样条曲线绘制功能，确定样条曲线至少需要两个点。

【案例 2-17】绘制样条曲线

（1）在草图绘制状态下，选择菜单栏中的"工具"→"草图绘制实体"→"样条曲线"命令，或者单击"草图"选项卡中的"样条曲线"按钮Ν，此时鼠标变为 形状。

(2)在图形区单击,确定样条曲线的起点。

(3)移动光标,在图中合适的位置单击,确定样条曲线上的第 2 个点。

(4)重复移动光标,确定样条曲线上的其他点。

(5)按<Esc>键,或者双击退出样条曲线的绘制。

如图 2-38 所示为绘制样条曲线的过程。

样条曲线绘制完毕后,可以通过以下方式,对样条曲线进行编辑和修改。

1. "样条曲线"属性管理器

"样条曲线"属性管理器如图 2-39 所示,在"参数"选项组中可以实现对样条曲线各种参数的修改。

2. 样条曲线上的点

选择要修改的样条曲线,此时样条曲线上会出现点,按住鼠标左键拖动这些点就可以实现对样条曲线的修改,如图 2-40 所示为样条曲线的修改过程,图 2-40(a)为修改前的图形,图 2-40(b)为修改后的图形。

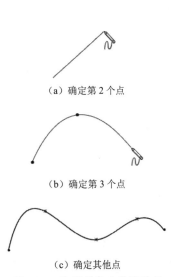

图 2-38 绘制样条曲线的过程　　图 2-39 "样条曲线"属性管理器　　图 2-40 样条曲线的修改过程

3. 插入样条曲线型值点

确定样条曲线形状的点称为型值点,即除样条曲线端点以外的点。在样条曲线绘制完成以后,还可以插入一些型值点。右击样条曲线,在弹出的快捷菜单中选择"插入样条曲线型值点"命令,然后在需要添加的位置单击即可。

4. 删除样条曲线型值点

若要删除样条曲线上的型值点,则单击要删除的点,然后按<Delete>键即可。

样条曲线还有其他一些属性,如显示样条曲线控标、显示拐点、显示最小半径与显示曲率检查等,在此不一一介绍,读者可以选择相应的功能进行练习。

技巧荟萃

系统默认显示样条曲线的控标。单击"样条曲线工具"选项卡中的"显示样条曲线控标"按钮，可以隐藏或者显示样条曲线的控标。

2.2.10 绘制草图文字

可以在零件特征面上添加草图文字，还可以拉伸和切除文字，形成立体效果。文字可以添加在任何连续曲线或边线组中，包括由直线、圆弧或样条曲线组成的圆或轮廓。

【案例2-18】绘制草图文字

（1）在草图绘制状态下，选择菜单栏中的"工具"→"草图绘制实体"→"文本"命令，或者单击"草图"选项卡中的"文字"按钮，此时光标变为形状，系统弹出"草图文字"属性管理器，如图2-41所示。

（2）在图形区中选择一条边线、曲线、草图或草图线段，作为绘制文字草图的定位线，此时所选择的边线显示在"草图文字"属性管理器的"曲线"选项组中。

图 2-41 "草图文字"属性管理器

（3）在"草图文字"属性管理器的"文字"框中输入要添加的文字"SolidWorks 2020"。此时，添加的文字显示在图形区曲线上。

（4）如果不使用系统默认的字体，则取消对"使用文档字体"复选框的勾选，然后单击"字体"按钮，此时系统弹出"选择字体"对话框，如图2-42所示，按照需要进行设置。

（5）设置好字体后，单击"选择字体"对话框中的"确定"按钮，然后单击"草图文字"属性管理器中的"确定"按钮，完成草图文字的绘制。

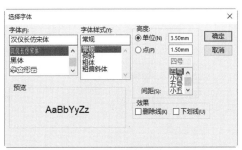

图 2-42 "选择字体"对话框

技巧荟萃

（1）在草图绘制状态下，双击已绘制的草图文字，在系统弹出的"草图文字"属性管理器中，可以对其进行修改。

（2）如果曲线为草图实体或一组草图实体，而且草图文字与曲线位于同一草图内，那么必须将草图实体转换为几何构造线。

如图2-43所示为绘制的草图文字，如图2-44所示为拉伸后的草图文字。

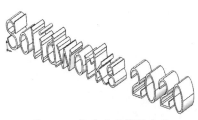

图 2-43 绘制的草图文字　　　　图 2-44 拉伸后的草图文字

2.3 草图编辑工具

本节主要介绍草图编辑工具的使用方法,如圆角、倒角、等距实体、剪裁、延伸、镜向、移动、复制、旋转与修改等。

2.3.1 绘制圆角

绘制圆角工具可将两个草图实体的交叉处剪裁掉角部,生成一个与两个草图实体都相切的圆弧,此工具在二维和三维草图中均可使用。

【案例 2-19】绘制圆角

(1)打开源文件"\ch2\2.3.1.SLDPRT"。在草图绘制状态下,选择菜单栏中的"工具"→"草图工具"→"圆角"命令,或者单击"草图"选项卡中的"绘制圆角"按钮 ,此时系统弹出的"绘制圆角"属性管理器如图 2-45 所示。

(2)在"绘制圆角"属性管理器中,设置圆角的半径。如果顶点具有尺寸或几何关系,勾选"保持拐角处约束条件"复选框,将保留虚拟交点。如果不勾选该复选框,且顶点具有尺寸或几何关系,将会询问是否想在生成圆角时删除这些几何关系。

(3)设置好"绘制圆角"属性管理器后,单击选择如图 2-46(a)所示的直线 1 和 2、直线 2 和 3、直线 3 和 4、直线 4 和 1。

(4)单击"绘制圆角"属性管理器中的"确定"按钮 ,完成圆角的绘制,如图 2-46(b)所示。

图 2-45 "绘制圆角"属性管理器

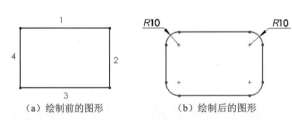

图 2-46 绘制圆角过程

> **技巧荟萃**
> SolidWorks 可以将两个非交叉的草图实体进行倒圆角操作。执行完"圆角"命令后,草图实体将被拉伸,边角将被圆角处理。

2.3.2 绘制倒角

绘制倒角工具可将倒角应用到相邻的草图实体中,此工具在二维和三维草图中均可使用。倒角的选取方法与圆角的相同。"绘制倒角"属性管理器中提供了倒角的两种设置方式,分别是"角度距离"设置方式和"距离-距离"设置方式。

【案例 2-20】绘制倒角

（1）打开源文件"\ch2\2.3.2.SLDPRT"。在草图绘制状态下，选择菜单栏中的"工具"→"草图工具"→"倒角"命令，或者单击"草图"选项卡中的"绘制倒角"按钮，此时系统弹出的"绘制倒角"属性管理器如图 2-47 和图 2-48 所示。

（2）在"绘制倒角"属性管理器中，选择"角度距离"单选钮，按照如图 2-47 所示设置倒角方式和倒角参数，然后选择如图 2-49（a）所示的直线 1 和直线 4。

（3）在"绘制倒角"属性管理器中，选择"距离-距离"单选钮，按照如图 2-48 所示设置倒角方式和倒角参数，然后选择如图 2-49（a）所示的直线 2 和直线 3。

（4）单击"绘制倒角"属性管理器中的"确定"按钮，完成倒角的绘制，如图 2-49（b）所示。

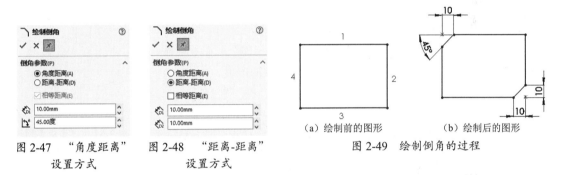

图 2-47 "角度距离" 设置方式　　图 2-48 "距离-距离" 设置方式　　图 2-49 绘制倒角的过程

以"距离-距离"设置方式绘制倒角时，如果设置的两个距离不相等，选择不同草图实体的次序不同，绘制的结果也不相同。如图 2-50 所示，设置 D_1=10mm、D_2=20 mm，如图 2-50（a）所示为原始图形；如图 2-50（b）所示为先选取左侧的直线，后选择右侧直线形成的倒角；如图 2-50（c）所示为先选取右侧的直线，后选择左侧直线形成的倒角。

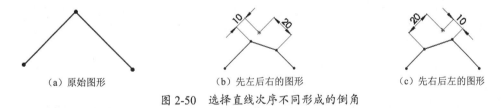

图 2-50　选择直线次序不同形成的倒角

2.3.3　等距实体

等距实体工具可按特定的距离等距一个或者多个草图实体、所选模型边线、模型面，如样条曲线或圆弧、模型边线组、环等之类的草图实体。

【案例 2-21】等距实体

（1）打开源文件"\ch2\2.3.2.SLDPRT"。在草图绘制状态下，选择菜单栏中的"工具"→"草图工具"→"等距实体"命令，或者单击"草图"选项卡中的"等距实体"按钮。

（2）系统弹出"等距实体"属性管理器，按照实际需要进行设置。

（3）单击选择要等距的实体对象。

（4）单击"等距实体"属性管理器中的"确定"按钮 ✓，完成等距实体的绘制。
"等距实体"属性管理器中各选项的含义如下。

- "等距距离"文本框：设定数值以特定距离来等距草图实体。
- "添加尺寸"复选框：勾选该复选框将在草图中添加等距距离的尺寸标注，这不会影响包括在原有草图实体中的任何尺寸。
- "反向"复选框：勾选该复选框将更改单向等距实体的方向。
- "选择链"复选框：勾选该复选框将生成所有连续草图实体的等距。
- "双向"复选框：勾选该复选框将在草图中双向生成等距实体。
- "基本几何体""偏移几何体"复选框：勾选该复选框将原有草图实体转换为构造性直线。
- "顶端加盖"复选框：勾选该复选框将通过选择双向并添加一顶盖来延伸原有非相交草图实体。

图 2-51 "等距实体"属性管理器

如图 2-52 所示为按照如图 2-51 所示的"等距实体"属性管理器进行设置后，选取中间草图实体中任意一部分后得到的图形。

如图 2-53 所示为在模型面上添加草图实体的过程，图 2-53（a）为原始图形，图 2-53（b）为等距实体后的图形。执行过程为：先选择如图 2-53（a）所示模型的上表面，然后进入草图绘制状态，再执行"等距实体"命令，设置参数为单向等距距离，距离为 10mm。

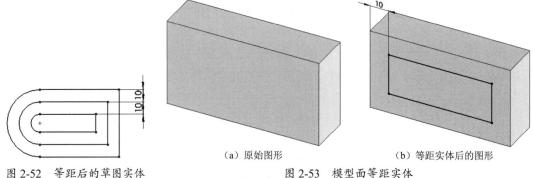

图 2-52 等距后的草图实体　　（a）原始图形　　（b）等距实体后的图形

图 2-53 模型面等距实体

技巧荟萃

在草图绘制状态下，双击等距距离的尺寸，然后更改数值，就可以修改等距实体的距离。在双向等距中，修改单个数值就可以更改两个等距的尺寸。

2.3.4 转换实体引用

转换实体引用是指通过已有的模型或者草图，将其边线、环、面、曲线、外部草图轮廓线、一组边线或一组草图曲线投影到草图基准面上。通过这种方式，可以在草图基准面上生成一个或多个草图实体。使用该命令时，如果引用的实体发生更改，那么转换的草图实体也会相应改变。

【案例 2-22】转换实体引用

（1）打开源文件"\ch2\2.22.SLDPRT"。

 转换实体引用

（2）在特征管理器的树状目录中，选择要添加草图的基准面，本例选择基准面 1，然后单击"草图"选项卡中的"草图绘制"按钮，进入草图绘制状态。

（3）按住<Ctrl>键，选取如图 2-54（a）所示的边线 1、2、3、4 及圆弧 5。

（4）选择菜单栏中的"工具"→"草图绘制工具"→"转换实体引用"命令，或者单击"草图"选项卡中的"转换实体引用"按钮，执行"转换实体引用"命令。

（5）退出草图绘制状态，转换实体引用后的图形如图 2-54（b）所示。

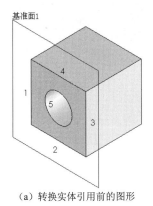
（a）转换实体引用前的图形

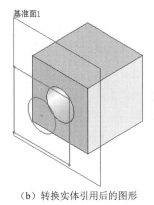
（b）转换实体引用后的图形

图 2-54　转换实体引用过程

2.3.5　剪裁实体

剪裁实体是常用的草图编辑工具。执行"剪裁实体"命令时，系统弹出的"剪裁"属性管理器如图 2-55 所示，根据剪裁草图实体的不同，可以选择不同的剪裁模式，下面将介绍不同类型的草图剪裁模式。

- 强劲剪裁：通过将光标拖过每个草图实体来剪裁草图实体。
- 边角：剪裁两个草图实体，直到它们在虚拟边角处相交。
- 在内剪除：选择两个边界实体，然后选择要剪裁的实体，剪裁位于两个边界实体外的草图实体。
- 在外剪除：剪裁位于两个边界实体内的草图实体。
- 剪裁到最近端：将一个草图实体剪裁到最近端交叉实体外。

【案例 2-23】剪裁实体

以如图 2-56 所示为例说明剪裁实体的过程，图 2-56（a）为剪裁前的图形，图 2-56（b）为剪裁后的图形，其操作步骤如下。

图 2-55　"剪裁"属性管理器

（1）打开源文件"\ch2\2.23.SLDPRT"，如图 2-56（a）所示。

（2）在草图绘制状态下，选择菜单栏中的"工具"→"草图工具"→"剪裁"命令，或者单击"草图"选项卡中的"剪裁实体"按钮，此时鼠标变为形状，并弹出"剪裁"属性管理器。

（3）在"剪裁"属性管理器中选择"剪裁到最近端"选项。

（4）依次单击如图 2-56（a）所示的 A 处和 B 处，剪裁图中的直线。

（5）单击“剪裁”属性管理器中的“确定”按钮，完成草图实体的剪裁，剪裁后的图形如图 2-56（b）所示。

（a）剪裁前的图形

（b）剪裁后的图形

图 2-56 剪裁实体的过程

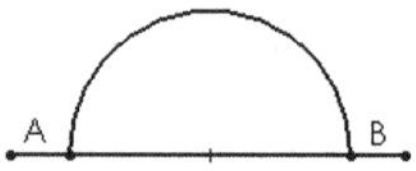

2.3.6 延伸实体

延伸实体是常用的草图编辑工具。利用该工具可以将草图实体延伸至另一个草图实体。

延伸实体

【案例 2-24】延伸实体

以如图 2-57 所示为例说明延伸实体的过程，图 2-57（a）为延伸前的图形，图 2-57（b）为延伸后的图形。操作步骤如下。

（1）打开源文件“\ch2\2.24.SLDPRT”，如图 2-57（a）所示。

（2）在草图绘制状态下，选择菜单栏中的“工具”→“草图工具”→“延伸”命令，或者单击“草图”选项卡中的“延伸实体”按钮，此时鼠标变为形状，进入延伸实体状态。

（3）单击如图 2-57（a）所示的直线。

（4）按<Esc>键，退出延伸实体状态，延伸后的图形如图 2-57（b）所示。

在延伸草图实体时，如果两个方向都可以延伸，而只需要单一方向延伸时，单击延伸方向一侧的实体部分即可实现，在执行该命令过程中，实体延伸的结果在预览时会以红色显示。

（a）延伸前的图形

（b）延伸后的图形

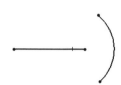

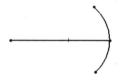

图 2-57 延伸实体的过程

2.3.7 分割实体

分割实体是将一个连续的草图实体分割为两个草图实体，以方便进行其他操作。反之，也可以删除一个分割点，将两个草图实体合并成一个单一草图实体。

分割实体

【案例 2-25】分割实体

以如图 2-58 所示为例说明分割实体的过程，图 2-58（a）为分割前的图形，图 2-58（b）为分割后的图形，其操作步骤如下。

（1）打开源文件“\ch2\2.25.SLDPRT”，如图 2-58（a）所示。

（2）在草图绘制状态下，选择菜单栏中的“工具”→“草图工具”→“分割实体”命令，或者单击“草图”选项卡中的“分割实体”按钮，进入分割实体状态。

（3）单击如图 2-58（a）所示的圆弧的合适位置，添加一个分割点。

（4）按<Esc>键，退出分割实体状态，分割后的图形如图 2-58（b）所示。

在草图绘制状态下，如果欲将两个草图实体合并为一个草图实体，单击选中分割点，然后按<Delete>键即可。

（a）分割前的图形

（b）分割后的图形

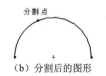

图 2-58 分割实体的过程

2.3.8 镜向实体

在绘制草图时，经常要绘制对称的图形，这时可以使用"镜向实体"命令来实现，"镜向"属性管理器如图 2-59 所示。

在 SolidWorks 2020 中，镜向点不再仅限于构造线，它可以是任意类型的直线。SolidWorks 提供了两种镜向方式，一种是镜向现有草图实体，另一种是在绘制草图时动态镜向草图实体。下面将分别介绍。

【案例 2-26】镜向实体

1．镜向现有草图实体

以如图 2-60 所示为例说明镜向草图实体的过程，图 2-60（a）为镜向前的图形，图 2-60（b）为镜向后的图形，其操作步骤如下。

（1）打开源文件"\ch2\2.26.SLDPRT"，如图 2-60（a）所示。

（2）在草图绘制状态下，选择菜单栏中的"工具"→"草图工具"→"镜向"命令，或者单击"草图"选项卡中的"镜向实体"按钮 ，此时系统弹出"镜向"属性管理器。

（3）单击属性管理器中的"要镜向的实体"框，使其变为粉红色，然后在图形区中框选如图 2-60（a）所示的直线左侧图形。

（4）单击属性管理器中的"镜向轴"框，使其变为粉红色，然后在图形区中选取如图 2-60（a）所示的直线。

（5）单击"镜向"属性管理器中的"确定"按钮 ，草图实体镜向完毕，镜向后的图形如图 2-60（b）所示。

图 2-59 "镜向"属性管理器

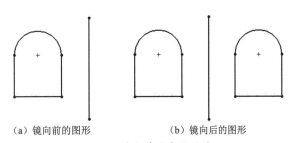

（a）镜向前的图形　　　（b）镜向后的图形

图 2-60 镜向草图实体的过程

2．动态镜向草图实体

以如图 2-61 所示为例说明动态镜向草图实体的过程，操作步骤如下。

【案例 2-27】动态镜向草图实体

（1）在草图绘制状态下，先在图形区中绘制一条中心线，并选取它。

（2）选择菜单栏中的"工具"→"草图工具"→"动态镜向实体"命令，或者单击"草图"选项卡中的"动态镜向实体"按钮 ，此时对称符号出现在中心线的两端。

（3）单击"草图"选项卡中的"直线"按钮 ，在中心线的一侧绘制草图实体，此时另一侧会动态地镜向出绘制的草图实体。

（4）草图绘制完毕后，单击"草图"选项卡中的"直线"按钮 ，即可结束该命令的使用。

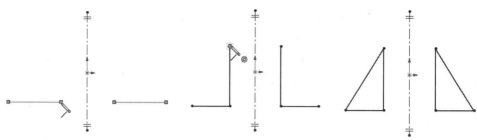

图 2-61 动态镜向草图实体的过程

> **技巧荟萃**
>
> 镜向实体工具在三维草图中不可使用。

2.3.9 线性草图阵列

线性草图阵列是将草图实体沿一个或者两个轴复制生成多个排列图形的工具。执行该命令时，系统弹出的"线性阵列"属性管理器如图 2-62 所示。

【案例 2-28】线性草图阵列

以如图 2-63 所示为例说明线性草图阵列的过程，图 2-63（a）为阵列前的图形，图 2-63（b）为阵列后的图形，其操作步骤如下。

（1）打开源文件"\ch2\2.28.SLDPRT"，如图 2-63（a）所示。

（2）在草图绘制状态下，选择菜单栏中的"工具"→"草图工具"→"线性阵列"命令，或者单击"草图"选项卡中的"线性草图阵列"按钮。

（3）此时系统弹出"线性阵列"属性管理器，单击"要阵列的实体"框，然后在图形区中选取如图 2-63（a）所示的直径为 10mm 的圆弧，其他设置如图 2-62 所示。

（4）单击"线性阵列"属性管理器中的"确定"按钮，阵列后的图形如图 2-63（b）所示。

图 2-62 "线性阵列"属性管理器

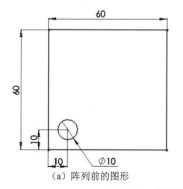

（a）阵列前的图形

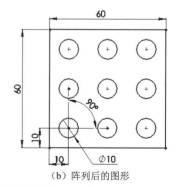

（b）阵列后的图形

图 2-63 线性草图阵列的过程

2.3.10 圆周草图阵列

圆周草图阵列是将草图实体沿一个指定大小的圆弧进行环状阵列的工具。执行该命令时，系统弹出的"圆周阵列"属性管理器如图 2-64 所示。

【案例 2-29】圆周草图阵列

以如图 2-65 所示为例说明圆周草图阵列的过程，图 2-65（a）为阵列前的图形，图 2-65（b）为阵列后的图形，其操作步骤如下。

（1）打开源文件"\ch2\2.29.SLDPRT"，如图 2-65（a）所示。

（2）在草图绘制状态下，选择菜单栏中的"工具"→"草图工具"→"圆周阵列"命令，或者单击"草图"选项卡中的"圆周草图阵列"按钮 ，此时系统弹出"圆周阵列"属性管理器。

（3）单击"圆周阵列"属性管理器的"要阵列的实体"框，然后在图形区中选取如图 2-65（a）所示的圆弧外的 3 条直线，在"参数"选项组的 框中选择圆弧的圆心，在"实例数" 框中输入"8"。

（4）单击"圆周阵列"属性管理器中的"确定"按钮 ，阵列后的图形如图 2-65（b）所示。

图 2-64　"圆周阵列"属性管理器

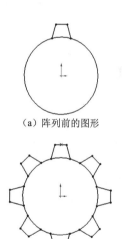

（a）阵列前的图形

（b）阵列后的图形

图 2-65　圆周草图阵列的过程

2.3.11 移动实体

移动实体，是指将一个或者多个草图实体进行移动。执行该命令时，系统弹出的"移动"属性管理器如图 2-66 所示。

在"移动"属性管理器中，"要移动的实体"框用于选取要移动的草图实体；"参数"选项组中的"从/到"单选钮用于指定移动的开始点和目标点，是一个相对参数；如果在"参数"选项组中选择"X/Y"单选钮，则弹出新的对话框，在其中输入相应的参数即可以设定的数值生成相应的目标。

图 2-66　"移动"属性管理器

2.3.12 复制实体

复制实体,是指将一个或者多个草图实体进行复制。执行该命令时,系统弹出的"复制"属性管理器如图 2-67 所示。"复制"属性管理器中的参数与"移动"属性管理器中的参数意义相同,在此不再赘述。

图 2-67 "复制"属性管理器

2.3.13 旋转实体

旋转实体,是指通过选择旋转中心及要旋转的度数来旋转草图实体。执行该命令时,系统弹出的"旋转"属性管理器如图 2-68 所示。

【案例 2-30】旋转草图

以如图 2-69 所示为例说明旋转草图的过程,图 2-69(a)为旋转前的图形,图 2-69(b)为旋转后的图形,其操作步骤如下。

(1) 打开源文件 "\ch2\2.31.SLDPRT",如图 2-69(a)所示。

(2) 在草图绘制状态下,选择菜单栏中的"工具"→"草图工具"→"旋转"命令,或者单击"草图"选项卡中的"旋转实体"按钮。

(3) 此时系统弹出"旋转"属性管理器,单击"要旋转的实体"框,在图形区中选取如图 2-69(a)所示的矩形,在"基准点" 框中选取矩形的左下端点,在"角度" 框中输入"-60 度"。

(4) 单击"旋转"属性管理器中的"确定"按钮,旋转后的图形如图 2-69(b)所示。

图 2-68 "旋转"属性管理器

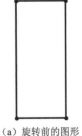
(a)旋转前的图形

(b)旋转后的图形

图 2-69 旋转草图的过程

2.3.14 缩放实体比例

缩放实体比例,是指通过基准点和比例因子对草图实体进行缩放,也可以根据需要在保留原缩放对象的基础上缩放草图。执行该命令时,系统弹出的"比例"属性管理器如图 2-70 所示。

【案例 2-31】缩放草图

以如图 2-71 所示为例说明缩放草图的过程,图 2-71(a)为缩放比例前的图形,图 2-71(b)

为比例因子为 0.8、不保留原图的图形，图 2-71（c）为保留原图，复制数为 5 的图形，其操作步骤如下。

（1）打开源文件"\ch2\2.32.SLDPRT"，如图 2-71（a）所示。

（2）在草图绘制状态下，选择菜单栏中的"工具"→"草图工具"→"缩放比例"命令，或者单击"草图"选项卡中的"缩放实体比例"按钮，此时系统弹出"比例"属性管理器。

（3）单击"比例"属性管理器的"要缩放比例的实体"框，在图形区中选取如图 2-71（a）所示的矩形，在"基准点"框中选取矩形的左下端点，在"比例因子"框中输入"0.8"，缩放后的结果如图 2-71（b）所示。

（4）勾选"复制"复选框，在"份数"框中输入"5"，结果如图 2-71（c）所示。

（5）单击"比例"属性管理器中的"确定"按钮，草图实体缩放完毕。

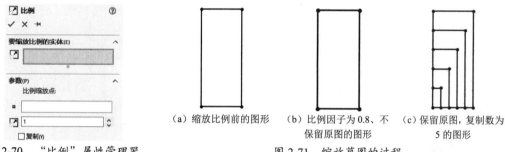

图 2-70　"比例"属性管理器　　图 2-71　缩放草图的过程

（a）缩放比例前的图形　（b）比例因子为 0.8、不保留原图的图形　（c）保留原图，复制数为 5 的图形

2.4　尺寸标注

SolidWorks 2020 是一种尺寸驱动式系统，用户可以指定尺寸及各实体间的几何关系，更改尺寸将改变零件的尺寸与形状。尺寸标注是草图绘制过程中的重要组成部分。SolidWorks 虽然可以捕捉用户的设计意图，自动进行尺寸标注，但由于各种原因有时自动标注的尺寸不理想，此时用户必须自己进行尺寸标注。

2.4.1　度量单位

在 SolidWorks 2020 中可以使用多种度量单位，包括埃、纳米、微米、毫米、厘米、米、英寸、英尺。设置单位的方法在第 1 章中已讲述，这里不再赘述。

2.4.2　线性尺寸的标注

线性尺寸用于标注直线段的长度或两个几何元素间的距离，如图 2-72 所示。

1. 标注直线长度尺寸

【案例 2-32】线性尺寸的标注

（1）打开源文件"\ch2\2.32.SLDPRT"，如图 2-72 所示。

线性尺寸的标注

（2）单击"草图"选项卡中的"智能尺寸"按钮，此时光标变为形状。
（3）将光标放到要标注的直线上，这时光标变为形状，要标注的直线以红色高亮显示。
（4）在适当位置单击，则标注尺寸线出现并随着光标移动，如图2-73（a）所示。
（5）将尺寸线移动到适当的位置后单击，则尺寸线被固定下来。
（6）如果在"系统选项"对话框的"系统选项"选项卡中勾选了"输入尺寸值"复选框，则当尺寸线被固定下来时会弹出"修改"对话框，如图2-73（b）所示。
（7）在"修改"对话框中输入直线的长度，单击"确定"按钮，完成标注。
（8）如果没有勾选"输入尺寸值"复选框，则需要双击尺寸值，打开"修改"对话框对尺寸进行修改。

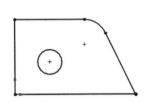

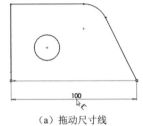

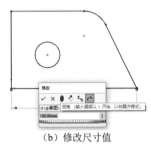

图 2-72　线性尺寸的标注　　　　　（a）拖动尺寸线　　　　（b）修改尺寸值

　　　　　　　　　　　　　　　　　　　　图 2-73　直线标注

2．标注两个几何元素间距离

（1）单击"草图"选项卡中的"智能尺寸"按钮，此时光标变为形状。
（2）单击拾取第一个几何元素。
（3）标注尺寸线出现，不用管它，继续单击拾取第二个几何元素。
（4）这时标注尺寸线显示为两个几何元素之间的距离，移动光标到适当的位置。
（5）单击，将尺寸线固定下来。
（6）在"修改"对话框中输入两个几何元素间的距离，单击"确定"按钮，完成标注。

2.4.3　直径和半径尺寸的标注

默认情况下，SolidWorks 对圆标注的直径尺寸、对圆弧标注的半径尺寸如图 2-74 所示。

1．对圆进行直径尺寸的标注

【案例 2-33】直径尺寸的标注

 直径尺寸的标注

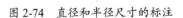

图 2-74　直径和半径尺寸的标注

（1）打开源文件 "\ch2\2.33. SLDPRT"。
（2）单击"草图"选项卡中的"智能尺寸"按钮，此时光标变为形状。
（3）将光标放到要标注的圆上，这时光标变为形状，要标注的圆以红色高亮显示。
（4）在适当位置单击，则标注尺寸线出现，并随着光标移动。
（5）将尺寸线移动到适当的位置后单击，将尺寸线固定下来。
（6）在"修改"对话框中输入圆的直径，单击"确定"按钮，完成标注。

2. 对圆弧进行半径尺寸的标注

（1）单击"草图"选项卡中的"智能尺寸"按钮，此时光标变为形状。

（2）将光标放到要标注的圆弧上，这时光标变为形状，要标注的圆弧以红色高亮度显示。

（3）在适当位置单击，则标注尺寸线出现，并随着光标移动。

（4）将尺寸线移动到适当的位置后单击，将尺寸线固定下来。

（5）在"修改"对话框中输入圆弧的半径，单击"确定"按钮，完成标注。

2.4.4 角度尺寸的标注

角度尺寸标注用于标注两条直线的夹角或圆弧的圆心角。

【案例2-34】角度尺寸的标注

角度尺寸的标注

1. 标注两条直线的夹角

（1）绘制两条相交的直线。

（2）单击"草图"选项卡中的"智能尺寸"按钮，此时鼠标变为形状。

（3）单击拾取第一条直线。

（4）标注尺寸线出现，不用管它，继续单击拾取第二条直线。

（5）这时标注尺寸线显示两条直线之间的角度，随着光标移动，系统会显示3种不同的夹角角度，如图2-75所示。

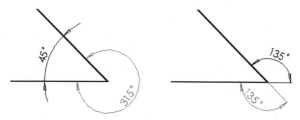

图2-75　3种不同的夹角角度

（6）在适当位置单击，将尺寸线固定下来。

（7）在"修改"对话框中输入夹角的角度值，单击"确定"按钮，完成标注。

2. 标注圆弧的圆心角

（1）单击"草图"选项卡中的"智能尺寸"按钮，此时鼠标变为形状。

（2）单击拾取圆弧的一个端点。

（3）单击拾取圆弧的另一个端点，此时标注尺寸线显示这两个端点间的距离。

（4）继续单击拾取圆心点，此时标注尺寸线显示圆弧两个端点间的圆心角。

（5）将尺寸线移到适当的位置后单击，将尺寸线固定下来，标注圆弧的圆心角如图2-76所示。

（6）在"修改"对话框中输入圆弧的角度值，单击"确定"按钮，完成标注。

（7）如果在步骤（4）中拾取的不是圆心点而是圆弧，则将标注两个端点间圆弧的长度。

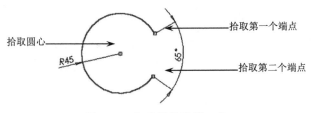

图 2-76　标注圆弧的圆心角

2.5　几何关系

几何关系为草图实体之间或草图实体与基准面、基准轴、边线或顶点之间的几何约束。

表 2-6 说明了可为几何关系选择的实体及所产生的几何关系的特点。

表 2-6　几何关系说明

几何关系	可选择的实体	所产生的几何关系
水平或竖直	一条或多条直线，两个或多个点	直线会变成水平或竖直的（由当前草图的空间定义），而点会水平或竖直对齐
共线	两条或多条直线	实体位于同一条无限长的直线上
全等	两个或多个圆弧	实体会共用相同的圆心和半径
垂直	两条直线	两条直线相互垂直
平行	两条或多条直线	实体相互平行
相切	圆弧、椭圆和样条曲线，直线和圆弧，直线和曲面或三维草图中的曲面	两个实体保持相切
同心	两个或多个圆弧，一个点和一个圆弧	圆弧共用同一圆心
中点	一个点和一条直线	点位于线段的中点
交叉	两条直线和一个点	点位于直线的交叉点处
重合	一个点和一条直线、圆弧或椭圆	点位于直线、圆弧或椭圆上
相等	两条或多条直线，两个或多个圆弧	直线长度或圆弧半径保持相等
对称	一条中心线和两个点、直线、圆弧或椭圆	实体保持与中心线相等距离，并位于一条与中心线垂直的直线上
固定	任何实体	实体的大小和位置固定
穿透	一个草图点和一个基准轴、边线、直线或样条曲线	草图点与基准轴、边线或曲线在草图基准面上穿透的位置重合
合并点	两个草图点或端点	两个点合并成一个点

2.5.1　添加几何关系

利用添加几何关系工具 ⊥ 可以在草图实体之间或草图实体与基准面、基准轴、边线或顶点之间生成几何关系。

【案例 2-35】添加几何关系

以如图 2-77 所示为例说明为草图实体添加几何关系的过程，图 2-77（a）为添加相切关系前的图形，图 2-77（b）为添加相切关系后的图形，其操作步骤如下。

（1）打开源文件"\ch2\2.35.SLDPRT"，如图 2-77（a）所示。

（2）选择菜单栏中的"工具"→"几何关系"→"添加"命令，或者单击"尺寸/几何关系"选项卡中的"添加几何关系"按钮 ┴。

（3）在草图中单击要添加几何关系的实体。

（4）此时所选实体会在"添加几何关系"属性管理器的"所选实体"框中显示，如图 2-78 所示。

（5）信息栏 ⓘ 显示所选实体的状态（完全定义或欠定义等）。

（6）如果要移除一个实体，在"所选实体"框中右击该项目，在弹出的快捷菜单中选择"删除"命令即可。

（7）在"添加几何关系"选项组中单击要添加的几何关系类型（相切或固定等），这时添加的几何关系类型就会显示在"现有几何关系"框中。

（8）如果要删除几何关系，在"现有几何关系"框中右击该几何关系，在弹出的快捷菜单中选择"删除"命令即可。

（9）单击"确定"按钮 ✓ 后，几何关系添加到草图实体间，如图 2-77（b）所示。

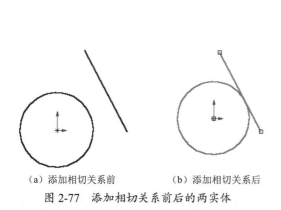

（a）添加相切关系前　　（b）添加相切关系后

图 2-77　添加相切关系前后的两实体　　图 2-78　"添加几何关系"属性管理器

2.5.2　自动添加几何关系

使用 SolidWorks 自动添加几何关系后，在绘制草图时光标会改变形状以显示可以生成哪些几何关系。如图 2-79 所示显示了不同几何关系对应的光标指针形状。

将自动添加几何关系作为系统的默认设置，其操作步骤如下。

（1）选择菜单栏中的"工具"→"选项"命令，打开"系统选项"对话框。

水平　　　　　　　竖直　　　　　　　重合　　　　　　　中点

图 2-79　不同几何关系对应的光标指针形状

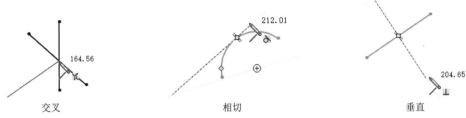

图 2-79　不同几何关系对应的光标指针形状（续）

（2）在"系统选项"选项卡的左侧列表框中单击"几何关系/捕捉"选项，然后在右侧的区域中勾选"自动几何关系"复选框，如图 2-80 所示。

图 2-80　自动添加几何关系

（3）单击"确定"按钮，关闭对话框。

> **技巧荟萃**
>
> 所选实体中至少要有一个项目是草图实体，其他项目可以是草图实体，也可以是边线、面、顶点、原点、基准面、轴或从其他草图的线或圆弧映射到此草图平面所形成的草图曲线。

2.5.3　显示/删除几何关系

利用"显示/删除几何关系"工具可以显示手动和自动应用到草图实体的几何关系，查看有疑问的特定草图实体的几何关系，并可以删除不再需要的几何关系。此外，还可以通过替换列出的参考引用来修正错误的实体。

如果要显示/删除几何关系，其操作步骤如下。

（1）选择菜单栏中的"工具"→"几何关系"→"显示/删除"命令，或者单击"草图"选项卡中的"显示/删除几何关系"按钮 。

（2）在弹出的"显示/删除几何关系"属性管理器的框中执行显示几何关系的准则，如图 2-81

（a）所示。

（3）在"几何关系"选项组中执行要显示的几何关系。在显示每个几何关系时，高亮显示相关的草图实体，同时还会显示其状态。在"实体"选项组中也会显示草图实体的名称、状态，如图 2-81（b）所示。

（4）勾选/取消勾选"压缩"复选框，压缩或解除压缩当前的几何关系。

（5）单击"删除"按钮，删除当前执行的几何关系；单击"删除所有"按钮，删除当前执行的所有几何关系。

(a) 显示的几何关系　　(b) 存在几何关系的实体状态

图 2-81　"显示/删除几何关系"属性管理器

2.6　综合实例

本节主要通过具体实例讲解草图编辑工具的综合使用方法。

2.6.1　绘制拨叉草图

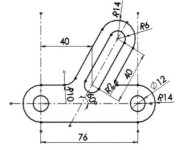

本例绘制的拨叉草图如图 2-82 所示。

【思路分析】

本例首先绘制构造线构建大概轮廓，然后对其进行修剪和倒圆角操作，最后标注图形尺寸，完成草图的绘制。绘制的流程图如图 2-83 所示。

图 2-82　拨叉草图

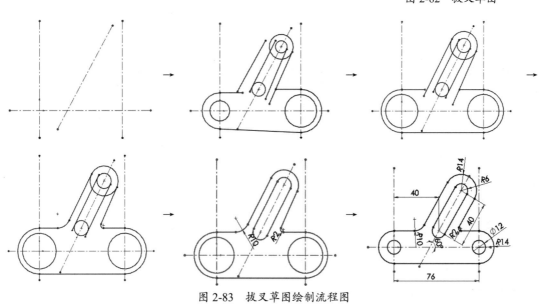

图 2-83　拨叉草图绘制流程图

【绘制步骤】

（1）新建文件。启动 SolidWorks 2020，单击"标准"工具栏中的"新建"按钮，在弹出的如图 2-84 所示的"新建 SOLIDWORKS 文件"对话框中单击"零件"按钮，然后单击"确定"按钮，创建一个新的零件文件。

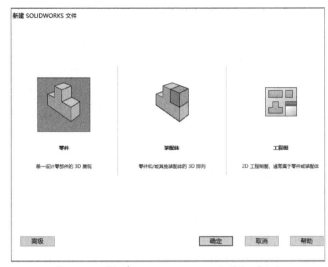

图 2-84　"新建 SOLIDWORKS 文件"对话框

（2）创建草图。

① 在左侧的 FeatureManager 设计树中选择"前视基准面"作为绘图基准面。单击"草图"选项卡中的"草图绘制"按钮，进入草图绘制状态。

② 单击"草图"选项卡中的"中心线"按钮，弹出"插入线条"属性管理器，如图 2-85 所示。单击"确定"按钮，绘制的中心线如图 2-86 所示。

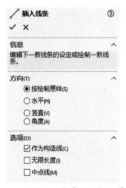 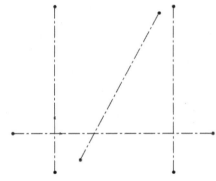

图 2-85　"插入线条"属性管理器　　　图 2-86　绘制中心线

③ 单击"草图"选项卡中的"圆"按钮，弹出如图 2-87 所示的"圆"属性管理器。分别捕捉两条竖直直线和水平直线的交点为圆心（此时鼠标变成），单击"确定"按钮，绘制圆，如图 2-88 所示。

④ 单击"草图"选项卡中的"圆心/起/终点画弧"按钮，弹出如图 2-89 所示的"圆弧"属性管理器，分别以上步绘制的圆的圆心为圆心绘制两圆弧，单击"确定"按钮，结果如图 2-90 所示。

⑤ 单击"草图"选项卡中的"圆"按钮，弹出"圆"属性管理器。在斜中心线上分别绘制三个圆，单击"确定"按钮，如图 2-91 所示。

⑥ 单击"草图"选项卡中的"直线"按钮，弹出"插入线条"属性管理器，绘制直线，如图 2-92 所示。

图 2-87　"圆"属性管理器

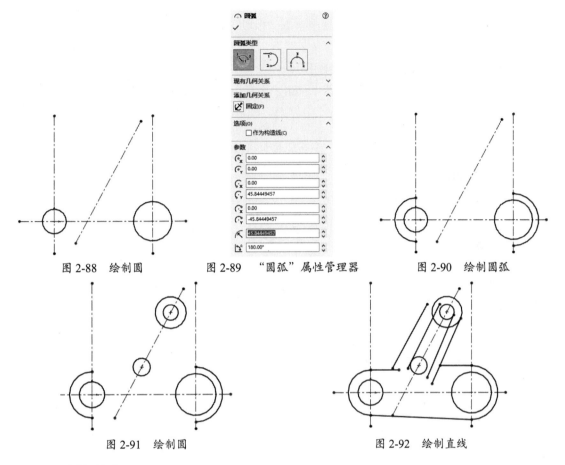

图 2-88 绘制圆　　　　图 2-89 "圆弧"属性管理器　　　　图 2-90 绘制圆弧

图 2-91 绘制圆　　　　　　　　图 2-92 绘制直线

（3）添加约束。

① 单击"草图"选项卡中的"添加几何关系"按钮，弹出"添加几何关系"属性管理器，如图 2-93 所示。选择步骤③中绘制的两个圆，在属性管理器中单击"相等"按钮，使两圆相等，如图 2-94 所示。

② 分别使两圆弧和两小圆相等，结果如图 2-95 所示。

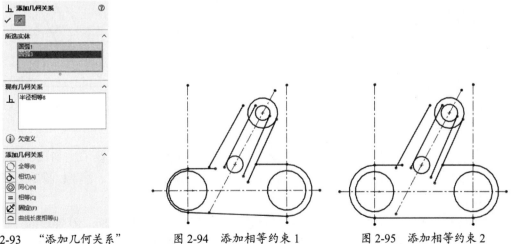

图 2-93 "添加几何关系"属性管理器　　　　图 2-94 添加相等约束 1　　　　图 2-95 添加相等约束 2

③ 选择小圆和直线，在属性管理器中单击"相切"按钮，使小圆和直线相切，如图 2-96 所示。

④ 重复上述步骤，分别使直线和圆相切。

⑤ 选择四条斜直线，在属性管理器中单击"平行"按钮，结果如图 2-97 所示。

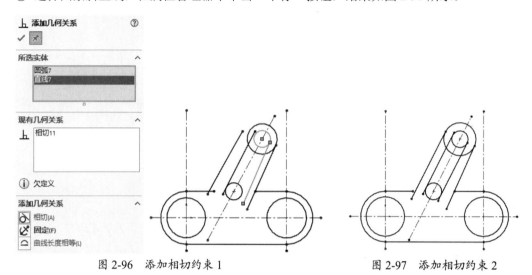

图 2-96　添加相切约束 1　　　　图 2-97　添加相切约束 2

（4）编辑草图。

① 单击"草图"选项卡中的"绘制圆角"按钮，弹出如图 2-98 所示的"绘制圆角"属性管理器，输入圆角半径为 10mm，选择视图中左边的两条直线，单击"确定"按钮，结果如图 2-99 所示。

② 单击"草图"选项卡中的"绘制圆角"按钮，在右侧创建半径为 2mm 的圆角，结果如图 2-100 所示。

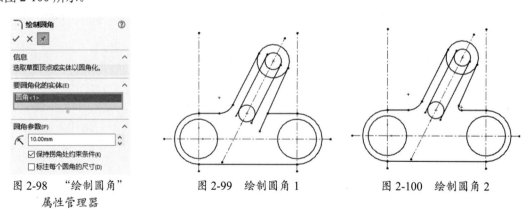

图 2-98　"绘制圆角"　　　　图 2-99　绘制圆角 1　　　　图 2-100　绘制圆角 2
　　　　属性管理器

③ 单击"草图"选项卡中的"剪裁实体"按钮，弹出如图 2-101 所示的"剪裁"属性管理器，选择"剪裁到最近端"选项，剪裁多余的线段，单击"确定"按钮，结果如图 2-102 所示。

（5）标注尺寸。

单击"草图"选项卡中的"智能尺寸"按钮，选择两条竖直中心线，在弹出的"修改"对话框中修改尺寸为 76。同理标注其他尺寸，结果如图 2-103 所示。

图 2-101 "剪裁"
属性管理器

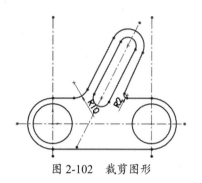

图 2-102 裁剪图形

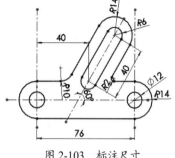

图 2-103 标注尺寸

2.6.2 绘制压盖草图

本例绘制的压盖草图如图 2-104 所示。

【思路分析】

首先绘制构造线构建大概轮廓,然后对其进行添加几何约束和修剪操作,最后标注图形尺寸,完成草图的绘制。绘制流程如图 2-105 所示。

【绘制步骤】

(1)新建文件。启动 SolidWorks 2020,单击"标准"选项卡中的"新建"按钮,在弹出的如图 2-106 所示的"新建 SOLIDWORKS 文件"对话框中单击"零件"按钮,然后单击"确定"按钮,创建一个新的零件文件。

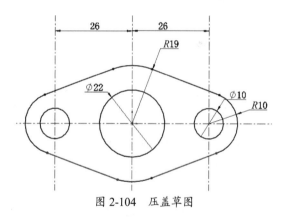

图 2-104 压盖草图

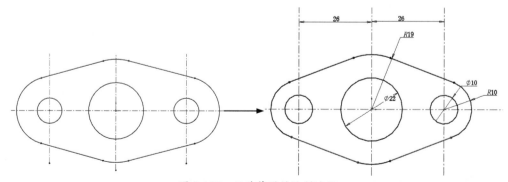

图 2-105 压盖草图的绘制流程

（2）绘制草图。

① 设置基准面。在左侧的 FeatureManager 设计树中选择"前视基准面"作为绘图基准面。单击"草图"选项卡中的"草图绘制"按钮，进入草图绘制状态。

② 绘制中心线。单击"草图"选项卡中的"中心线"按钮，弹出"插入线条"属性管理器，如图 2-107 所示。绘制的中心线如图 2-108 所示，单击"确定"按钮。

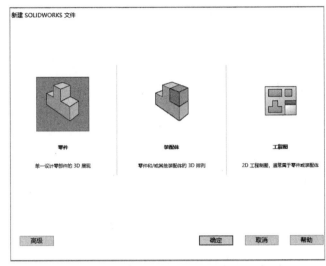

图 2-106 "新建 SOLIDWORKS 文件"对话框

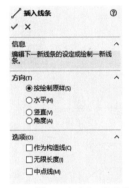

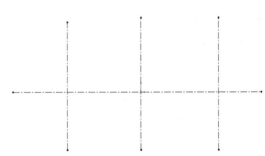

图 2-107 "插入线条"属性管理器　　　　　图 2-108 绘制中心线

③ 绘制圆。单击"草图"选项卡中的"圆"按钮，弹出如图 2-109 所示的"圆"属性管理器。分别捕捉三条竖直直线和水平直线的交点为圆心（此时鼠标变成形状），单击"确定"按钮，绘制圆，如图 2-110 所示。

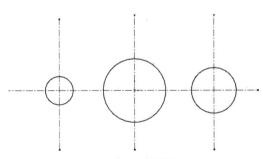

图 2-109 "圆"属性管理器　　　　　图 2-110 绘制圆

④ 绘制圆弧。单击"草图"选项卡中的"圆心/起/终点画弧"按钮，弹出如图 2-111 所

示的"圆弧"属性管理器,分别以上步绘制的圆的圆心为圆心绘制圆弧,单击"确定"按钮 ✓,结果如图 2-112 所示。

⑤ 绘制直线。单击"草图"选项卡中的"直线"按钮 ╲,弹出"插入线条"属性管理器,绘制直线,如图 2-113 所示。

图 2-111 "圆弧"属性管理器

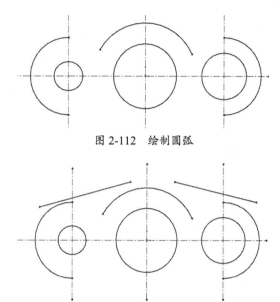

图 2-112 绘制圆弧

图 2-113 绘制直线

(3) 添加约束。

① 单击"草图"选项卡中的"添加几何关系"按钮 ⊥,弹出"添加几何关系"属性管理器,如图 2-114 所示。选择步骤(2)中绘制的两个小圆,在属性管理器中单击"相等"按钮,使两圆相等。同理,对两个小圆弧添加相等约束,如图 2-115 所示。

图 2-114 "添加几何关系"属性管理器

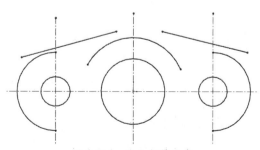

图 2-115 添加相等约束

② 选择左侧圆弧和左侧直线,在属性管理器中单击"相切"按钮,如图 2-116 所示,使圆弧和直线相切,如图 2-117 所示。同理,对其他的圆弧和直线添加相切约束。

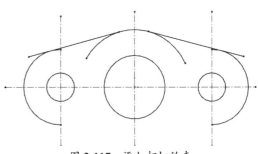

图 2-116 "添加几何关系"属性管理器　　　　图 2-117 添加相切约束

(4) 编辑草图。

① 单击"草图"选项卡中的"镜向实体"按钮，弹出如图 2-118 所示的"镜向"属性管理器，选择大圆弧和两条直线为要镜向的实体，拾取水平中心线为镜向轴，单击"确定"按钮，结果如图 2-119 所示。

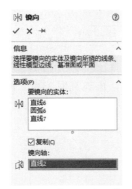
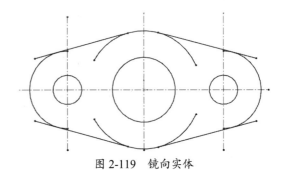

图 2-118 "镜向"属性管理器　　　　图 2-119 镜向实体

② 单击"草图"选项卡中的"剪裁实体"按钮，弹出如图 2-120 所示的"剪裁"属性管理器，选择"剪裁到最近端"选项，剪裁多余的线段，单击"确定"按钮，结果如图 2-121 所示。

(5) 标注尺寸。

单击"草图"选项卡中的"智能尺寸"按钮，选择左侧两条竖直中心线，在弹出的"修改"对话框中修改尺寸为 26mm，如图 2-122 所示，单击"确定"按钮，完成尺寸的标注；同理标注其他尺寸，结果如图 2-123 所示。

(6) 修改标注尺寸大小和箭头。

选择菜单栏中的"工具"→"选项"命令，弹出如图 2-124 所示的对话框，在对话框中选择"文档属性"选项卡，选择"尺寸"选项，单击"字体"按钮，弹出"选择字体"对话框，如图 2-125 所示，修改文字高度为 5mm，单击"确定"按钮，返回对话框，在"样式"下拉列表中选择"实心箭头"，单击"确定"按钮，结果如图 2-126 所示。

图 2-120 "剪裁"属性管理器

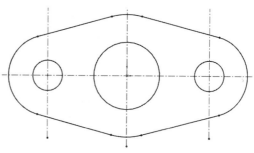

图 2-121 剪裁图形

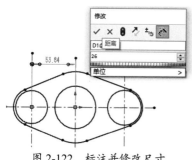

图 2-122 标注并修改尺寸

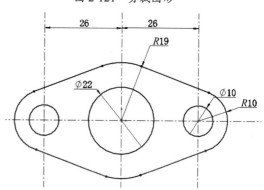

图 2-123 标注尺寸

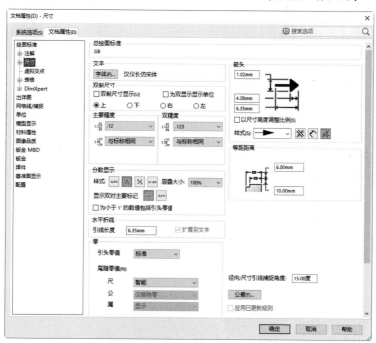

图 2-124 "文档属性"选项卡

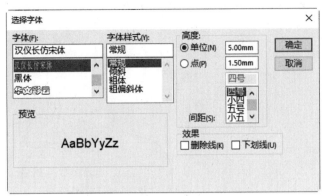

图 2-125 "选择字体"对话框

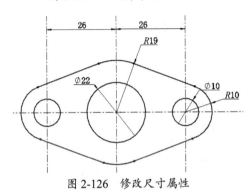

图 2-126 修改尺寸属性

第 3 章　基础特征建模

在 SolidWorks 中，特征建模一般分为基础特征建模和附加特征建模两类。基础特征建模是三维实体最基本的生成方式，是单一的命令操作。关于附加特征建模将在第 4 章中介绍。

基础特征建模相当于二维草图中的基本图元，是最基本的三维实体绘制方式。基础特征建模主要包括拉伸特征、拉伸切除特征、旋转特征、旋转切除特征、扫描特征与放样特征等。

3.1　特征建模基础

SolidWorks 提供了专用的"特征"工具栏和"特征"选项卡，如图 3-1 所示。单击选项卡上相应的按钮就可以对草体实体进行相应的操作，生成需要的特征模型。

图 3-1　"特征"工具栏和"特征"选项卡

如图 3-2 所示为内六角螺钉零件的特征模型及其 FeatureManager 设计树，使用 SolidWorks 进行建模的实体包含这两部分的内容，零件模型是要设计的真实图形，FeatureManager 设计树显示对模型进行的操作内容及操作步骤。

3.2　参考几何体

参考几何体主要包括基准面、基准轴、坐标系与点 4 个部分。"参考几何体"操控板如图 3-3 所示，各参考几何体的功能如下。

图 3-2　内六角螺钉零件的特征模型及其 FeatureManager 设计树

图 3-3　"参考几何体"操控板

3.2.1 基准面

基准面主要应用于零件图和装配图中，可以利用基准面来绘制草图，生成模型的剖面视图，用于拔模特征中的中性面等。

SolidWorks 提供了前视基准面、上视基准面和右视基准面 3 个默认的相互垂直的基准面。通常情况下，用户在这 3 个基准面上绘制草图，然后使用特征命令创建实体模型即可绘制需要的图形。但是，对于一些特殊的特征，如扫描特征和放样特征，需要在不同的基准面上绘制草图，才能完成模型的构建，这就需要创建新的基准面。

创建基准面有 6 种方式，分别是：直线/点方式、点和平行面方式、两面夹角方式、等距离方式、垂直于曲线方式、曲面切平面方式。下面详细介绍这几种创建基准面的方式。

1. 直线/点方式

该方式用于创建通过边线、轴或者草图线及点，或者通过三点的基准面。

下面通过实例介绍该方式的操作步骤。

【案例 3-1】以直线/点方式创建基准面

以直线/点方式创建基准面

（1）打开源文件 "\ch3\3.1.SLDPRT"，打开的文件实体 1 如图 3-4 所示。

（2）执行"基准面"命令。选择菜单栏中的"插入"→"参考几何体"→"基准面"命令，或者单击"特征"选项卡上的"基准面"按钮 ，此时系统弹出"基准面"属性管理器。

（3）设置属性管理器。"第一参考"选项选择边线 1，"第二参考"选项选择边线 2 的中点，也可以"第一参考"选项选择边线 1 的一个端点，"第二参考"选项选择边线 1 的另一个端点，"第三参考"选项选择边线 2 的中点，生成同样的基准面。"基准面"属性管理器设置如图 3-5 所示。

（4）确认创建的基准面。单击"基准面"属性管理器中的"确定"按钮 ，创建的基准面 1 如图 3-6 所示。

图 3-4 打开的文件实体 1

图 3-5 "基准面"属性管理器

图 3-6 创建的基准面 1

2. 点和平行面方式

该方式用于创建通过点且平行于基准面或者面的基准面。

下面通过实例介绍该方式的操作步骤。

【案例3-2】以点和平行面方式创建基准面

（1）打开源文件"\ch3\3.2.SLDPRT"，打开的文件实体2如图3-7所示。

（2）执行"基准面"命令。选择菜单栏中的"插入"→"参考几何体"→"基准面"命令，或者单击"特征"选项卡上的"基准面"按钮，此时系统弹出"基准面"属性管理器。

（3）设置属性管理器。"第一参考"选项选择边线1的中点，"第二参考"选项选择面2。"基准面"属性管理器设置如图3-8所示。

（4）确认创建的基准面。单击"基准面"属性管理器中的"确定"按钮，创建的基准面2如图3-9所示。

图3-7 打开的文件实体2　　图3-8 "基准面"属性管理器　　图3-9 创建的基准面2

3．两面夹角方式

该方式用于创建通过一条边线、轴线或者草图线，并与一个面或者基准面成一定角度的基准面。下面通过实例介绍该方式的操作步骤。

【案例3-3】以两面夹角方式创建基准面

（1）打开源文件"\ch3\3.3.SLDPRT"，打开的文件实体3如图3-10所示。

（2）执行"基准面"命令。选择菜单栏中的"插入"→"参考几何体"→"基准面"命令，或者单击"特征"选项卡上的"基准面"按钮，此时系统弹出"基准面"属性管理器。

（3）设置属性管理器。"第一参考"选项选择边线1，"第二参考"选项选择面2，"角度"设为60°，"基准面"属性管理器设置如图3-11所示。

（4）确认创建的基准面。单击"基准面"属性管理器中的"确定"按钮，创建的基准面3如图3-12所示。

4．等距距离方式

该方式用于创建平行于一个基准面或者面，并等距指定距离的基准面。下面通过实例介绍该方式的操作步骤。

【案例3-4】以等距距离方式创建基准面

（1）打开源文件"\ch3\3.4.SLDPRT"，打开的文件实体4如图3-13所示。

（2）执行"基准面"命令。选择菜单栏中的"插入"→"参考几何体"→"基准面"命令，或者单击"特征"选项卡上的"基准面"按钮，此时系统弹出"基准面"属性管理器。

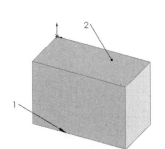
图 3-10　打开的文件实体 3

图 3-11　"基准面"属性管理器

图 3-12　创建的基准面 3

（3）设置属性管理器。"第一参考"选项选择面 1，（偏移距离）设为 20mm。勾选"基准面"属性管理器中的"反转等距"复选框，可以设置生成基准面相对于参考面的方向。"基准面"属性管理器设置如图 3-14 所示。

（4）确认创建的基准面。单击"基准面"属性管理器中的"确定"按钮，创建的基准面 4 如图 3-15 所示。

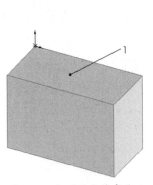
图 3-13　打开的文件实体 4

图 3-14　"基准面"属性管理器

图 3-15　创建的基准面 4

5. 垂直于曲线方式

该方式用于创建通过一个点且垂直于一条边线或者曲线的基准面。

下面通过实例介绍该方式的操作步骤。

【案例 3-5】以垂直于曲线方式创建基准面

（1）打开源文件"\ch3\3.5.SLDPRT"，打开的文件实体 5 如图 3-16 所示。

（2）执行"基准面"命令。选择菜单栏中的"插入"→"参考几何体"→"基准面"命令，或者单击"特征"选项卡上的"基准面"按钮，此时系统弹出示"基准面"属性管理器。

（3）设置属性管理器。"第一参考"选项选择螺旋线，"第二参考"选项选择 A 点。"基准面"属性管理器设置如图 3-17 所示。

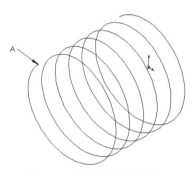

图 3-16 打开的文件实体 5 　　　　　　图 3-17 "基准面"属性管理器

（4）确认创建的基准面。单击"基准面"属性管理器中的"确定"按钮，则创建通过点 A 且与螺旋线垂直的基准面 5，如图 3-18 所示。

（5）单击"前导视图"工具栏中的"旋转视图"按钮，将视图以合适的方向显示，如图 3-19 所示。

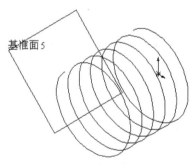
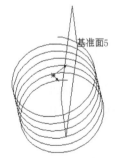

图 3-18 创建的基准面 5 　　　　　　图 3-19 旋转视图后的图形

6．曲面切平面方式

该方式用于创建一个与空间面或圆形曲面相切于一点的基准面。下面通过实例介绍该方式的操作步骤。

【案例 3-6】以曲面切平面方式创建基准面

（1）打开源文件"\ch3\3.6.SLDPRT"，打开的文件实体 6 如图 3-20 所示。

（2）执行"基准面"命令。选择菜单栏中的"插入"→"参考几何体"→"基准面"命令，或者单击"特征"选项卡上的"基准面"按钮，此时系统弹出"基准面"属性管理器。

（3）设置属性管理器。"第一参考"选项选择圆柱体表面，"第二参考"选项选择"上视基准面"。"基准面"属性管理器设置如图 3-21 所示。

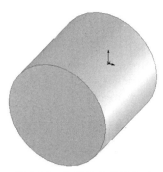

图 3-20　打开的文件实体 6

图 3-21　"基准面"属性管理器

（4）确认创建的基准面。单击"基准面"属性管理器中的"确定"按钮✓，则创建与圆柱体表面相切且垂直于上视基准面的基准面 6，如图 3-22 所示。

本实例以参照平面方式生成基准面，生成的基准面垂直于参考平面。另外，也可以参考点方式生成基准面，生成的基准面是与点距离最近且垂直于曲面的基准面。如图 3-23 所示为以参考点方式生成的基准面。

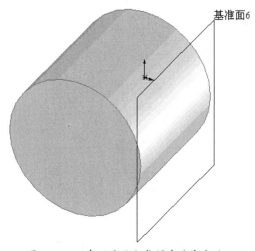

图 3-22　以参照平面方式创建的基准面 6

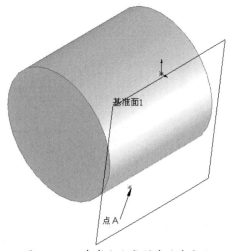

图 3-23　以参考点方式创建的基准面

3.2.2　基准轴

基准轴通常在草图几何体或者圆周阵列中使用。每个圆柱和圆锥面都有一条轴线。临时轴是由模型中的圆锥和圆柱隐含生成的，可以选择菜单栏中的"视图"→"临时轴"命令来隐藏或显示所有的临时轴。

创建基准轴有 5 种方式，分别是：一直线/边线/轴方式、两平面方式、两点/顶点方式、圆柱/圆锥面方式、点和面/基准面方式。下面详细介绍这几种创建基准轴的方式。

1．一直线/边线/轴方式

选择一草图的直线、实体的边线或者轴，创建所选直线所在的轴线。

下面通过实例介绍该方式的操作步骤。

以一直线/边线/轴方式创建基准轴

【案例 3-7】以一直线/边线/轴方式创建基准轴

（1）打开源文件"\ch3\3.7.SLDPRT"，打开的文件实体 1 如图 3-24 所示。

（2）执行"基准轴"命令。选择菜单栏中的"插入"→"参考几何体"→"基准轴"命令，或者单击"特征"工具栏上的"基准轴"按钮，此时系统弹出"基准轴"属性管理器。

（3）设置属性管理器。单击"一直线/边线/轴"按钮，在"参考实体"列表框中，选择如图 3-24 所示的边线 1。"基准轴"属性管理器设置如图 3-25 所示。

（4）确认创建的基准轴。单击"基准轴"属性管理器中的"确定"按钮，创建的边线 1 所在的基准轴 1 如图 3-26 所示。

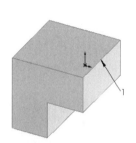

图 3-24　打开的文件实体 1　　　图 3-25　"基准轴"属性管理器　　　图 3-26　创建的基准轴 1

2．两平面方式

将所选两平面的交线作为基准轴。下面通过实例介绍该方式的操作步骤。

以两平面方式创建基准轴

【案例 3-8】以两平面方式创建基准轴

（1）打开源文件"\ch3\3.8.SLDPRT"，打开的文件实体 2 如图 3-27 所示。

（2）执行"基准轴"命令。选择菜单栏中的"插入"→"参考几何体"→"基准轴"命令，或者单击"特征"工具栏上的"基准轴"按钮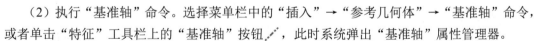，此时系统弹出"基准轴"属性管理器。

（3）设置属性管理器。单击"两平面"按钮，在"参考实体"列表框中，选择如图 3-27 所示的面 1 和面 2。"基准轴"属性管理器设置如图 3-28 所示。

（4）确认创建的基准轴。单击"基准轴"属性管理器中的"确定"按钮，以两平面的交线创建的基准轴 2 如图 3-29 所示。

3．两点/顶点方式

将两个点或者两个顶点的连线作为基准轴。下面通过实例介绍该方式的操作步骤。

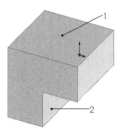  

图 3-27 打开的文件实体 2　　图 3-28 "基准轴"属性管理器　　图 3-29 创建的基准轴 2

【案例 3-9】以两点/顶点方式创建基准轴

(1) 打开源文件 "\ch3\3.9.SLDPRT"，打开的文件实体 3 如图 3-30 所示。

(2) 执行"基准轴"命令。选择菜单栏中的"插入"→"参考几何体"→"基准轴"命令，或者单击"特征"工具栏上的"基准轴"按钮，此时系统弹出"基准轴"属性管理器。

(3) 设置属性管理器。单击"两点/顶点"按钮，在"参考实体"列表框中，选择如图 3-30 所示的顶点 1 和顶点 2。"基准轴"属性管理器设置如图 3-31 所示。

(4) 确认创建的基准轴。单击"基准轴"属性管理器中的"确定"按钮，以两顶点的交线创建的基准轴 3 如图 3-32 所示。

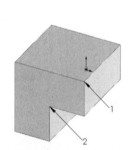  

图 3-30 打开的文件实体 3　　图 3-31 "基准轴"属性管理器　　图 3-32 创建的基准轴 3

4. 圆柱/圆锥面方式

选择圆柱面或者圆锥面，将其临时轴确定为基准轴。下面通过实例介绍该方式的操作步骤。

【案例 3-10】以圆柱/圆锥面方式创建基准轴

(1) 打开源文件 "\ch3\3.10.SLDPRT"，打开的文件实体 4 如图 3-33 所示。

(2) 执行"基准轴"命令。选择菜单栏中的"插入"→"参考几何体"→"基准轴"命令，或者单击"特征"工具栏上的"基准轴"按钮，此时系统弹出"基准轴"属性管理器。

(3) 设置属性管理器。单击"圆柱/圆锥面"按钮，在"参考实体"列表框中，选择如图 3-33 所示的圆柱体的表面。"基准轴"属性管理器设置如图 3-34 所示。

(4) 确认创建的基准轴。单击"基准轴"属性管理器中的"确定"按钮，将圆柱体临时轴确定为基准轴 4，如图 3-35 所示。

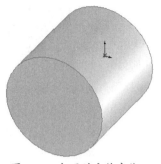  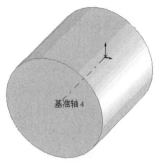

图 3-33　打开的文件实体 4　　图 3-34　"基准轴"属性管理器　　图 3-35　创建的基准轴 4

5．点和面/基准面方式

选择一曲面或者基准面及顶点、点或者中点，创建一个通过所选点并且垂直于所选面的基准轴。下面通过实例介绍该方式的操作步骤。

【案例 3-11】以点和面/基准面方式创建基准轴

（1）打开源文件"\ch3\3.11.SLDPRT"，打开的文件实体 5 如图 3-36 所示。

（2）执行"基准轴"命令。选择菜单栏中的"插入"→"参考几何体"→"基准轴"命令，或者单击"特征"工具栏上的"基准轴"按钮 ，此时系统弹出"基准轴"属性管理器。

（3）设置属性管理器。单击"点和面/基准面"按钮 ，在"参考实体"列表框中，选择如图 3-36 所示的面 1 和边线 2 的中点。"基准轴"属性管理器设置如图 3-37 所示。

（4）确认创建的基准轴。单击"基准轴"属性管理器中的"确定"按钮 ，创建通过边线 2 的中点且垂直于面 1 的基准轴 5。

（5）旋转视图。单击"前导视图"工具栏上的"旋转视图"按钮 ，将视图以合适的方向显示，创建的基准轴 5 如图 3-38 所示。

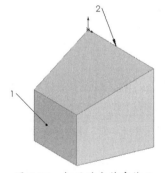  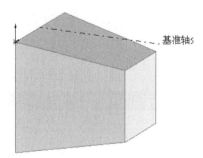

图 3-36　打开的文件实体 5　　图 3-37　"基准轴"属性管理器　　图 3-38　创建的基准轴 5

3.2.3　坐标系

"坐标系"命令主要用来定义零件或装配体的坐标系。此坐标系与测量和质量属性工具一同使用，可用于将 SolidWorks 文件输出至 IGES、STL、ACIS、STEP、Parasolid、VRML 和 VDA 文件。

下面通过实例介绍创建坐标系的操作步骤。

【案例 3-12】创建坐标系

（1）打开源文件"\ch3\3.12.SLDPRT"，打开的文件实体如图 3-39 所示。

（2）执行"坐标系"命令。选择菜单栏中的"插入"→"参考几何体"→"坐标系"命令，或者单击"特征"选项卡上的"坐标系"按钮，此时系统弹出"坐标系"属性管理器。

（3）设置属性管理器。在"原点"选项中，选择如图 3-39 所示的点 A；在"X 轴"选项中，选择如图 3-39 所示的边线 1；在"Y 轴"选项中，选择如图 3-39 所示的边线 2；在"Z 轴"选项中，选择图 3-39 所示的边线 3。"坐标系"属性管理器设置如图 3-40 所示。

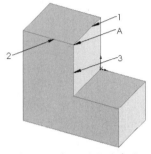

图 3-39　打开的文件实体

图 3-40　"坐标系"属性管理器

（4）确认创建的坐标系。单击"坐标系"属性管理器中的"确定"按钮，创建的坐标系 1 如图 3-41 所示。此时所创建的坐标系 1 也会出现在 FeatureManager 设计树中，如图 3-42 所示。

图 3-41　创建的坐标系 1

图 3-42　FeatureManager 设计树

> **技巧荟萃**
>
> 在"坐标系"属性管理器中，每一步设置都可以形成一个新的坐标系，并可以单击"方向"按钮调整坐标轴的方向。

3.3　拉伸特征

拉伸特征由截面轮廓草图经过拉伸而成，它适合于构造等截面的实体特征。拉伸特征是将一个二维平面草图，按照给定的数值沿与平面垂直的方向拉伸一段距离形成的特征。如图 3-43 所示展示了利用拉伸基体/凸台特征生成的零件。

下面结合实例介绍创建拉伸特征的操作步骤。

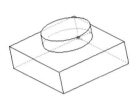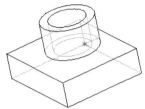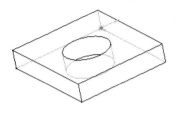

图 3-43　利用拉伸基体/凸台特征生成的零件

【案例 3-13】拉伸特征

（1）打开源文件"\ch3\3.13.SLDPRT"，打开的文件实体如图 3-44 所示。

（2）保持草图处于激活状态，选择菜单栏中的"插入"→"凸台/基体"→"拉伸"命令，或者单击"特征"选项卡上的"拉伸凸台/基体"按钮 。

（3）此时系统弹出"凸台-拉伸"属性管理器，如图 3-45 所示。

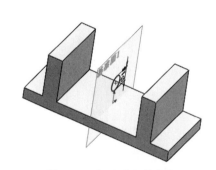

图 3-44　打开的文件实体　　　　图 3-45　"凸台-拉伸"属性管理器

（4）在"方向 1"选项组的 右侧下拉列表框中选择拉伸的终止条件，有以下几种。

- 给定深度：从草图的基准面拉伸到指定的距离平移处，以生成特征，如图 3-46（a）所示。
- 完全贯穿：从草图的基准面拉伸直到贯穿所有现有的几何体，如图 3-46（b）所示。
- 成形到下一面：从草图的基准面拉伸到下一面（隔断整个轮廓），以生成特征，如图 3-46（c）所示。下一面必须在同一零件上。
- 成形到一面：从草图的基准面拉伸到所选的曲面以生成特征，如图 3-46（d）所示。
- 到离指定面指定的距离：从草图的基准面拉伸到离某面或曲面的特定距离处，以生成特征，如图 3-46（e）所示。
- 两侧对称：从草图基准面向两个方向对称拉伸，如图 3-46（f）所示。
- 成形到一顶点：从草图基准面拉伸到一个平面，这个平面平行于草图基准面且穿越指定的顶点，如图 3-46（g）所示。

（5）在右面侧图形区中检查预览效果。还可以单击"反向"按钮 ，向另一个方向拉伸。

（6）在"深度" 文本框中输入拉伸的深度。

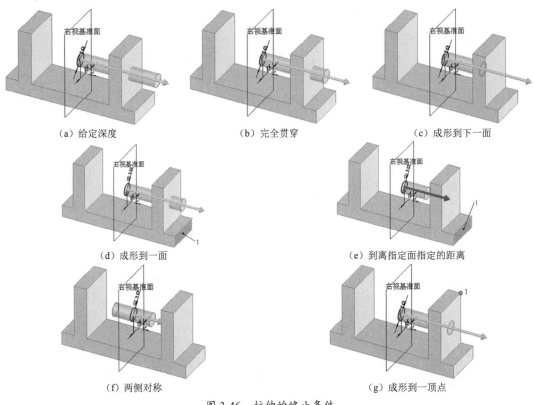

图 3-46 拉伸的终止条件

（7）如果要给特征添加一个拔模，单击"拔模开/关"按钮，然后输入一个拔模角度。如图 3-47 所示为拔模特征。

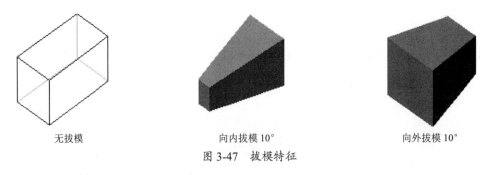

图 3-47 拔模特征

（8）如有必要，勾选"方向 2"复选框，将拉伸应用到第二个方向。
（9）保持"薄壁特征"复选框没有被勾选，单击"确定"按钮，完成基体/凸台的创建。

3.3.1 拉伸薄壁特征

SolidWorks 可以对闭环和开环草图进行薄壁拉伸，如图 3-48 所示。所不同的是，如果草图本身是一个开环图形，则拉伸凸台/基体工具只能将其拉伸为薄壁；如果草图是一个闭环图形，则既可以选择将其拉伸为薄壁特征，也可以选择将其拉伸为实体特征。

下面结合实例介绍创建拉伸薄壁特征的操作步骤。

【案例 3-14】创建拉伸薄壁特征

(1) 单击"标准"工具栏上的"新建"按钮，进入零件绘图区域。

(2) 绘制一个圆。

(3) 保持草图处于激活状态，选择菜单栏中的"插入"→"凸台/基体"→"拉伸"命令，或者单击"特征"选项卡上的"拉伸凸台/基体"按钮。

(4) 在弹出的"凸台-拉伸"属性管理器中勾选"薄壁特征"复选框，如果草图是开环系统则只能生成薄壁特征。

图 3-48 开环和闭环草图的薄壁拉伸

(5) 在右侧的下拉列表框中选择拉伸薄壁特征的方式。

- 单向：使用指定的壁厚向一个方向拉伸草图。
- 两侧对称：在草图的两侧各以指定壁厚的一半向两个方向拉伸草图。
- 双向：在草图的两侧各使用不同的壁厚向两个方向拉伸草图。

(6) 在"厚度"文本框中输入薄壁的厚度。

(7) 默认情况下，壁厚加在草图轮廓的外侧。单击"反向"按钮，可以将壁厚加在草图轮廓的内侧。

(8) 对于薄壁特征基体拉伸，还可以指定以下附加选项。

- 如果生成的是一个闭环的轮廓草图，可以勾选"顶端加盖"复选框，此时将为特征的顶端加上封盖，形成一个中空的零件，如图 3-49（a）所示。
- 如果生成的是一个开环的轮廓草图，可以勾选"自动加圆角"复选框，此时自动在每一个具有相交夹角的边线上生成圆角，如图 3-49（b）所示。

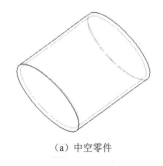 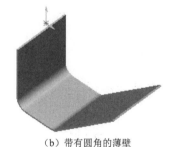

（a）中空零件　　　　　　　　　　（b）带有圆角的薄壁

图 3-49 薄壁

(9) 单击"确定"按钮，完成拉伸薄壁特征的创建。

3.3.2 实例——绘制封油圈

本例绘制封油圈，如图 3-50 所示。

【思路分析】

绘制草图，通过拉伸创建封油圈。读者还可以绘制封油圈截面草图，旋转生成封油圈，绘制封油圈的流程图如图3-51所示。

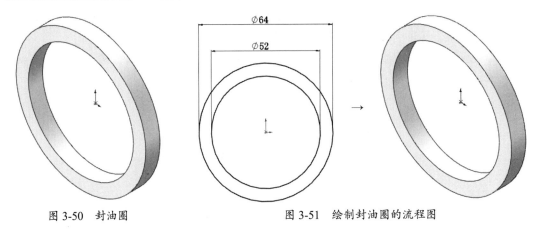

图3-50 封油圈　　　　　　　　　　图3-51 绘制封油圈的流程图

【绘制步骤】

（1）新建文件。启动SolidWorks，单击"标准"选项卡上的"新建"按钮，在打开的"新建SOLIDWORKS文件"对话框中，单击"零件"按钮，单击"确定"按钮，创建一个新的零件文件。

（2）新建草图。在左侧的FeatureManager设计树中选择"上视基准面"作为绘图基准面，单击"草图"选项卡上的"草图绘制"按钮，新建一张草图。

（3）绘制中心线。单击"草图"选项卡上的"圆"按钮，绘制封油圈草图。

（4）标注尺寸。单击"草图"选项卡上的"智能尺寸"按钮，为草图标注尺寸，如图3-52所示。

（5）拉伸形成实体。单击"特征"选项卡上的"拉伸凸台/基体"按钮，弹出如图3-53所示的"凸台-拉伸"属性管理器。设定拉伸的终止条件为"给定深度"，输入拉伸距离为7mm，保持其他选项的系统默认值不变。单击属性管理器中的"确定"按钮。结果如图3-54所示。

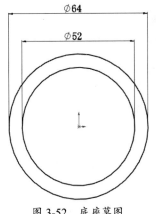  

图3-52 底座草图　　　图3-53 "凸台-拉伸"属性管理器　　　图3-54 创建底座

3.3.3 拉伸切除特征

如图 3-55 所示展示了利用拉伸切除特征生成的几种零件效果。下面结合实例介绍创建拉伸切除特征的操作步骤。

切除拉伸

反侧切除

拔模切除

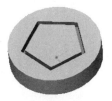
薄壁切除

图 3-55 利用拉伸切除特征生成的几种零件效果

【案例 3-15】拉伸切除

（1）打开源文件"\ch3\3.15.SLDPRT"，打开的文件实体如图 3-56 所示。

（2）保持草图处于激活状态，选择菜单栏中的"插入"→"切除"→"拉伸"命令，或者单击"特征"选项卡上的"拉伸切除"按钮 。

（3）此时弹出"切除-拉伸"属性管理器，如图 3-57 所示。

图 3-56 打开的文件实体

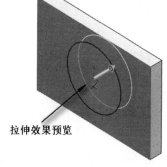

图 3-57 "切除-拉伸"属性管理器

（4）在"方向 1"选项组中执行如下操作。

- 在 右侧的下拉列表框中选择终止条件为"给定深度"。
- 如果勾选了"反侧切除"复选框，则将生成反侧切除特征。
- 单击"反向"按钮 ，可以以向另一个方向切除。
- 单击"拔模开/关"按钮 ，可以给特征添加拔模效果。

（5）如果有必要，勾选"方向 2"复选框，将拉伸切除应用到第二个方向。

（6）如果要生成薄壁切除特征，勾选"薄壁特征"复选框，然后执行如下操作。

- 在 右侧的下拉列表框中选择切除类型：单向、两侧对称或双向。
- 单击"反向"按钮 ，可以以相反的方向生成薄壁切除特征。
- 在"厚度微调" 文本框中输入切除的厚度。

(7) 单击"确定"按钮 ✓，完成拉伸切除特征的创建。

> **技巧荟萃**
>
> 下面以如图 3-58 所示草图为例，说明"反侧切除"复选框对拉伸切除特征的影响。如图 3-58（a）所示为绘制的草图轮廓，如图 3-58（b）所示为取消勾选"反侧切除"复选框的拉伸切除特征；如图 3-58（c）所示为勾选"反侧切除"复选框的拉伸切除特征。
>
>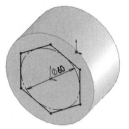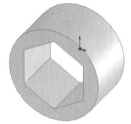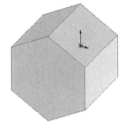
>
> （a）绘制的草图轮廓　　　（b）未勾选复选框的特征图形　　　（c）勾选复选框的特征图形
>
> 图 3-58　"反侧切除"复选框对拉伸切除特征的影响

3.3.4 实例——绘制锤头

 绘制锤头

本实例绘制的锤头如图 3-59 所示。

【思路分析】

首先绘制锤头的外形草图，再将其拉伸为锤头实体，然后拉伸切除锤头的头部，最后绘制与手柄连接的槽口。绘制流程如图 3-60 所示。

【绘制步骤】

（1）新建文件。启动 SolidWorks 2020，单击"标准"选项卡上的"新建"按钮 📄，创建一个新的零件文件。

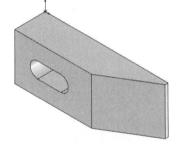

图 3-59　锤头

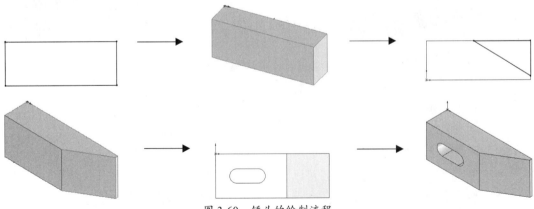

图 3-60　锤头的绘制流程

（2）绘制锤头草图。在左侧的 FeatureManager 设计树中选择"前视基准面"作为绘制图形的基准面，单击"草图"选项卡上的"边角矩形"按钮 ▢，绘制一个矩形。

（3）标注尺寸。单击"草图"选项卡上的"智能尺寸"按钮，标注图中矩形各边的尺寸，如图 3-61 所示。

(4) 拉伸实体。单击"特征"选项卡上的"拉伸凸台/基体"按钮 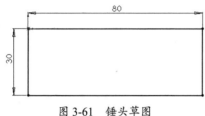，此时系统弹出"凸台-拉伸"属性管理器。"深度" 文本框设为20mm，单击"确定"按钮 ，创建的拉伸特征1如图3-62所示。

图3-61 锤头草图 　　　　　　　图3-62 创建拉伸特征1

(5) 设置基准面。单击选择图3-62中的表面1，然后单击"前导视图"选项卡上的"正视于"按钮 ，将该表面作为绘制图形的基准面，如图3-63所示。

(6) 绘制锤头头部草图。单击"草图"选项卡上的"直线"按钮 ，在步骤(5)中设置的基准面上绘制一个三角形。

(7) 标注尺寸。单击"草图"选项卡上的"智能尺寸"按钮 ，标注图中各条直线段的尺寸，如图3-64所示。

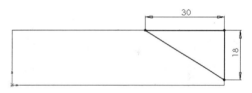

图3-63 设置基准面 　　　　　　图3-64 锤头头部草图

(8) 拉伸切除实体。单击"特征"选项卡上的"拉伸切除"按钮 ，此时系统弹出"切除-拉伸"属性管理器。"深度" 文本框设为30mm，按照图3-65进行设置后，单击"确定"按钮 。

(9) 设置视图方向。单击"前导视图"工具栏上的"等轴测"按钮 ，将视图以等轴测方向显示，创建的拉伸特征2如图3-66所示。

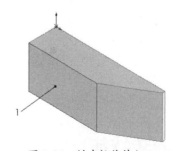

图3-65 "切除-拉伸"属性管理器 　　　图3-66 创建拉伸特征2

(10) 设置基准面。单击选择图3-66中的表面1，然后单击"前导视图"选项卡上的"正视于"按钮，将该表面作为绘制图形的基准面。

（11）绘制与手柄连接部分的草图。单击"草图"选项卡上的"边角矩形"按钮，在步骤（10）中设置的基准面上绘制一个矩形，单击"草图"选项卡上的"三点圆弧"按钮，在矩形的左右两侧绘制两个圆弧，如图3-67所示。

（12）标注尺寸。单击"草图"选项卡上的"智能尺寸"按钮，标注图中矩形各边的尺寸、圆弧的尺寸及草图的定位尺寸，如图3-68所示。

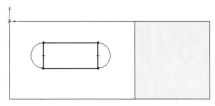
图 3-67 与手柄连接部分草图

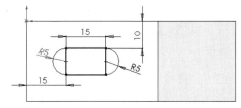
图 3-68 尺寸标注

技巧荟萃

在绘制上述草图时，可以直接使用直线和圆弧进行绘制。在本例中使用矩形和圆弧进行绘制，最后使用"剪裁实体"命令将矩形进行剪裁，这样可以提高草图绘制的效率。用户可以通过反复练习，掌握灵活简便的绘制方法。

（13）剪裁实体。单击"草图"选项卡上的"剪裁实体"按钮，将如图3-68所示的矩形和圆弧交界的两条直线进行剪裁，剪裁实体如图3-69所示。

（14）拉伸切除实体。单击"特征"选项卡上的"拉伸切除"按钮，此时系统弹出"切除-拉伸"属性管理器。在右侧下拉列表框中选择终止条件为"完全贯穿"。按照图3-70进行设置后，单击"确定"按钮。

（15）设置视图方向。单击"前导视图"选项卡上的"等轴测"按钮，将视图以等轴测方向显示，等轴测图形如图3-71所示。

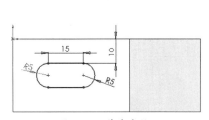
图 3-69 剪裁实体

图 3-70 "切除-拉伸"属性管理器

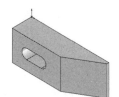
图 3-71 等轴测图形

3.4 旋转特征

旋转特征是由特征截面绕中心线旋转而生成的一类特征，它适于构造回转体零件。如图3-72

所示是一个由旋转特征形成的零件实例。

实体旋转特征的草图可以包含一个或多个闭环的非相交轮廓。对于包含多个轮廓的基体旋转特征，其中一个轮廓必须包含所有其他轮廓。薄壁或曲面旋转特征的草图只能包含一个开环或闭环的非相交轮廓。轮廓不能与中心线交叉。如果草图包含一条以上的中心线，则选择一条中心线作为旋转轴。

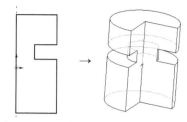

图 3-72 由旋转特征形成的零件实例

旋转特征应用比较广泛，是比较常用的特征建模工具，主要应用在以下零件的建模中。

- 环形零件，如图 3-73 所示。
- 球形零件，如图 3-74 所示。
- 轴类零件，如图 3-75 所示。
- 形状规则的轮毂类零件，如图 3-76 所示。

图 3-73 环形零件　　图 3-74 球形零件　　图 3-75 轴类零件　　图 3-76 轮毂类零件

3.4.1 旋转凸台/基体

下面结合实例介绍创建旋转的凸台/基体特征的操作步骤。

【案例 3-16】旋转凸台/基体

（1）打开源文件"\ch3\3.16.SLDPRT"，打开的文件实体如图 3-77 所示。

（2）选择菜单栏中的"插入"→"凸台/基体"→"旋转"命令，或者单击"特征"选项卡上的"旋转凸台/基体"按钮 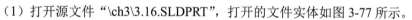。

（3）弹出"旋转"属性管理器，同时在右侧的图形区中显示生成的旋转特征，如图 3-78 所示。

 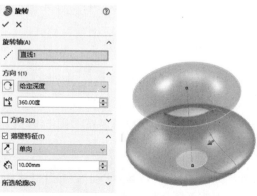

图 3-77 打开的文件实体　　　　图 3-78 "旋转"属性管理器

（4）在"方向1"选项组的下拉列表框中选择旋转类型。
- 给定深度：草图向一个方向旋转指定的角度。如果想要向相反的方向旋转特征，单击"反向"按钮 ，如图3-79（a）所示。如果向两个方向旋转的角度不同，勾选"方向2"复选框，草图以所在平面为中面分别向两个方向旋转指定的角度，这两个角度可以分别指定，如3-79（b）所示。
- 成形到一顶点：从草图基准面生成旋转到所指定的顶点。
- 成形到一面：从草图基准面生成旋转到在面/基准面中所指定的曲面。
- 到离指定面指定的距离：从草图基准面生成旋转到在面/基准面中所指定曲面的指定等距。
- 两侧对称：草图以所在平面为中面分别向两个方向旋转相同的角度，如图3-79（c）所示。

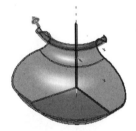  

（a）单向旋转　　　　　　（b）两侧对称旋转　　　　　　（c）双向旋转

图 3-79　旋转特征

（5）在"角度" 文本框中输入旋转角度。

（6）如果准备生成薄壁旋转，则勾选"薄壁特征"复选框，然后在"薄壁特征"选项组的下拉列表框中选择拉伸薄壁类型。这里类型的含义与旋转类型中的含义不同，这里的方向是指薄壁截面上的方向。
- 单向：使用指定的壁厚向一个方向拉伸草图，默认情况下，壁厚加在草图轮廓的外侧。
- 两侧对称：在草图的两侧各以指定壁厚的一半向两个方向拉伸草图。
- 双向：在草图的两侧各使用不同的壁厚向两个方向拉伸草图。

（7）在"厚度" 文本框中指定薄壁的厚度。单击"反向"按钮 ，可以将壁厚加在草图轮廓的内侧。

（8）单击"确定"按钮 ，完成旋转凸台/基体特征的创建。

3.4.2　旋转切除

与旋转凸台/基体特征不同的是，旋转切除特征用来产生切除特征，也就是用来去除材料。如图3-80所示展示了旋转切除的几种效果。

下面结合实例介绍创建旋转切除特征的操作步骤。

【案例3-17】旋转切除

（1）打开源文件"\ch3\3.17.SLDPRT"，打开的文件实体如图3-81所示。

（2）选择模型面上的一个草图轮廓和一条中心线。

旋转切除

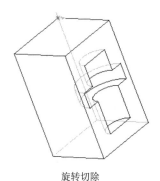
旋转切除

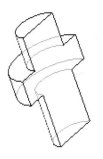
旋转薄壁切除

图 3-80　旋转切除的几种效果

（3）选择菜单栏中的"插入"→"切除"→"旋转"命令，或者单击"特征"选项卡上的"旋转切除"按钮 。

（4）弹出"切除-旋转"属性管理器，同时在右侧的图形区中显示生成的旋转切除特征，如图 3-82 所示。

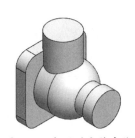

图 3-81　打开的文件实体

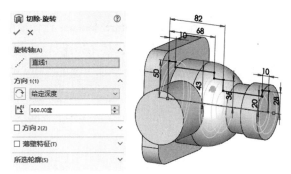

图 3-82　"切除-旋转"属性管理器

（5）在"方向 1"选项组的下拉列表框中选择旋转类型（单向、两侧对称、双向）。其含义同"旋转凸台/基体"属性管理器中的旋转类型。

（6）在"角度" 文本框中输入旋转角度。

（7）如果准备生成薄壁旋转，则勾选"薄壁特征"复选框，设定薄壁旋转参数。

（8）单击"确定"按钮 ，完成旋转切除特征的创建。

3.4.3　实例——绘制油标尺

本例绘制油标尺，如图 3-83 所示。

【思路分析】

绘制草图，通过旋转创建油标尺。绘制油标尺的流程图如图 3-84 所示。

【绘制步骤】

（1）新建文件。启动 SolidWorks，单击"标准"选项卡上的"新建"按钮 ，在打开的"新建 SOLIDWORKS 文件"对话框中，单击"零件"按钮 ，单击"确定"按钮 ，创建一个新的零件文件。

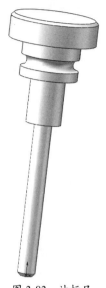

图 3-83 油标尺

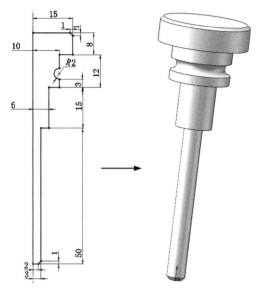

图 3-84 绘制油标尺的流程图

（2）新建草图。在左侧的 FeatureManager 设计树中选择"上视基准面"作为绘图基准面。单击"草图"选项卡上的"草图绘制"按钮 ，新建一张草图。

（3）绘制草图。单击"草图"选项卡上的"中心线"按钮 、"直线"按钮 和"三点圆弧"按钮 ，绘制草图。

（4）标注尺寸。单击"草图"选项卡上的"智能尺寸"按钮 ，为草图标注尺寸，如图 3-85 所示。

（5）旋转实体。单击"特征"选项卡上的"旋转凸台/基体"按钮 ，弹出如图 3-86 所示的"旋转"属性管理器。设定旋转的终止条件为"给定深度"，输入旋转角度为 360°，保持其他选项的系统默认值不变。单击属性管理器中的"确定"按钮 。结果如图 3-87 所示。

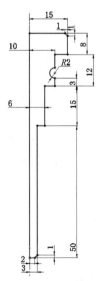

图 3-85 绘制草图

图 3-86 "旋转"属性管理器

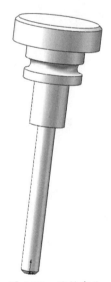

图 3-87 旋转实体

3.5 扫描特征

扫描特征是指由二维草图平面沿一平面或空间轨迹线扫描而成的一类特征。沿着一条路径移动轮廓（截面）可以生成基体、凸台、切除或曲面。如图 3-88 所示是扫描特征实例。

SolidWorks 2020 的扫描特征遵循以下规则。
- 扫描路径可以为开环或闭环。
- 路径可以是草图中包含的一组草图曲线、一条曲线或一组模型边线。
- 路径的起点必须位于轮廓的基准面上。

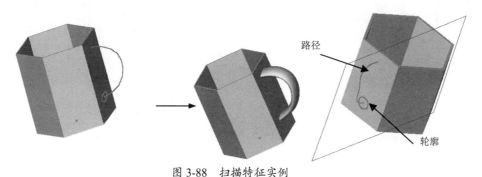

图 3-88 扫描特征实例

3.5.1 凸台/基体扫描

凸台/基体扫描特征属于叠加特征。下面结合实例介绍创建凸台/基体扫描特征的操作步骤。

【案例 3-18】凸台/基体扫描

（1）打开源文件"\ch3\3.18.SLDPRT"，打开的文件实体如图 3-89 所示。

（2）在一个基准面上绘制一个闭环的非相交轮廓。使用草图、现有的模型边线或曲线生成轮廓将遵循的路径，如图 3-89 所示。

（3）选择菜单栏中的"插入"→"凸台/基体"→"扫描"命令，或者单击"特征"选项卡上的"扫描"按钮 。

（4）系统弹出"扫描"属性管理器，同时在右侧的图形区中显示生成的扫描特征，如图 3-90 所示。

（5）单击"轮廓"按钮 ，然后在图形区中选择轮廓草图。

（6）单击"路径"按钮 ，然后在图形区中选择路径草图。如果预先选择了轮廓草图或路径草图，则草图将显示在对应的属性管理器文本框中。

（7）在"轮廓方位"下拉列表框中，选择扫描方式。
- 随路径变化：草图轮廓方向随路径的变化而变化，其法线与路径相切，如图 3-91（a）所示。
- 保持法向不变：草图轮廓保持法向不变，如图 3-91（b）所示。

（8）如果要生成薄壁特征扫描，则勾选"薄壁特征"复选框，从而激活薄壁选项。
- 选择薄壁类型（单向、两侧对称或双向）。
- 设置薄壁厚度。

图 3-89 打开的文件实体　　　　图 3-90 "扫描"属性管理器

（a）随路径变化　　　　　　　　（b）保持法向不变

图 3-91 扫描特征

（9）扫描属性设置完毕，单击"确定"按钮 ✓。

3.5.2 切除扫描

切除扫描特征属于切割特征。下面结合实例介绍创建切除扫描特征的操作步骤。

【案例 3-19】扫描切除

（1）打开源文件"\ch3\3.19.SLDPRT"，打开的文件实体如图 3-92 所示。

（2）在一个基准面上绘制一个闭环的非相交轮廓。

（3）使用草图、现有的模型边线或曲线生成轮廓将遵循的路径。

（4）选择菜单栏中的"插入"→"切除"→"扫描"命令，或者单击"特征"选项卡上的"扫描切除"按钮。

（5）此时弹出"切除-扫描"属性管理器，同时在右侧的图形区中显示生成的切除扫描特征，如图 3-93 所示。

（6）单击"轮廓"按钮，然后在图形区中选择轮廓草图。

（7）单击"路径"按钮，然后在图形区中选择路径草图。如果预先选择了轮廓草图或路径草图，则草图将显示在对应的属性管理器中。

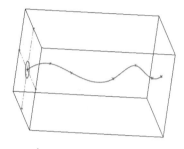

图 3-92　打开的文件实体

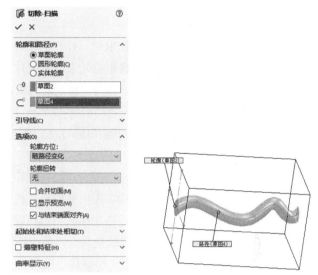

图 3-93　"切除-扫描"属性管理器

（8）在"选项"选项组的"轮廓方位"下拉列表框中选择扫描方式。

（9）其余选项同凸台/基体扫描。

（10）切除扫描属性设置完毕，单击"确定"按钮 ✓。

3.5.3　引导线扫描

SolidWorks 2020 不仅可以生成等截面的扫描，还可以生成随着路径变化截面而发生变化的扫描——引导线扫描。如图 3-94 所示展示了引导线扫描效果。

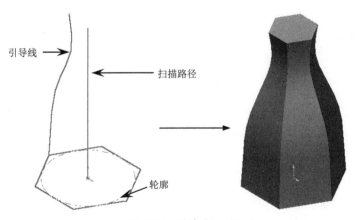

图 3-94　引导线扫描效果

在利用引导线生成扫描特征之前，应该注意以下几点。

- 应该先生成扫描路径和引导线，然后再生成截面轮廓。
- 引导线必须和轮廓相交于一点，作为扫描曲面的顶点。
- 最好在截面草图上添加引导线和截面相交处之间的穿透关系。

下面结合实例介绍利用引导线生成扫描特征的操作步骤。

【案例 3-20】引导线扫描

（1）打开源文件"\ch3\3.20.SLDPRT"，打开的文件实体如图 3-95 所示。

（2）在轮廓草图中引导线与轮廓相交处添加穿透几何关系。穿透几何关系将使截面沿着路径改变大小、形状或者两者均改变。截面受曲线的约束，但曲线不受截面的约束。

（3）选择菜单栏中的"插入"→"凸台/基体"→"扫描"命令，或者单击"特征"选项卡上的"扫描"按钮 。如果要生成切除扫描特征，则选择菜单栏中的"插入"→"切除"→"扫描"命令。

（4）弹出"扫描"属性管理器，同时在右侧的图形区中显示生成的基体或凸台扫描特征。

（5）单击"轮廓"按钮 ，然后在图形区中选择轮廓草图。

（6）单击"路径"按钮 ，然后在图形区中选择路径草图。如果勾选了"显示预览"复选框，此时在图形区中将显示不随引导线变化截面的扫描特征。

（7）在"引导线"选项组中单击"引导线"按钮 ，然后在图形区中选择引导线。此时在图形区中将显示随引导线变化截面的扫描特征，如图 3-96 所示。

图 3-95 打开的文件实体

图 3-96 "扫描"属性管理器

（8）如果存在多条引导线，可以单击"上移"按钮 或"下移"按钮 ，改变使用引导线的顺序。

（9）单击"显示截面"按钮 ，然后单击"微调框"箭头 ，根据截面数量查看并修正轮廓。

（10）在"选项"选项组的"方向/扭转类型"下拉列表框中可以选择以下扫描方式。

- 随路径变化：草图轮廓方向随路径的变化而变换，其法线与路径相切。
- 保持法向不变：草图轮廓保持法向不变。
- 随路径和第一引导线变化：如果引导线不只一条，选择该项将使扫描随第一条引导线变化，如图 3-97（a）所示。
- 随第一和第二引导线变化：如果引导线不只一条，选择该项将使扫描随第一条和第二条引导线同时变化，如图 3-97（b）所示。

（11）如果要生成薄壁特征扫描，则勾选"薄壁特征"复选框，从而激活薄壁选项。

- 选择薄壁类型（单向、两侧对称或双向）。
- 设置薄壁厚度。

（12）在"起始处和结束处相切"选项组中可以设置起始或结束处的相切选项。
- 无：不应用相切。
- 路径相切：扫描在起始处和终止处与路径相切。
- 方向向量：扫描与所选的直线边线或轴线相切，或与所选基准面的法线相切。
- 所有面：扫描在起始处和终止处与现有几何的相邻面相切。

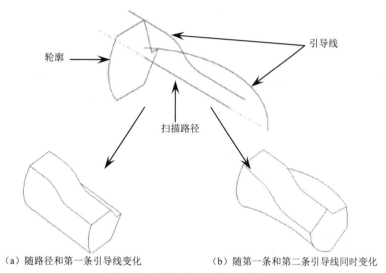

(a) 随路径和第一条引导线变化　　(b) 随第一条和第二条引导线同时变化

图 3-97　随路径和引导线扫描

（13）扫描属性设置完毕，单击"确定"按钮 ✓，完成引导线扫描。

扫描路径和引导线的长度可能不同，如果引导线比扫描路径长，扫描将使用扫描路径的长度；如果引导线比扫描路径短，扫描将使用最短的引导线长度。

3.5.4　实例——绘制弹簧

本例创建的弹簧如图 3-98 所示。

【思路分析】

本例利用扫描特征来制作一个弹簧。扫描特征是指由二维草图平面沿一个平面或一条空间轨迹线扫描而成的一类特征。通过沿着一条路径移动轮廓（截面）可以生成基体、凸台或曲面。绘制弹簧的流程图如图 3-99 所示。

图 3-98　弹簧

【绘制步骤】

（1）新建文件。启动 SolidWorks 2020，单击"标准"选项卡上的"新建"按钮 ，在弹出的"新建 SOLIDWORKS 文件"对话框中，单击"零件"按钮 ，然后单击"确定"按钮 ✓，新建一个零件文件。

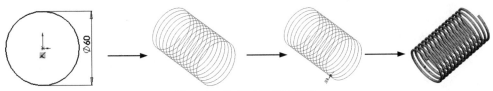

图 3-99 绘制弹簧的流程图

（2）新建草图。在 FeatureManager 设计树中选择"前视基准面"作为草图绘制基准面，单击"草图"选项卡上的"草图绘制"按钮，新建一张草图。

（3）绘制螺旋线基圆。单击"草图"选项卡上的"圆"按钮，以原点为圆心绘制一个直径为 60mm 的圆，作为螺旋线的基圆，如图 3-100 所示。

（4）绘制螺旋线。单击"特征"选项卡上的"螺旋线/涡状线"按钮，在弹出的"螺旋线/涡状线"属性管理器中设置"定义方式"为"螺距和圈数"，设置"圈数"为 15、"螺距"为 7mm、"起始角度"为 0°，其他选项设置如图 3-101 所示，单击"确定"按钮，生成螺旋线。

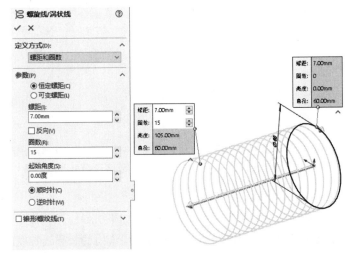

图 3-100 绘制螺旋线基圆　　图 3-101 绘制螺旋线

（5）创建基准面。单击"参考几何体"选项卡上的"基准面"按钮，弹出"基准面"属性管理器；"第一参考"选择螺旋线本身，"第二参考"选择螺旋线起点，如图 3-102 所示，单击"确定"按钮，完成基准面 1 的创建。

（6）新建草图。选择基准面 1，单击"草图"选项卡上的"草图绘制"按钮，新建一张草图。

（7）绘制圆。单击"草图"选项卡上的"圆"按钮，绘制一个直径为 3mm 的圆。

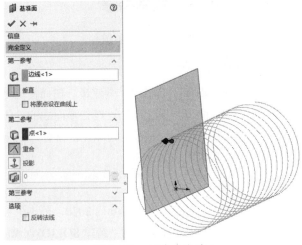

图 3-102 创建基准面 1

(8)添加几何关系。单击"尺寸/几何关系"选项卡上的"添加几何关系"按钮，选择圆心和螺旋线，添加穿透几何关系，如图 3-103 所示，单击"确定"按钮，完成几何关系的添加。

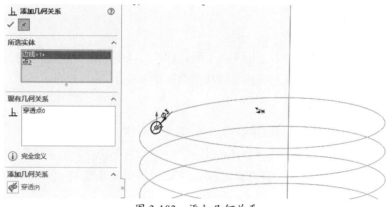

图 3-103 添加几何关系

（9）退出草图环境。单击"草图"选项卡上的"退出草图"按钮，退出草图环境。

（10）扫描螺旋线。单击"特征"选项卡上的"扫描"按钮，以步骤（7）中绘制的圆为扫描轮廓，以螺旋线为扫描路径进行扫描，如图 3-104 所示，单击"确定"按钮，完成弹簧的创建。

（11）保存文件。单击"标准"选项卡上的"保存"按钮，将零件保存为"弹簧.sldprt"，弹簧最终效果如图 3-105 所示。

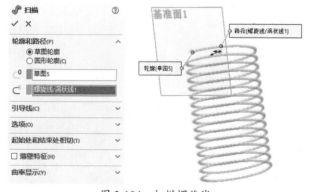

图 3-104 扫描螺旋线

图 3-105 弹簧最终效果

3.6 放样特征

所谓放样是指连接多个剖面或轮廓形成的基体、凸台，通过在轮廓之间进行过渡来生成特征。如图 3-106 所示是放样特征实例。

3.6.1 设置基准面

放样特征需要连接多个面上的轮廓，这些面既可以平行也可以相交。要确

图 3-106 放样特征实例

定这些平面就必须用到基准面。

基准面可以用在零件或装配体中，通过使用基准面可以绘制草图、生成模型的剖面视图、生成扫描和放样中的轮廓面等。基准面的创建参照本章 3.2.1 小节的内容。

3.6.2 凸台放样

通过使用空间上两个或两个以上的不同平面轮廓，可以生成最基本的放样特征。

下面结合实例介绍创建空间轮廓的放样特征的操作步骤。

【案例 3-21】凸台放样

（1）打开源文件"\ch3\3.21.SLDPRT"，打开的文件实体如图 3-107 所示。

（2）选择菜单栏中的"插入"→"凸台/基体"→"放样"命令，或者单击"特征"选项卡上的"放样凸台/基体"按钮⚘。如果要生成切除放样特征，则选择菜单栏中的"插入"→"切除"→"放样"命令。

（3）此时弹出"放样"属性管理器，单击每个轮廓上相应的点，按顺序选择空间轮廓和其他轮廓的面，此时被选择轮廓显示在"轮廓"选项组中，在右侧的图形区中显示生成的放样特征，如图 3-108 所示。

图 3-107 打开的文件实体　　　　图 3-108 "放样"属性管理器

（4）单击"上移"按钮⬆或"下移"按钮⬇，改变轮廓的顺序。此项只针对两个以上轮廓的放样特征。

（5）如果要在放样的开始和结束处控制相切，则设置"起始/结束约束"选项组。

- 无：不应用相切。
- 垂直于轮廓：放样在起始和终止处与轮廓的草图基准面垂直。
- 方向向量：放样与所选的边线或轴相切，或与所选基准面的法线相切。
- 所有面：放样在起始处和终止处与现有几何的相邻面相切。

如图 3-109 所示说明了相切选项的差异。

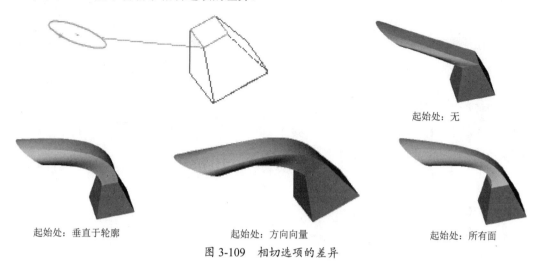

图 3-109　相切选项的差异

（6）如果要生成薄壁放样特征，则勾选"薄壁特征"复选框，从而激活薄壁选项。
- 选择薄壁类型（单向、两侧对称或双向）。
- 设置薄壁厚度。

（7）放样属性设置完毕，单击"确定"按钮 ✓，完成放样。

3.6.3　引导线放样

同生成引导线扫描特征一样，SolidWorks 2020 也可以生成引导线放样特征。通过使用两个或多个轮廓并使用一条或多条引导线来连接轮廓，生成引导线放样特征。通过引导线可以控制所生成的中间轮廓。如图 3-110 所示展示了引导线放样效果。

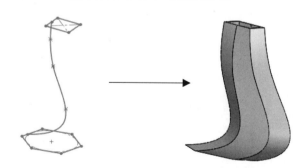

图 3-110　引导线放样效果

在利用引导线生成放样特征时，应该注意以下几点。
- 引导线必须与轮廓相交。
- 引导线的数量不受限制。
- 引导线之间可以相交。
- 引导线可以是任何草图曲线、模型边线或曲线。
- 引导线可以比生成的放样特征长，放样将终止于最短的引导线的末端。

下面结合实例介绍创建引导线放样特征的操作步骤。

【案例 3-22】引导线放样

（1）打开源文件"\ch3\3.22.SLDPRT"，打开的文件实体如图 3-111 所示。

（2）在轮廓所在的草图中为引导线和轮廓顶点添加穿透几何关系或重合几何关系。

（3）选择菜单栏中的"插入"→"凸台/基体"→"放样"命令，或者单击"特征"选项卡上的"放样凸台/基体"按钮 ，如果要生成切除特征，则选择菜单栏中的"插入"→"切除"→"放样"命令。

（4）弹出"放样"属性管理器，单击每个轮廓上相应的点，按顺序选择空间轮廓和其他轮廓的面，此时被选择轮廓显示在"轮廓"选项组中。

（5）单击"上移"按钮 或"下移"按钮 ，改变轮廓的顺序，此项只针对两个以上轮廓的放样特征。

（6）在"引导线"选项组中单击"引导线框"按钮 ，然后在图形区中选择引导线。此时在图形区中将显示随引导线变化的放样特征，如图 3-112 所示。

图 3-111　打开的文件实体　　　　　图 3-112　"放样"属性管理器

（7）如果存在多条引导线，可以单击"上移"按钮 或"下移"按钮 ，改变使用引导线的顺序。

（8）通过"起始/结束约束"选项组可以控制草图、面或曲面边线之间的相切和放样方向。

（9）如果要生成薄壁特征，则勾选"薄壁特征"复选框，从而激活薄壁选项，设置薄壁特征。

（10）放样属性设置完毕，单击"确定"按钮 ，完成放样。

技巧荟萃

绘制引导线放样时，草图轮廓必须与引导线相交。

3.6.4 中心线放样

SolidWorks 2020 还可以生成中心线放样特征。中心线放样是指将一条变化的引导线作为中心线进行放样,在中心线放样特征中,所有中间截面的草图基准面都与此中心线垂直。

中心线放样特征的中心线必须与每个闭环轮廓的内部区域相交,而不是像引导线放样那样,引导线必须与每个轮廓线相交。如图 3-113 所示展示了中心线放样效果。

下面结合实例介绍创建中心线放样特征的操作步骤。

中心线放样

【案例 3-23】中心线放样

(1) 打开源文件"\ch3\3.23.SLDPRT",打开的文件实体如图 3-114 所示。

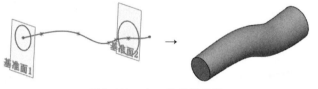

图 3-113 中心线放样效果

图 3-114 打开的文件实体

(2) 选择菜单栏中的"插入"→"凸台/基体"→"放样"命令,或者单击"特征"选项卡上的"放样凸台/基体"按钮。如果要生成切除特征,则选择菜单栏中的"插入"→"切除"→"放样"命令。

(3) 弹出"放样"属性管理器,单击每个轮廓上相应的点,按顺序选择空间轮廓和其他轮廓的面,此时被选择轮廓显示在"轮廓"选项组中。

(4) 单击"上移"按钮或"下移"按钮,改变轮廓的顺序,此项只针对两个以上轮廓的放样特征。

(5) 在"中心线参数"选项组中单击"中心线框"按钮,然后在图形区中选择中心线,此时在图形区中将显示随着中心线变化的放样特征,如图 3-115 所示。

(6) 调整"截面数"滑杆来更改在图形区显示的预览效果。

(7) 单击"显示截面"按钮,然后单击"微调框"箭头,根据截面数量查看并修正轮廓。

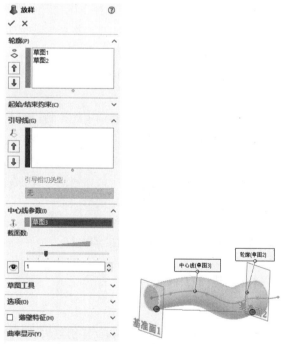

图 3-115 "放样"属性管理器

(8) 如果要在放样的开始和结束处控制相切,则设置"起始/结束约束"选项组。

(9) 如果要生成薄壁特征,则勾选"薄壁特征"复选框,并设置薄壁特征。

（10）放样属性设置完毕，单击"确定"按钮 ✓，完成放样。

> **技巧荟萃**
> 绘制中心线放样时，中心线必须与每个闭环轮廓的内部区域相交。

3.6.5 用分割线放样

要生成一个与空间曲面无缝连接的放样特征，就必须要用到分割线放样。分割线放样可以将放样中的空间轮廓转换为平面轮廓，从而使放样特征进一步扩展到空间模型的曲面上。如图 3-116 所示为分割线放样效果。

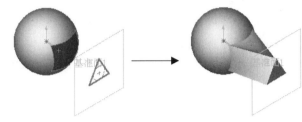

图 3-116　分割线放样效果

下面结合实例介绍创建分割线放样的操作步骤。

【案例 3-24】分割线放样

（1）打开源文件 "\ch3\3.24.SLDPRT"，打开的文件实体如图 3-116 左图所示。

（2）选择菜单栏中的"插入"→"凸台/基体"→"放样"命令，或者单击"特征"选项卡上的"放样凸台/基体"按钮 。如果要生成切除特征，则选择菜单栏中的"插入"→"切除"→"放样"命令，弹出"放样"属性管理器。

（3）单击每个轮廓上相应的点，按顺序选择空间轮廓和其他轮廓的面，此时被选择轮廓显示在"轮廓"选项组中。分割线也是一个轮廓。

（4）单击"上移"按钮 ↑ 或"下移"按钮 ↓，改变轮廓的顺序，此项只针对两个以上轮廓的放样特征。

（5）如果要在放样的开始和结束处控制相切，则设置"起始/结束约束"选项组。

（6）如果要生成薄壁特征，则勾选"薄壁特征"复选框，并设置薄壁特征。

（7）放样属性设置完毕，单击"确定"按钮 ✓，完成放样，效果如图 3-116 右图所示。

利用分割线放样不仅可以生成普通的放样特征，还可以生成引导线或中心线放样特征。它们的操作步骤基本一样，这里不再赘述。

3.6.6 实例——绘制连杆

本例创建的连杆如图 3-117 所示。

【思路分析】

首先绘制草图，通过拉伸和放样创建大端基体，然后绘制草图，通过拉伸和放样创建小端基体，再绘制放样引导线和放样截面，最后通过放样创建连杆中间的连接部分。绘制连杆的流程图如图 3-118 所示。

图 3-117　连杆

第 3 章　基础特征建模

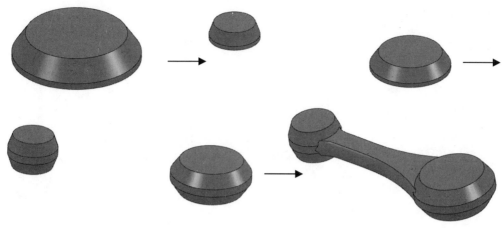

图 3-118　绘制连杆的流程图

【绘制步骤】

（1）新建文件。启动 SolidWorks 2020，单击"标准"选项卡上的"新建"按钮，在弹出的"新建 SOLIDWORKS 文件"对话框中，先单击"零件"按钮，再单击"确定"按钮，新建一个零件文件。

（2）绘制连杆大端拉伸特征草图。在 FeatureManager 设计树中选择"上视基准面"作为草图绘制基准面，单击"草图"选项卡上的"草图绘制"按钮，新建一张草图；单击"草图"选项卡上的"圆"按钮，绘制一个以原点为圆心，直径为 80mm 的圆。

（3）创建连杆大端拉伸特征。单击"特征"选项卡上的"拉伸凸台/基体"按钮，在弹出的"凸台-拉伸"属性管理器中设定拉伸的终止条件为"给定深度"，"深度"文本框设为 4mm，其他选项保持默认设置，如图 3-119 所示，单击"确定"按钮，完成连杆大端拉伸特征的创建。

图 3-119　创建连杆大端拉伸特征

（4）创建基准面 1。在 FeatureManager 设计树中选择"上视基准面"作为草图绘制基准面，单击"参考几何体"选项卡上的"基准面"按钮，弹出"基准面"属性管理器，将"偏移距离"文本框设为 16.5mm，单击"确定"按钮，生成基准面 1，如图 3-120 所示。

（5）绘制放样特征草图。选择基准面 1，单击"草图"选项卡上的"草图绘制"按钮，在基准面 1 上新建一张草图；单击"草图"选项卡上的"圆"按钮，绘制一个以原点为圆心、直径为 63mm 的圆，如图 3-121 所示；单击"草图"选项卡上的"退出草图"按钮，退出草图绘制。

（6）创建连杆大端放样特征。单击"特征"选项卡上的"放样凸台/基体"按钮，在弹出的"放样"属性管理器中，单击"轮廓"按钮右侧的选项框，然后在绘图区依次选取连杆大端拉伸基体的上部边线和草图作为放样轮廓线，如图 3-122 所示；单击"确定"按钮，完成连杆大端放样特征的创建。

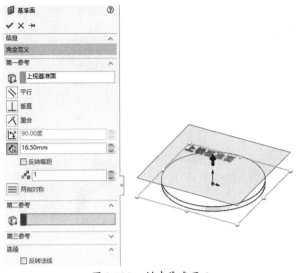

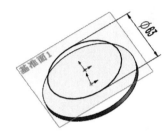

图 3-120　创建基准面 1

图 3-121　绘制放样特征草图

（7）绘制连杆小端拉伸特征草图。在 FeatureManager 设计树中选择"上视基准面"作为草图绘制基准面，单击"草图"选项卡上的"草图绘制"按钮 ，新建一张草图。单击"草图"选项卡上的"中心线"按钮 ，过坐标原点绘制一条水平中心线。单击"草图"选项卡上的"圆"按钮 ，绘制一个圆心在中心线上、直径为 50mm 的圆，圆心到坐标原点的距离为 180mm。

（8）创建连杆小端拉伸特征。单击"特征"选项卡上的"拉伸凸台/基体"按钮 ，在弹出的"凸台-拉伸"属性管理器中设定拉伸的终止条件为"给定深度"，"深度" 文本框设为 4mm，其他选项保持默认设置，如图 3-123 所示。单击"确定"按钮 ，完成连杆小端拉伸特征的创建。

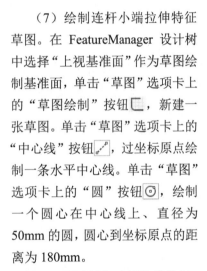

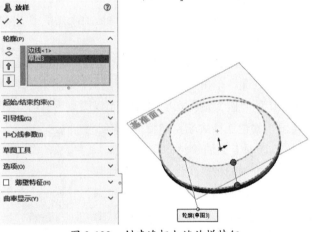

图 3-122　创建连杆大端放样特征

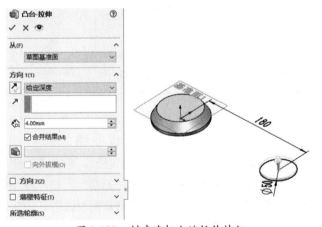

图 3-123　创建连杆小端拉伸特征

（9）绘制圆。以基准面 1 为草图绘制平面，捕捉连杆小端拉伸特征的圆心，绘制一个直径为 41mm 的圆。

（10）创建连杆小端放样特征。单击"特征"选项卡上的"放样凸台/基体"按钮 ，在弹出的"放样"属性管理器中,单击"轮廓"按钮右侧的选项框,然后在绘图区依次选取连杆小端拉伸基体的上部边线和步骤(9)中绘制的圆作为放样轮廓线,如图 3-124 所示;单击"确定"按钮,完成连杆小端放样特征的创建。

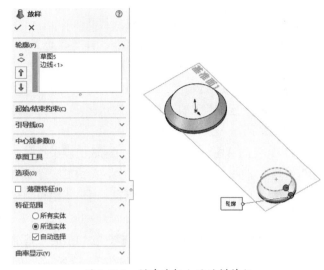

图 3-124　创建连杆小端放样特征

(11) 镜向特征。单击"特征"选项卡上的"镜向"按钮,在弹出的"镜向"属性管理器中选择"上视基准面"作为镜向基准面,在"要镜向的特征"选项框中选取前面步骤中创建的全部特征作为镜向特征,如图 3-125 所示,单击"确定"按钮,生成镜向特征。

(12) 绘制第一条引导线。在 FeatureManager 设计树中选择"上视基准面"作为草图绘制基准面,单击"草图"选项卡上的"草图绘制"按钮,新建草图。单击"草图"选项卡上的"直线"按钮和"切线弧"按钮,绘制如图 3-126 所示的草图,并标注尺寸。

(13) 添加几何关系。单击"尺寸/几何关系"选项卡上的"添加几何关系"按钮,在弹出的"添加几何关系"属性管理器中选取大端圆弧线和大端外圆在草图平面上的投影线,单击属性管理器中的"相切"按钮,为两者添加相切关系。

(14) 仿照步骤(13),为小端圆弧线和小端外圆在草图平面上的投影线添加相切几何关系,如图 3-127 所示,然后退出草图绘制环境。

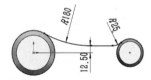

图 3-126　绘制第一条引导线

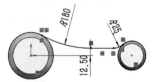

图 3-125　镜向特征　　　　　　　　　　图 3-127　添加几何关系

(15) 创建基准面 2。在 FeatureManager 设计树中选择"右视基准面",单击"参考几何体"选项卡上的"基准面"按钮,弹出"基准面"属性管理器,将"偏移距离"文本框设为

120mm，单击"确定"按钮✓，生成基准面 2。

（16）绘制第一个放样轮廓草图。选择基准面 2，单击"草图"选项卡上的"草图绘制"按钮，新建一张草图。单击"前导视图"选项卡上的"正视于"按钮，使绘图平面转为正视方向；单击"草图"选项卡上的"中心线"按钮，过原点分别绘制水平中心线和竖直中心线；单击"草图"选项卡上的"直线"按钮和"3 点圆弧"按钮，绘制草图并标注尺寸，如图 3-128 所示。

（17）镜向草图。按住<Ctrl>键，选取上步中绘制的直线和圆弧以及竖直中心线，单击"草图"选项卡上的"镜向实体"按钮，生成第一个放样轮廓草图，如图 3-129 所示；单击"草图"选项卡上的"退出草图"按钮，退出草图绘制环境。

（18）创建基准面 3。在 FeatureManager 设计树中选择"右视基准面"，然后单击"参考几何体"选项卡上的"基准面"按钮，在弹出的"基准面"属性管理器的"第二参考"选项框中选择图 3-127 中的草图右端点，如图 3-130 所示，单击"确定"按钮✓，生成基准面 3。

图 3-128　绘制草图并标注尺寸

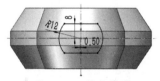

图 3-129　镜向草图

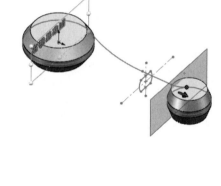

图 3-130　创建基准面 3

（19）选择基准面，新建草图。选择基准面 3，单击"草图"选项卡上的"草图绘制"按钮，新建一张草图。单击"前导视图"选项卡上的"正视于"按钮，使绘图平面转为正视方向。

（20）绘制第二个放样轮廓草图。单击"草图"选项卡上的"中心线"按钮，过原点分别绘制水平中心线和竖直中心线。单击"草图"选项卡上的"直线"按钮和"3 点圆弧"按钮，绘制如图 3-131 所示的草图，并标注尺寸。

（21）添加重合几何关系。单击"尺寸/几何关系"选项卡上的"添加几何关系"按钮，选择如图 3-127 所示的圆弧右端点与图 3-131 所示的圆弧，添加重合几何关系，如图 3-132 所示。

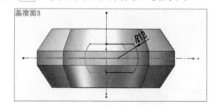

图 3-131　绘制第二个放样轮廓草图

（22）镜向生成第二个放样轮廓。单击"草图"选项卡上的"镜向实体"按钮，选择弧线和两条直线作为要镜向的实体，选择竖直中心线作为镜向中心，生成第二个放样轮廓，如图 3-133 所示，退出草图。

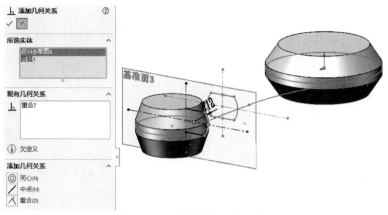

图 3-132　添加重合几何关系 1

（23）创建基准面 4。在 FeatureManager 设计树中选择"右视基准面"，然后单击"参考几何体"选项卡上的"基准面"按钮，在弹出的"基准面"属性管理器的"第二参考"选项框中选择如图 3-127 所示草图的左端点，单击"确定"按钮，生成基准面 4。

（24）新建草图。选择基准面 4，单击"草图"选项卡上的"草图绘制"按钮，新建一张草图。单击"前导视图"选项卡上的"正视于"按钮，使绘图平面转为正视方向。

（25）绘制草图。单击"草图"选项卡上的"中心线"按钮，过原点分别绘制水平和竖直的中心线。单击"草图"选项卡上的"直线"按钮和"3 点圆弧"按钮，绘制如图 3-134 所示的草图。

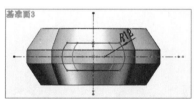

图 3-133　镜向生成第二个放样轮廓

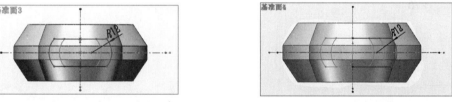

图 3-134　绘制草图

（26）添加重合几何关系。单击"尺寸/几何关系"选项卡上的"添加几何关系"按钮，选择图 3-127 中圆弧的左端点与图 3-135 中圆弧，添加重合几何关系，如图 3-135 所示。

（27）镜向生成第三个放样轮廓。单击"草图"选项卡上的"镜向实体"按钮，选择刚绘制的弧线和与之相交的两条直线为要镜向的实体，选择竖直中心线为镜向中心，生成第三个放样轮廓，如图 3-136 所示，退出草图绘制环境。

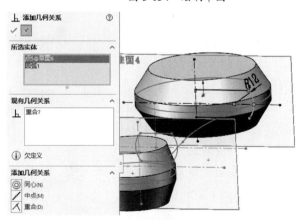

图 3-135　添加重合几何关系 2

（28）隐藏基准面。依次选取 FeatureManager 设计树上的基准面并右击，在弹出的快捷菜单中单击"隐藏"按钮，将基准面1至基准面4都隐藏起来，如图3-137所示。

（29）新建草图。在FeatureManager设计树中选择"上视基准面"作为草图绘制基准面，单击"草图"选项卡上的"草图绘制"按钮，新建一张草图。

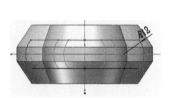

图3-136 镜向生成第三个放样轮廓

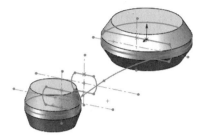

图3-137 隐藏基准面

（30）转换实体引用。单击"草图"选项卡上的"转换实体引用"按钮，将第一条引导线草图投影到当前草图绘制平面，如图3-138所示。

（31）绘制中心线。单击"草图"选项卡上的"中心线"按钮，过原点绘制一条水平中心线，如图3-139所示。

图3-138 转换实体引用　　　　　图3-139 绘制中心线

（32）镜向引导线。按住<Ctrl>键，选择直线、圆弧和中心线，单击"草图"选项卡上的"镜向实体"按钮，生成第二条引导线，如图3-140所示。

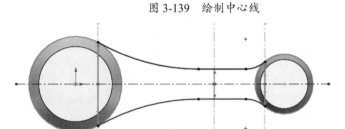

图3-140 镜向引导线

（33）删除曲线。将中心线和通过转换实体引用生成的曲线删除，如图3-141所示。因为在使用"放样凸台/基体"命令时，引导线必须连续，故需要删除曲线。

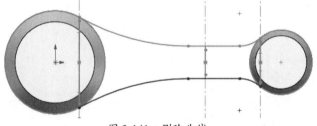

图3-141 删除曲线

（34）创建基准面5。选择FeatureManager设计树中的"上视基准面"，然后单击"参考几何体"选项卡上的"基准面"按钮，弹出"基准面"属性管理器，将"偏移距离"文本框设为8mm，如图3-142所示，单击"确定"按钮，生成基准面5。

（35）绘制第三条引导线。选择基准面5，单击"草图"选项卡上的"草图绘制"按钮，新建一张草图；单击"前导视图"选项卡上的"正视于"按钮，使绘图平面转为正视方向。单击"草图"选项卡上的"转换实体引用"按钮，将第二条引导线草图投影到当前草图绘制平面，绘制的第三条引导线如图 3-143 所示。

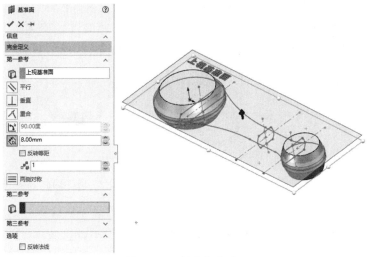

图 3-142　创建基准面 5

（36）添加几何关系。单击"转换实体引用"按钮，使草图的小圆弧端点与第二个放样轮廓草图端点重合，使草图的大圆弧端点与第三个放样轮廓草图端点重合，并添加如图 3-144 所示的相切关系。

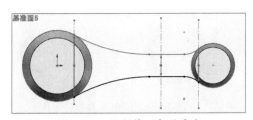

图 3-143　绘制第三条引导线

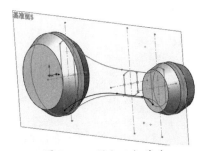

图 3-144　添加几何关系

（37）绘制第四条引导线。选择基准面 5，单击"草图"选项卡上的"草图绘制"按钮，新建一张草图；单击"前导视图"选项卡上的"正视于"按钮，使绘图平面转为正视方向；单击"草图"选项卡上的"转换实体引用"按钮，将第三条引导线草图投影到当前草图绘制平面，并绘制一条水平中心线，如图 3-145 所示；按住<Ctrl>键，选取刚绘制的直线、圆弧和中心线，单击"草图"选项卡上的"镜向实体"按钮，生成第四条引导线，如图 3-146 所示。

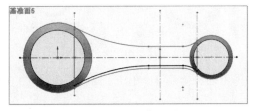

图 3-145　转换实体引用

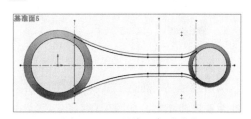

图 3-146　绘制第四条引导线

（38）删除多余曲线。将中心线和转换实体引用的曲线删除，如图 3-147 所示，退出草图绘制。

（39）隐藏基准面 5。选择基准面 5 并右击，在弹出的快捷菜单中单击"隐藏"按钮 ，将基准面 5 隐藏起来，如图 3-148 所示。

（40）创建基准面 6。选择 FeatureManager 设计树中的"上视基准面"，单击"参考几何体"选项卡上的"基准面"按钮 ，弹出"基准面"属性管理器，将"偏移距离" 文本框设为 8mm，勾选"反转等距"复选框，单击"确定"按钮 ，生成基准面 6。

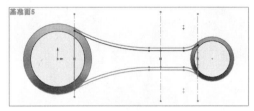
图 3-147　删除多余曲线

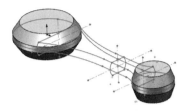
图 3-148　隐藏基准面 5

（41）新建草图。选择基准面 6，单击"草图"选项卡上的"草图绘制"按钮 ，新建一张草图。单击"前导视图"选项卡上的"正视于"按钮 ，使绘图平面转为正视方向。

（42）绘制第五条引导线。单击"草图"选项卡上的"转换实体引用"按钮 ，将第四条引导线草图投影到当前草图绘制平面，生成第五条引导线，如图 3-149 所示，退出草图绘制。

（43）新建草图。选择基准面 6，单击"草图"选项卡上的"草图绘制"按钮 ，新建一张草图。单击"前导视图"选项卡上的"正视于"按钮 ，使绘图平面转为正视方向。

（44）绘制第六条引导线。单击"草图"选项卡上的"转换实体引用"按钮 ，将第五条引导线草图投影到当前草图绘制平面上，并绘制一条水平中心线，如图 3-150 所示。

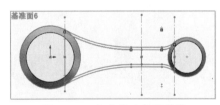
图 3-149　生成第五条引导线

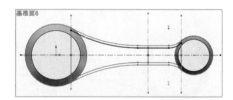
图 3-150　绘制第六条引导线

（45）镜向曲线。按住<Ctrl>键，选择直线、圆弧和中心线，单击"草图"选项卡上的"镜向实体"按钮 ，生成第六条引导线，如图 3-151 所示。

（46）删除多余曲线。将中心线和转换实体引用的曲线删除，如图 3-152 所示，退出草绘绘制。

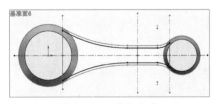
图 3-151　镜向曲线

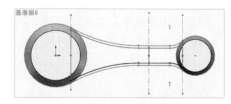
图 3-152　删除多余曲线

（47）隐藏基准面 6。选择基准面 6 并右击，在弹出的快捷菜单中单击"隐藏"按钮 ，将基准面 6 隐藏起来，如图 3-153 所示。

（48）创建放样特征。单击"特征"选项卡上的"放样凸台/基体"按钮 ，在弹出的"放样"属性管理器中,单击"轮廓"按钮右侧的选项框,然后在绘图区中从右向左依次选取放样轮廓草图,设置"开始约束"和"结束约束"均为"无";单击"引导线"按钮右侧的选项框,选择 FeatureManager 设计树中的 6 条引导线草图,其他选项保持默认设置,如图 3-154 所示,单击"确定"按钮,生成放样特征。

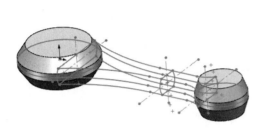

图 3-153 隐藏基准面 6

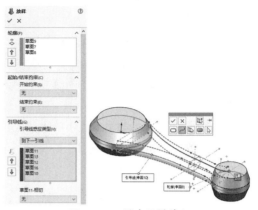

图 3-154 创建放样特征

3.7 综合实例——绘制十字螺丝刀

本例绘制十字螺丝刀,如图 3-155 所示。

绘制十字螺丝刀

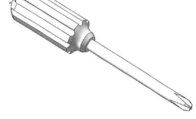

图 3-155 十字螺丝刀

【思路分析】

首先绘制螺丝刀主体轮廓草图,通过旋转创建主体部分,然后绘制草图,通过拉伸切除创建细化手柄,最后通过扫描切除创建十字头部。绘制十字螺丝刀的流程图如图 3-156 所示。

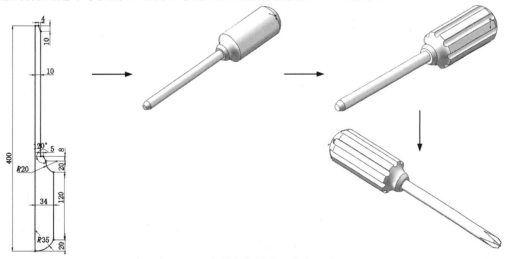

图 3-156 绘制十字螺丝刀的流程图

【绘制步骤】

1. 绘制螺丝刀主体

（1）新建文件。启动 SolidWorks 2020，单击"标准"选项卡上的"新建"按钮 ，在弹出的"新建 SOLIDWORKS 文件"对话框中先单击"零件"按钮 ，再单击"确定"按钮 ，创建一个新的零件文件。

（2）绘制草图。在左侧的 FeatureManager 设计树中选择"上视基准面"作为绘图基准面。单击"草图"选项卡上的"3 点圆弧"按钮 和"直线"按钮 ，绘制草图。

（3）标注尺寸。单击"草图"选项卡上的"智能尺寸"按钮 ，标注上一步绘制的草图。结果如图 3-157 所示。

（4）旋转实体。单击菜单栏中的"插入"→"凸台/基体"→"旋转"命令，或者单击"特征"选项卡上的"旋转凸台/基体"按钮 ，此时系统弹出如图 3-158 所示的"旋转"属性管理器。设定旋转的终止条件为"给定深度"，输入旋转角度为 360°，保持其他选项的系统默认值不变。单击属性管理器中的"确定"按钮 。结果如图 3-159 所示。

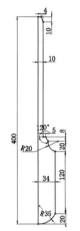  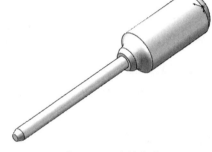

图 3-157　绘制草图　　图 3-158　"旋转"属性管理器　　图 3-159　旋转实体

2. 细化手柄

（1）绘制圆。在左侧的 FeatureManager 设计树中选择"前视基准面"作为绘图基准面。单击"草图"选项卡上的"圆"按钮 ，以原点为圆心绘制一个大圆，并以原点正上方的大圆上的点为圆心绘制一个小圆。

（2）标注尺寸。单击"草图"选项卡上的"智能尺寸"按钮 ，标注上一步绘制的圆的直径。结果如图 3-160 所示。

（3）圆周阵列草图。单击"草图"选项卡上的"圆周草图阵列"按钮 ，此时系统弹出如图 3-161 所示的"圆周阵列"属性管理器。按照图示进行设置后，单击属性管理器中的"确定"按钮 。结果如图 3-162 所示。

（4）剪裁实体。单击"草图"选项卡上的"剪裁实体"按钮 ，剪裁图中相应的圆弧处，结果如图 3-163 所示。

（5）拉伸切除实体。单击"特征"选项卡上的"拉伸切除"按钮 ，此时系统弹出如图 3-164 所示的"切除-拉伸"属性管理器。设置终止条件为"完全贯穿"，勾选"反侧切除"复选框，然后单击"确定"按钮 ✓，结果如图 3-165 所示。

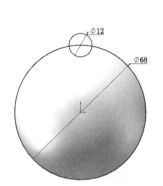

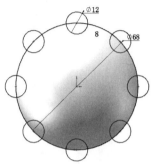

图 3-160　标注草图　　　图 3-161　"圆周阵列"属性管理器　　　图 3-162　阵列后的草图

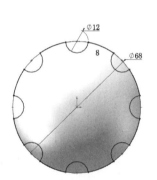

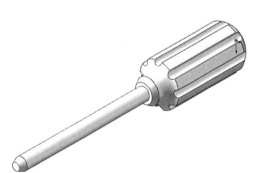

图 3-163　剪裁后的草图　　图 3-164　"切除-拉伸"　　　图 3-165　切除实体
　　　　　　　　　　　　　　属性管理器

3. 绘制十字螺丝刀头部

（1）设置基准面。单击图 3-165 中的前表面，然后单击"前导视图"选项卡上的"正视于"按钮 ⊥，将该表面作为绘制图形的基准面。

（2）绘制扫描轮廓草图。单击"草图"选项卡上的"转换实体引用"按钮 ⓘ、"中心线"按钮 ⌐、"直线"按钮 ╱ 和"剪裁实体"按钮 ⊁，绘制如图 3-166 所示的草图并标注尺寸。单击选项卡上"退出草图"按钮 ⌐↙，退出草图绘制。

（3）在左侧的 FeatureManager 设计树中选择"上视基准面"作为绘图基准面，然后单击"前导视图"选项卡上的"正视于"按钮 ⊥，将该表面作为绘制图形的基准面。

（4）绘制扫描路径草图。单击"草图"选项卡上的"直线"按钮 ╱，绘制如图 3-167 所示的草图并标注尺寸。单击选项卡

图 3-166　标注草图

上"退出草图"按钮,退出草图绘制。

(5)切除扫描实体。单击"特征"选项卡上的"扫描切除"按钮,此时系统弹出如图3-168所示的"切除-扫描"属性管理器。在视图中选择扫描轮廓草图为扫描轮廓,选择扫描路径草图为扫描路径,然后单击"确定"按钮。结果如图3-169所示。

(6)创建其他切除扫描特征。重复步骤(1)到(5),创建其他三个切除扫描特征,结果如图3-170所示。

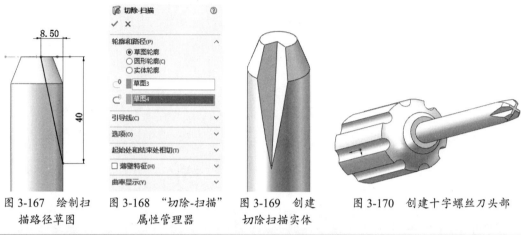

图3-167 绘制扫描路径草图　　图3-168 "切除-扫描"属性管理器　　图3-169 创建切除扫描实体　　图3-170 创建十字螺丝刀头部

提示

本例读者学到第4章后这步通过圆周阵列来创建比较方便,绘制过程如图3-171所示。

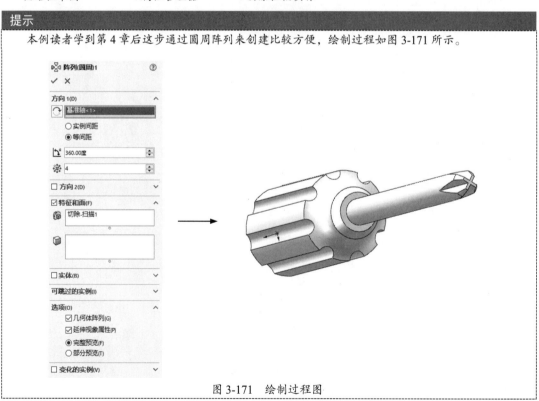

图3-171 绘制过程图

第 4 章　附加特征建模

> 附加特征建模是指对已经构建好的模型实体，对其进行局部修饰，以增加美观度并避免重复性的工作。
>
> 在 SolidWorks 中附加特征建模主要包括：圆角特征、倒角特征、圆顶特征、拔模特征、抽壳特征、孔特征、筋特征、特型特征、圆周阵列特征、线性阵列特征、镜向特征与异型孔特征等。

4.1　圆角特征

使用圆角特征可以在一个零件上生成内圆角或外圆角。圆角特征在零件设计中起着重要作用。大多数情况下，如果能在零件特征上加入圆角，则有助于造型上的变化，或产生平滑的效果。

SolidWorks 2020 可以为一个面上的所有边线、多个面、多个边线或边线环创建圆角特征。在 SolidWorks 2020 中有以下几种圆角特征。

- 恒定大小圆角：对所选边线以相同的圆角半径进行倒圆角操作。
- 多半径圆角：可以为每条边线选择不同的圆角半径值。
- 圆形角圆角：通过控制角部边线之间的过渡，消除或平滑两条边线汇合处的尖锐接合点。
- 逆转圆角：可以在混合曲面之间沿着零件边线进入圆角，生成平滑过渡。
- 变半径圆角：可以为边线的每个顶点指定不同的圆角半径。
- 混合面圆角：通过它可以将不相邻的面混合起来。

如图 4-1 所示展示了几种圆角特征效果。

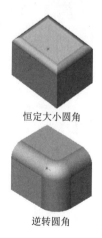
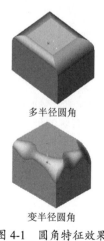

图 4-1　圆角特征效果

4.1.1　恒定大小圆角特征

恒定大小圆角特征是指对所选边线以相同的圆角半径进行倒圆角操作。下面结合实例介绍创建恒定大小圆角特征的操作步骤。

【案例 4-1】恒定大小圆角

(1) 打开源文件 "\ch4\4.1.SLDPRT",打开的文件实体如图 4-2 所示。

(2) 选择菜单栏中的"插入"→"特征"→"圆角"命令,或者单击"特征"选项卡中的"圆角"按钮 。

(3) 在弹出的"圆角"属性管理器的"圆角类型"选项组中,单击"恒定大小"按钮 ,如图 4-3 所示。

图 4-2 打开的文件实体

图 4-3 "圆角"属性管理器

(4) 在"圆角参数"选项组的"半径" 文本框中设置圆角的半径。

(5) 单击"边线、面、特征和环" 右侧的列表框,然后在图形区中选择要进行圆角处理的模型边线、面或环。

(6) 如果勾选"切线延伸"复选框,则圆角将延伸到与所选面或边线相切的所有面,切线延伸效果如图 4-4 所示。

(7) 在"圆角选项"选项组的"扩展方式"中选择一种扩展方式。

- 默认:系统根据几何条件(进行圆角处理的边线凸起和相邻边线等)默认选择"保持边线"或"保持曲面"选项。
- 保持边线:系统将保持邻近的直线形边线的完整性,但圆角曲面会断裂成分离的曲面。在许多情况下,圆角的顶部边线中会有沉陷,如图 4-5(a)所示。

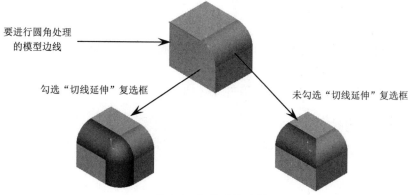

图 4-4 切线延伸效果

- 保持曲面：使用相邻曲面来剪裁圆角。因此圆角边线是连续且光滑的，但是相邻边线会受到影响，如图 4-5（b）所示。

（a）保持边线　　　　　　　　　　　　　　（b）保持曲面

图 4-5　保持边线与曲面

（8）圆角属性设置完毕，单击"确定"按钮 ，生成恒定大小圆角特征。

4.1.2　多半径圆角特征

使用多半径圆角特征可以为每条所选边线选择不同的半径值，还可以为不具有公共边线的面指定多个半径。下面结合实例介绍创建多半径圆角特征的操作步骤。

【案例 4-2】多半径圆角

（1）打开源文件"\ch4\4.2.SLDPRT"。

（2）选择菜单栏中的"插入"→"特征"→"圆角"命令，或者单击"特征"选项卡中的"圆角"按钮 。

（3）在弹出的"圆角"属性管理器的"圆角类型"选项组中，单击"恒定大小"按钮。

（4）在"圆角参数"选项组中，勾选"多半径圆角"复选框。

（5）单击 右侧的列表框，然后在图形区中选择要进行圆角处理的第一条模型边线、面或环。

（6）在"圆角参数"选项组的"半径" 文本框中设置圆角半径。

（7）重复步骤（5）～（6）的操作，对多条模型边线、面或环分别指定不同的圆角半径，直到设置完所有要进行圆角处理的边线。

（8）圆角属性设置完毕，单击"确定"按钮 ，生成多半径圆角特征。

4.1.3 圆形角圆角特征

使用圆形角圆角特征可以控制角部边线之间的过渡，圆形角圆角将混合连接的边线，从而消除或平滑两条边线汇合处的尖锐接合点。

下面结合实例介绍创建圆形角圆角特征的操作步骤。

【案例 4-3】圆形角圆角

（1）打开源文件"\ch4\4.3.SLDPRT"，打开的文件实体如图 4-6 所示。

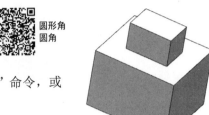

（2）选择菜单栏中的"插入"→"特征"→"圆角"命令，或者单击"特征"选项卡中的"圆角"按钮 。

（3）在弹出的"圆角"属性管理器的"圆角类型"选项组中，单击"恒定大小"按钮。

图 4-6 打开的文件实体

（4）在"要圆角化的项目"选项组中，取消对"切线延伸"复选框的勾选。

（5）在"圆角参数"选项组的"半径" 文本框中设置圆角半径。

（6）单击 右侧的列表框，然后在图形区中选择两个或更多相邻的模型边线、面或环。

（7）在"圆角选项"选项组中，勾选"圆形角"复选框。

（8）圆角属性设置完毕，单击"确定"按钮 ，生成圆形角圆角特征，如图 4-7 所示。

图 4-7 生成的圆角特征

4.1.4 逆转圆角特征

使用逆转圆角特征可以在混合曲面之间沿着零件边线生成圆角，从而进行平滑过渡。如图 4-8 所示为应用逆转圆角特征的效果。

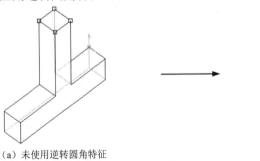
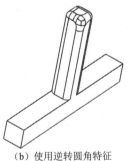

(a) 未使用逆转圆角特征　　　　　　　　(b) 使用逆转圆角特征

图 4-8 逆转圆角效果

下面结合实例介绍创建逆转圆角特征的操作步骤。

【案例 4-4】逆转圆角

（1）打开源文件"\ch4\4.4.SLDPRT"，如图 4-8（a）所示。

（2）选择菜单栏中的"插入"→"特征"→"圆角"命令，或者单击"特征"选项卡中的

"圆角"按钮，系统弹出"圆角"属性管理器。

（3）在"圆角类型"选项组中，单击"恒定大小"按钮。

（4）在"圆角参数"选项组中，勾选"多半径圆角"复选框。

（5）单击右侧的列表框，然后在图形区中选择 3 个或更多具有共同顶点的边线。

（6）在"逆转参数"选项组的"距离"文本框中设置距离。

（7）单击"逆转顶点"右侧的列表框，然后在图形区中选择一个或多个顶点作为逆转顶点。

（8）单击"设定所有"按钮，将相等的逆转距离应用到通过每个顶点的所有边线。逆转距离将显示在"逆转距离"的列表框和图形区的标注中，如图 4-9 所示。

（9）如果要对每条边线分别设定不同的逆转距离，则进行如下操作。

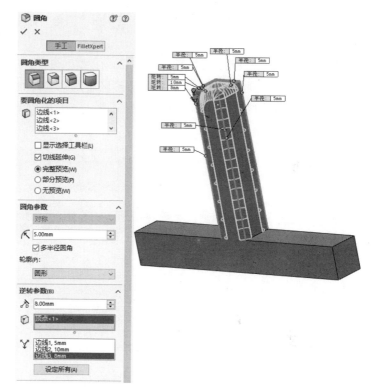

图 4-9 生成逆转圆角特征

- 单击"逆转顶点"右侧的列表框，在图形区中选择多个顶点作为逆转顶点。
- 在"距离"文本框中为每条边线设置逆转距离。
- 在"逆转距离"列表框中会显示每条边线的逆转距离。

（10）圆角属性设置完毕，单击"确定"按钮，生成逆转圆角特征，如图 4-8（b）所示。

4.1.5 变半径圆角特征

变半径圆角特征通过对边线上的多个点（变半径控制点）指定不同的圆角半径来生成圆角，可以制造出另类的效果，变半径圆角特征如图 4-10 所示。

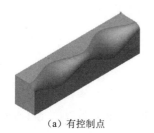
（a）有控制点

（b）无控制点

图 4-10 变半径圆角特征

下面结合实例介绍创建变半径圆角特征的操作步骤。

【案例 4-5】变半径圆角

（1）打开源文件"\ch4\4.5.SLDPRT"，打开的文件实体如图 4-2 所示。

（2）选择菜单栏中的"插入"→"特征"→"圆角"命令，或者单击"特征"选项卡中的"圆角"按钮 。

（3）在弹出的"圆角"属性管理器的"圆角类型"选项组中，单击"变量大小圆角"按钮 。

（4）单击 右侧的列表框，然后在图形区中选择要进行变半径圆角处理的边线。此时，在图形区中系统会默认使用 3 个变半径控制点，分别位于沿边线 25%、50%和 75%的等距离处，如图 4-11 所示。

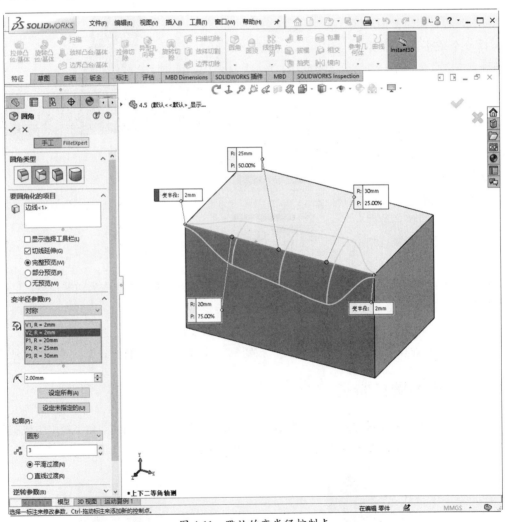

图 4-11　默认的变半径控制点

（5）在"变半径参数"选项组 按钮右侧的下拉列表框中选择变半径控制点，然后在"半径" 文本框中输入圆角半径值。如果要更改变半径控制点的位置，可以用光标拖动控制点到新的位置。

（6）如果要改变控制点的数量，可以在 右侧的文本框中设置控制点的数量。

（7）选择过渡类型。
- 平滑过渡：生成一个圆角，当一个圆角边线与一个邻面结合时，圆角半径从一个半径平滑地变化为另一个半径。
- 直线过渡：生成一个圆角，圆角半径从一个半径线性地变化为另一个半径，但是不与邻近圆角的边线相结合。

（8）圆角属性设置完毕，单击"确定"按钮 ✓，生成变半径圆角特征。

> **技巧荟萃**
>
> 如果在生成变半径控制点的过程中，只指定两个顶点的圆角半径值，而不指定中间控制点的半径，则可以生成平滑过渡的变半径圆角特征。
>
> 在生成圆角时，要注意以下几点。
> （1）在添加小圆角之前先添加较大的圆角。当有多个圆角汇聚于一个顶点时，先生成较大的圆角。
> （2）如果要生成具有多个圆角边线及拔模面的铸模零件，在大多数的情况下，应在添加圆角之前先添加拔模特征。
> （3）应该最后添加装饰用的圆角。在大多数其他几何体定位后再尝试添加装饰圆角。如果先添加装饰圆角，则系统需要花费很长的时间重建零件。
> （4）尽量使用一个"圆角"命令来处理需要相同圆角半径的多条边线，这样会加快零件重建的速度。但是，当改变圆角的半径时，在同一操作中生成的所有圆角都会改变。
>
> 此外，还可以通过为圆角设置边界或包络控制线来决定混合面的半径和形状。控制线可以是要生出圆角的零件边线或投影到一个面上的分割线。

4.1.6 实例——绘制挡圈

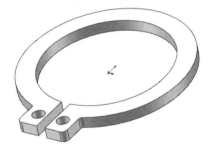

本例绘制挡圈，如图4-12所示。

【思路分析】

首先绘制挡圈草图，通过拉伸创建挡圈主体，然后通过倒圆角完成挡圈的创建。绘制挡圈的流程图如图 4-13 所示。

图4-12 挡圈

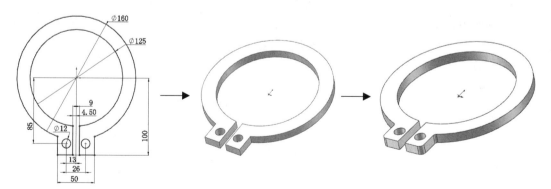

图4-13 绘制挡圈的流程图

【绘制步骤】

（1）新建文件。单击"标准"工具栏中的 按钮，在打开的"新建 SOLIDWORKS 文件"

对话框中,单击"零件"按钮,单击"确定"按钮,创建一个新的零件文件。

(2)新建草图。在左侧的 FeatureManager 设计树中选择"前视基准面"作为草图绘制基准面,单击"草图"选项卡上的"草图绘制"按钮,新建一张草图。

(3)绘制中心线。单击"草图"选项卡中的"圆"按钮、"边角矩形"按钮和"裁剪实体"按钮,绘制草图。

(4)标注尺寸。单击"草图"选项卡中的"智能尺寸"按钮,为草图标注尺寸,如图 4-14 所示。

(5)拉伸形成实体。单击"特征"选项卡中的"拉伸凸台/基体"按钮,弹出如图 4-15 所示的"凸台-拉伸"属性管理器。设定拉伸的终止条件为"给定深度"。输入拉伸距离为 10mm,保持其他选项的系统默认值不变。单击属性管理器中的"确定"按钮。结果如图 4-16 所示。

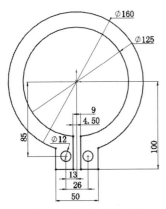
图 4-14 圆头平键草图

图 4-15 "凸台-拉伸"属性管理器

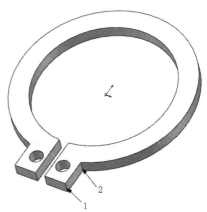
图 4-16 拉伸实体

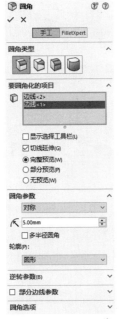
图 4-17 "圆角"属性管理器

(6)倒角处理。单击"特征"选项卡中的"圆角"按钮,弹出如图 4-17 所示的"圆角"属性管理器。在"圆角类型"选项组中单击"恒定大小圆角"按钮,输入圆角半径为 5mm,保持其他选项的系统默认值不变。在视图中选择图 4-16 中的两侧边线 1,单击"确定"按钮。重复"圆角"命令,在视图中选择图 4-16 中的两侧边线 2,输入圆角半径为 3mm,结果如图 4-18 所示。

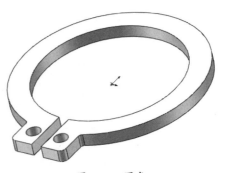
图 4-18 圆角

4.2 倒角特征

上节介绍了圆角特征,本节将介绍倒角特征。在零件设计过程中,通常对锐利的零件边角进行倒角处理,以防止伤人和避免应力集中,便于搬运、装配等。此外,有些倒角特征也是机械加工过程中不可缺少的工艺。与圆角特征类似,倒角特征是对边或角进行倒角。如图4-19所示是应用倒角特征后的零件实例。

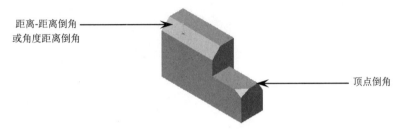

图 4-19　倒角特征零件实例

4.2.1　创建倒角特征

下面结合实例介绍在零件模型上创建倒角特征的操作步骤。

【案例 4-6】倒角

（1）打开源文件"\ch4\4.6.SLDPRT"。

（2）选择菜单栏中的"插入"→"特征"→"倒角"命令,或者单击"特征"选项卡中的"倒角"按钮,系统弹出"倒角"属性管理器。

（3）在"倒角"属性管理器中选择倒角类型。

- 角度距离：在所选边线上指定距离和倒角度来生成倒角特征,如图4-20（a）所示。
- 距离-距离：在所选边线的两侧分别指定两个距离值来生成倒角特征,如图4-20（b）所示。
- 顶点：在与顶点相交的3个边线上分别指定距顶点的距离来生成倒角特征,如图4-20（c）所示。

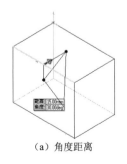  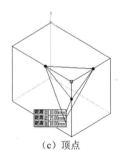

　（a）角度距离　　　　　　　　　（b）距离-距离　　　　　　　　　（c）顶点

图 4-20　倒角类型

（4）单击 右侧的列表框,然后在图形区中选择边线、面或顶点,设置倒角参数,如图4-21所示。

（5）在对应的文本框中指定距离或角度值。

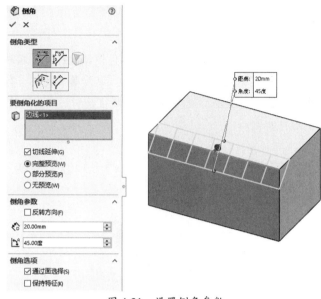

图 4-21 设置倒角参数

（6）如果勾选"保持特征"复选框，则当应用倒角特征时，会保持零件的其他特征，如图 4-22 所示。

（7）倒角参数设置完毕，单击"确定"按钮 ✓，生成倒角特征。

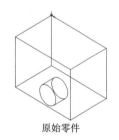

原始零件

未勾选"保持特征"复选框

勾选"保持特征"复选框

图 4-22 倒角特征

4.2.2 实例——绘制圆头平键

本例绘制圆头平键，如图 4-23 所示。

图 4-23 圆头平键

【思路分析】

首先绘制圆头平键草图，然后通过拉伸创建主体，最后对其进行倒角处理。绘制圆头平键的流程图如图 4-24 所示。

图 4-24 绘制圆头平键的流程图

【绘制步骤】

（1）新建文件。启动 SolidWorks，单击"标准"工具栏中的 按钮，在打开的"新建 SOLIDWORKS 文件"对话框中，单击"零件"按钮 ，单击"确定"按钮 ，创建一个新的零件文件。

（2）新建草图。在左侧的 FeatureManager 设计树中选择"前视基准面"作为草图绘制基准面，单击"草图"选项卡中的"草图绘制"按钮 ，新建一张草图。

（3）绘制草图。单击"草图"选项卡中的"直槽口"按钮 ，绘制圆头平键草图。

（4）标注尺寸。单击"草图"选项卡中的"智能尺寸"按钮 ，为草图标注尺寸，如图 4-25 所示。

（5）拉伸形成实体。单击"特征"选项卡中的"拉伸凸台/基体"按钮 ，弹出如图 4-26 所示的"凸台-拉伸"属性管理器。设定拉伸的终止条件为"给定深度"，输入拉伸距离为 10mm，保持其他选项的系统默认值不变。单击属性管理器中的"确定"按钮 。结果如图 4-27 所示。

图 4-25　圆头平键草图　　图 4-26　"凸台-拉伸"属性管理器　　图 4-27　拉伸实体

（6）倒角处理。单击"特征"选项卡中的"倒角"按钮 ，弹出如图 4-28 所示的"倒角"属性管理器。单击"角度距离"按钮，输入倒角距离为 0.5mm，角度为 45°，保持其他选项的系统默认值不变。在视图中选择拉伸体的上下表面上的所有边线，单击属性管理器中的"确定"按钮 。结果如图 4-29 所示。

图 4-28　"倒角"属性管理器　　　　图 4-29　倒角

> **提示**
> 读者也可以采用拉伸成长方体后再进行倒圆角的方法来创建圆头平键主体，绘制过程如图 4-30 所示。

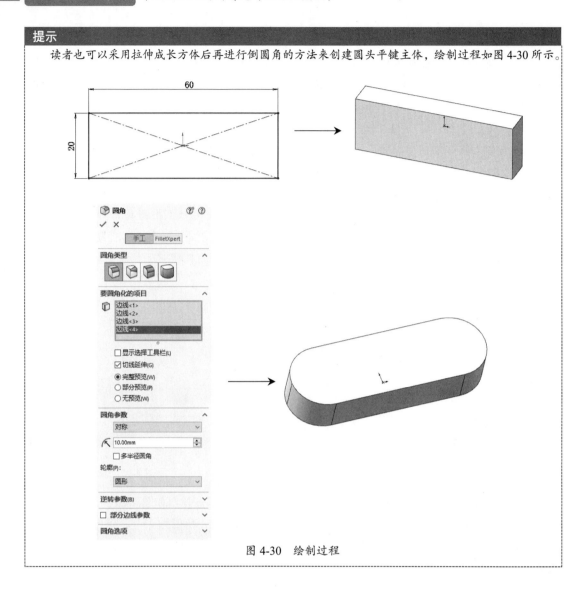

图 4-30　绘制过程

4.3　圆顶特征

圆顶特征是指对模型的一个面进行变形操作，生成圆顶型凸起特征。
如图 4-31 所示展示了圆顶特征的几种效果。

图 4-31　圆顶特征效果

4.3.1 创建圆顶特征

下面结合实例介绍创建圆顶特征的操作步骤。

【案例 4-7】圆顶

(1) 创建一个新的零件文件。

(2) 在左侧的 FeatureManager 设计树中选择"前视基准面"作为绘制图形的基准面。

(3) 单击"草图"选项卡中的"多边形"按钮 ⊙，以原点为圆心绘制一个多边形并标注尺寸，如图 4-32 所示。

(4) 单击"特征"选项卡中的"拉伸凸台/基体"按钮 ⬛，将步骤（3）中绘制的草图拉伸成深度为 60mm 的实体，拉伸后的图形如图 4-33 所示。

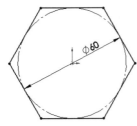
图 4-32 绘制的草图

图 4-33 拉伸图形

(5) 选择菜单栏中的"插入"→"特征"→"圆顶"命令，或者单击"特征"选项卡中的"圆顶"按钮 ⬛，此时系统弹出"圆顶"属性管理器。

(6) 在"参数"选项组中，选择图 4-33 中的表面 1，"距离"文本框设为 50mm，勾选"连续圆顶"复选框，"圆顶"属性管理器设置如图 4-34 所示。

(7) 单击属性管理器中的"确定"按钮 ✓，并调整视图的方向，连续圆顶的图形如图 4-35 所示。

如图 4-36 所示为不勾选"连续圆顶"复选框生成的圆顶图形。

图 4-34 "圆顶"属性管理器

图 4-35 连续圆顶的图形

图 4-36 不连续圆顶的图形

4.3.2 实例——绘制螺丝刀

本实例绘制的螺丝刀如图 4-37 所示。

【思路分析】

首先绘制螺丝刀的手柄部分，然后绘制圆顶，再绘制螺丝刀的端部，并拉伸切除生成"一字"头部，最后对相应部分进行圆角处理。绘制流程如图 4-38 所示。

图 4-37 螺丝刀

【绘制步骤】

（1）新建文件。启动 SolidWorks 2020，单击"标准"工具栏中的 按钮，创建一个新的零件文件。

（2）绘制螺丝刀手柄草图。在左侧的 FeatureManager 设计树中选择"前视基准面"作为绘图基准面。单击"草图"选项卡中的"圆"按钮 ，以原点为圆心绘制一个大圆，并以原点正上方的大圆上的点为圆心绘制一个小圆。

（3）标注尺寸。单击"草图"选项卡上的"智能尺寸"按钮 ，标注步骤（2）中绘制的圆的直径，如图 4-39 所示。

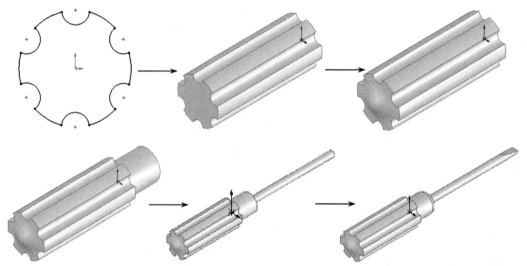

图 4-38　螺丝刀的绘制流程

（4）圆周阵列草图。单击"草图"选项卡中的"圆周草图阵列"按钮 ，此时系统弹出"圆周阵列"属性管理器。按照图 4-40 进行设置后，单击"确定"按钮 ，阵列后的草图如图 4-41 所示。

（5）剪裁实体。单击"草图"选项卡中的"剪裁实体"按钮 ，剪裁图中相应的圆弧处，剪裁后的草图如图 4-42 所示。

（6）拉伸实体。单击"特征"选项卡中的"拉伸凸台/基体"按钮 ，此时系统弹出"凸台-拉伸"属性管理器。"深度" 文本框设为 50mm，然后单击"确定"按钮 。

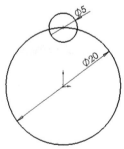

图 4-39　标注尺寸 1

（7）设置视图方向。单击"前导视图"工具栏中的"等轴测"按钮 ，将视图以等轴测方向显示，创建的拉伸特征 1 如图 4-43 所示。

（8）圆顶实体。单击"特征"选项卡中的"圆顶"按钮 ，此时系统弹出"圆顶"属性管理器。在"参数"选项组中，选择如图 4-43 所示的表面 1。按照图 4-44 进行设置后，单击"确定"按钮 ，圆顶实体如图 4-45 所示。

图 4-40 "圆周阵列"属性管理器

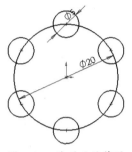

图 4-41 阵列后的草图

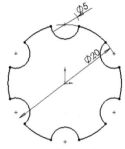

图 4-42 剪裁后的草图

图 4-43 创建拉伸特征 1

图 4-44 "圆顶"属性管理器

（9）设置基准面。选择图 4-45 中的后表面，然后单击"前导视图"工具栏中的"正视于"按钮，将该表面作为绘制图形的基准面。

（10）绘制草图。单击"草图"选项卡中的"圆"按钮，以原点为圆心绘制一个圆。

（11）标注尺寸。单击"草图"选项卡中的"智能尺寸"按钮，标注刚绘制的圆的直径，如图 4-46 所示。

（12）拉伸实体。单击"特征"选项卡中的"拉伸凸台/基体"按钮，此时系统弹出"凸台-拉伸"属性管理器。"深度"文本框设为 16mm，然后单击"确定"按钮。

（13）设置视图方向。单击"前导视图"工具栏中的"等轴测"按钮，将视图以等轴测方向显示，创建的拉伸特征 2 如图 4-47 所示。

图 4-45 圆顶实体

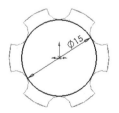

图 4-46 标注尺寸 2

图 4-47 创建拉伸特征 2

（14）设置基准面。单击选择图 4-47 中的后表面，然后单击"前导视图"工具栏中的"正视于"按钮⊥，将该表面作为绘制图形的基准面。

（15）绘制草图。单击"草图"选项卡中的"圆"按钮⊙，以原点为圆心绘制一个圆。

（16）标注尺寸。单击"草图"选项卡中的"智能尺寸"按钮，标注刚绘制的圆的直径，如图 4-48 所示。

（17）拉伸实体。单击"特征"选项卡中的"拉伸凸台/基体"按钮，此时系统弹出"凸台-拉伸"属性管理器。"深度"文本框设为 75mm，然后单击"确定"按钮。

（18）设置视图方向。单击"前导视图"工具栏中的"等轴测"按钮，将视图以等轴测方向显示，创建的拉伸特征 3 如图 4-49 所示。

（19）设置基准面。在左侧的 FeatureManager 设计树中选择"右视基准面"，然后单击"前导视图"工具栏中的"正视于"按钮⊥，将该基准面作为绘制图形的基准面。

（20）绘制草图。单击"草图"选项卡中的"直线"按钮，绘制两个三角形。

（21）标注尺寸。单击"草图"选项卡中的"智能尺寸"按钮，标注步骤（20）中绘制的草图的尺寸，如图 4-50 所示。

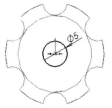  

图 4-48 标注尺寸 3　　　　图 4-49 创建拉伸特征 3　　　　图 4-50 标注尺寸 4

（22）拉伸切除实体。单击"特征"选项卡中的"拉伸切除"按钮，此时系统弹出"切除-拉伸"属性管理器。在"方向 1"选项组的"终止条件"框中选择"两侧对称"选项，然后单击"确定"按钮。

（23）设置视图方向。单击"前导视图"工具栏中的"等轴测"按钮，将视图以等轴测方向显示，创建的拉伸特征 4 如图 4-51 所示。

（24）倒圆角。单击"特征"选项卡中的"圆角"按钮，此时系统弹出"圆角"属性管理器。"半径"文本框设为 3mm，然后单击选择如图 4-51 所示的边线 1，单击"确定"按钮。

（25）设置视图方向。单击"前导视图"工具栏中的"等轴测"按钮，将视图以等轴测方向显示，倒圆角后的图形如图 4-52 所示。

图 4-51 创建拉伸特征 4　　　　　　图 4-52 倒圆角后的图形

4.4 拔模特征

拔模是零件模型上常见的特征，是指以指定的角度斜削模型中的面，经常应用于铸造零件，拔模角度的存在可以使型腔零件更容易脱出模具。SolidWorks 提供了丰富的拔模功能，用户既可以在现有的零件上插入拔模特征，也可以在拉伸特征的同时进行拔模。本节主要介绍在现有的零件上插入拔模特征。

下面对与拔模特征有关的术语进行说明。

- 拔模面：选取的零件表面，此面将生成拔模斜度。
- 中性面：在拔模的过程中大小不变的固定面，用于指定拔模角的旋转轴。如果中性面与拔模面相交，则相交处即为旋转轴。
- 拔模方向：用于确定拔模角度的方向。

如图 4-53 所示是一个拔模特征的应用实例。

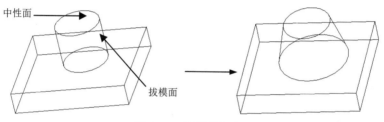

图 4-53　拔模特征实例

4.4.1 创建拔模特征

要在现有的零件上插入拔模特征，从而以特定角度斜削所选的面，可以使用中性面拔模、分型线拔模和阶梯拔模。

下面结合实例介绍使用中性面在模型面上生成拔模特征的操作步骤。

【案例 4-8】中性面拔模

中性面拔模

（1）打开源文件 "\ch4\4.8.SLDPRT"。

（2）选择菜单栏中的 "插入" → "特征" → "拔模" 命令，或者单击 "特征" 选项卡中的 "拔模" 按钮，系统弹出 "拔模" 属性管理器。

（3）在 "拔模类型" 选项组中，选择 "中性面" 单选钮。

（4）在 "拔模角度" 选项组的 "角度" 文本框中设定拔模角度。

（5）单击 "中性面" 选项组中的列表框，然后在图形区中选择面或基准面作为中性面，如图 4-54（a）所示。

（6）图形区中的控标会显示拔模的方向，如果要向相反的方向生成拔模，单击 "反向" 按钮。

（7）单击 "拔模面" 选项组右侧的列表框，然后在图形区中选择拔模面。

（8）如果要将拔模面延伸到额外的面，从 "拔模沿面延伸" 下拉列表框中选择以下选项。

- 沿切面：将拔模延伸到所有与所选面相切的面。

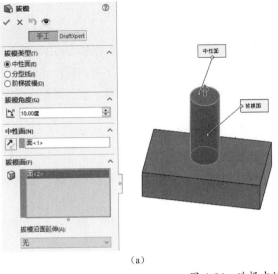

图 4-54 选择中性面

- 所有面：所有从中性面拉伸的面都进行拔模。
- 内部的面：所有与中性面相邻的内部面都进行拔模。
- 外部的面：所有与中性面相邻的外部面都进行拔模。
- 无：拔模面不进行延伸。

（9）拔模属性设置完毕，单击"确定"按钮 ✓，完成中性面拔模特征，如图 4-54（b）所示。

此外，利用分型线拔模可以对分型线周围的曲面进行拔模。下面结合实例介绍插入分型线拔模特征的操作步骤。

【案例 4-9】分型线拔模

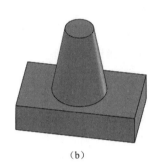

（1）打开源文件"\ch4\4.9.SLDPRT"。

（2）选择菜单栏中的"插入"→"特征"→"拔模"命令，或者单击"特征"选项卡中的"拔模"按钮 ，系统弹出"拔模"属性管理器。

（3）在"拔模类型"选项组中，选择"分型线"单选钮。

（4）在"拔模角度"选项组的"角度" 文本框中指定拔模角度。

（5）单击"拔模方向"选项组中的列表框，然后在图形区中选择一条边线或一个面来指示拔模方向。

（6）如果要向相反的方向生成拔模，单击"反向"按钮 。

（7）单击"分型线"选项组 右侧的列表框，在图形区中选择分型线，如图 4-55（a）所示。

（8）如果要为分型线的每一线段指定不同的拔模方向，单击"分型线"选项组 右侧列表框中的边线名称，然后单击"其他面"按钮。

（9）在"拔模沿面延伸"下拉列表框中选择拔模沿面延伸类型。

- 无：只在所选面上进行拔模。
- 沿相切面：将拔模延伸到所有与所选面相切的面。

（10）拔模属性设置完毕，单击"确定"按钮√，完成分型线拔模特征，如图4-55（b）所示。

> **技巧荟萃**
>
> 拔模分型线必须满足以下条件：①在每个拔模面上至少有一条分型线与基准面重合；②其他所有分型线均处于基准面的拔模方向；③没有分型线与基准面垂直。

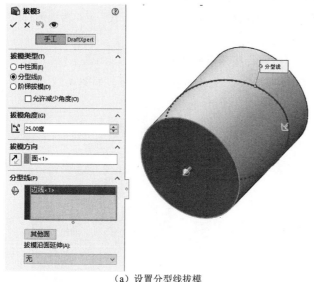

(a) 设置分型线拔模　　　　　　　　　　(b) 分型线拔模效果

图 4-55　分型线拔模

除了中性面拔模和分型线拔模，SolidWorks 还提供了阶梯拔模。阶梯拔模为分型线拔模的变体，它的分型线可以不在同一平面内，如图4-56所示。

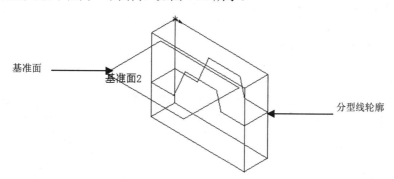

图 4-56　阶梯拔模中的分型线轮廓

下面结合实例介绍插入阶梯拔模特征的操作步骤。

【案例 4-10】阶梯拔模

（1）打开源文件"\ch4\4.10.SLDPRT"。

（2）选择菜单栏中的"插入"→"特征"→"拔模"命令，或者单击"特征"选项卡中的"拔模"按钮，系统弹出"拔模"属性管理器。

（3）在"拔模类型"选项组中，选择"阶梯拔模"单选钮。

（4）如果想使曲面与锥形曲面以相同方式生成，则勾选"锥形阶梯"复选框；如果想使曲面垂直于原主要面，则勾选"垂直阶梯"复选框。

（5）在"拔模角度"选项组的"角度"文本框中指定拔模角度。

（6）单击"拔模方向"选项组中的列表框，然后在图形区中选择一个基准面指示起模方向。

（7）如果要向相反的方向生成拔模，则单击"反向"按钮。

（8）单击"分型线"选项组右侧的列表框，在图形区中选择分型线，如图4-57（a）所示。

（9）如果要为分型线的每一线段指定不同的拔模方向，则在"分型线"选项组右侧的列表框中选择边线名称，然后单击"其他面"按钮。

（10）在"拔模沿面延伸"下拉列表框中选择拔模沿面延伸类型。

（11）拔模属性设置完毕，单击"确定"按钮，完成阶梯拔模特征，如图4-57（b）所示。

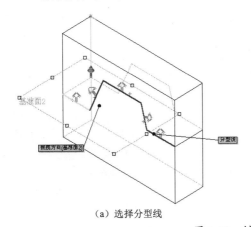
（a）选择分型线

（b）阶梯拔模效果

图4-57　创建阶梯拔模

4.4.2　实例——绘制球棒

绘制球棒

本实例绘制的球棒如图4-58所示。

【思路分析】

首先绘制一个圆柱，然后绘制分割线，把圆柱体分割成两部分，将其中一部分进行拔模处理，完成球棒的绘制。绘制流程如图4-59所示。

【绘制步骤】

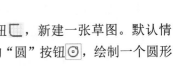

图4-58　球棒

（1）新建文件。启动 SoildWorks 2020，单击"标准"工具栏中的按钮，创建一个新的零件文件。

（2）绘制草图。单击"草图"选项卡中的"草图绘制"按钮，新建一张草图。默认情况下，新的草图在前视基准面上打开。单击"草图"选项卡中的"圆"按钮，绘制一个圆形作为拉伸基体特征的草图轮廓。

（3）标注尺寸。单击"草图"选项卡中的"智能尺寸"按钮，标注尺寸如图4-60所示。

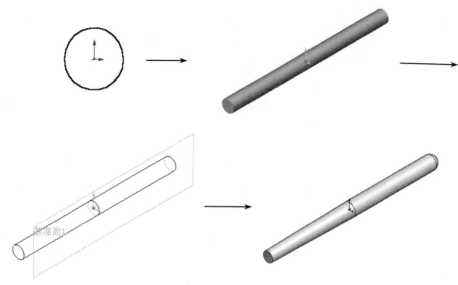

图 4-59 球棒的绘制流程

（4）拉伸实体。单击"特征"选项卡中的"拉伸凸台/基体"按钮 ，在弹出的"凸台-拉伸"属性管理器的"方向 1"选项组中设定拉伸终止条件为"两侧对称"；"深度" 文本框设为 160mm。单击"确定"按钮 ，生成的拉伸实体特征如图 4-61 所示。

（5）创建基准面。单击"特征"选项卡中的"基准面"按钮 ，系统弹出"基准面"属性管理器。选择上视基准面，然后将"偏移距离" 文本框设为 20mm，单击"确定"按钮 ，生成分割线所需的基准面 1。

（6）设置基准面。单击"草图"选项卡"草图"工具栏中的"草图绘制"按钮 ，在基准面 1 上打开一张草图，即草图 2。单击"前导视图"工具栏中的"正视于"按钮 ，正视于基准面 1 视图。

（7）绘制草图。单击"草图"选项卡中的"直线"按钮 ，在基准面 1 上绘制一条通过原点的竖直直线。

（8）设置视图方向。单击"前导视图"工具栏中的"消除隐藏线"按钮 ，以轮廓线观察模型。单击"前导视图"工具栏中的"等轴测"按钮 ，用等轴测视图观看图形，如图 4-62 所示。

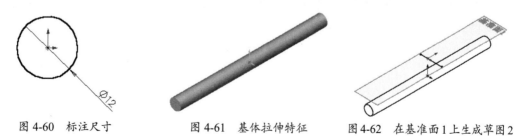

图 4-60 标注尺寸　　　图 4-61 基体拉伸特征　　　图 4-62 在基准面 1 上生成草图 2

（9）创建分割线。单击"特征"选项卡中的"分割线"按钮 ，系统弹出"分割线"属性管理器。在"分割类型"选项组中单击"投影"按钮，单击 右侧的列表框，在图形区中选择草图 2 作为投影草图；单击 右侧的列表框，然后在图形区中选择圆柱的侧面作为要分割的面，如图 4-63 所示。单击"确定"按钮 ，生成平均分割圆柱的分割线，如图 4-64 所示。

（10）创建拔模特征。单击"特征"选项卡中的"拔模"按钮，系统弹出"拔模"属性管理器。在"拔模类型"选项组中单击"分型线"按钮，"角度"文本框设为1°；单击"拔模面"选项组右侧的列表框，选择上一步创建的分割线；然后在图形区中选择圆柱端面为拔模方向。单击"确定"按钮，完成分型面拔模特征。

（11）创建圆顶特征。选择圆柱的底端面（拔模的一端）作为创建圆顶的基面，单击"特征"选项卡中的"圆顶"按钮，在弹出的"圆顶"属性管理器中指定圆顶的高度为5mm，单击"确定"按钮，生成圆顶特征。

（12）保存文件。单击"标准"工具栏中的"保存"按钮，将零件保存为"球棒.sldprt"，至此该零件就制作完成了，最后的效果（包括 FeatureManager 设计树）如图 4-65 所示。

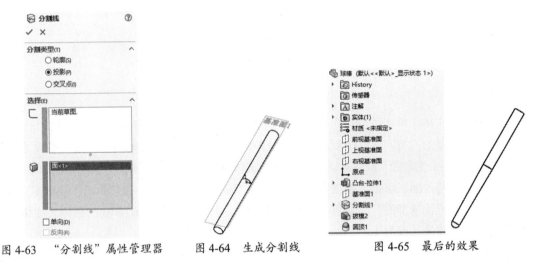

图 4-63　"分割线"属性管理器　　图 4-64　生成分割线　　图 4-65　最后的效果

4.5　抽壳特征

抽壳特征是零件建模中的重要特征，它能使一些复杂工作变得简单。当在零件的一个面上抽壳时，系统会掏空零件的内部，使所选择的面敞开，在剩余的面上生成薄壁特征。如果没有选择模型上的任何面，而直接对实体零件进行抽壳操作，则会生成一个闭合、掏空的模型。通常，抽壳时各个表面的厚度相等，也可以对某些表面的厚度进行单独指定，这样抽壳特征完成之后，各个零件表面的厚度就不相等了。

如图 4-66 所示是对零件创建抽壳特征后建模的实例。

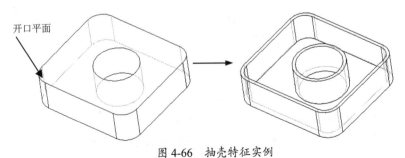

图 4-66　抽壳特征实例

4.5.1 创建抽壳特征

1. 生成等厚度抽壳特征

【案例 4-11】等厚度抽壳

（1）打开源文件"\ch4\4.11.SLDPRT"。

（2）选择菜单栏中的"插入"→"特征"→"抽壳"命令，或者单击"特征"选项卡中的"抽壳"按钮，系统弹出"抽壳"属性管理器。

（3）在"参数"选项组的"厚度"文本框中指定抽壳的厚度。

（4）单击右侧的列表框，然后从图形区中选择一个或多个开口面作为要移除的面。此时在列表框中显示所选的开口面，如图 4-67 所示。

图 4-67　选择要移除的面

（5）如果勾选了"壳厚朝外"复选框，则会增加零件外部尺寸，从而生成抽壳。

（6）抽壳属性设置完毕，单击"确定"按钮，生成等厚度抽壳特征。

技巧荟萃

如果在步骤（3）中没有选择开口面，则系统会生成一个闭合、掏空的模型。

2. 生成具有多厚度面的抽壳特征

【案例 4-12】多厚度抽壳

（1）打开源文件"\ch4\4.12.SLDPRT"。

（2）选择菜单栏中的"插入"→"特征"→"抽壳"命令，或者单击"特征"选项卡中的"抽壳"按钮，系统弹出"抽壳"属性管理器。

（3）单击"多厚度设定"选项组右侧的列表框，激活多厚度设定。

（4）在图形区中选择开口面，这些面会在列表框中显示出来。

（5）在列表框中选择开口面，然后在"多厚度设定"选项组的"厚度"文本框中输入对应的壁厚。

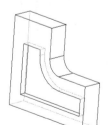

图 4-68　多厚度抽壳（剖视图）

（6）重复步骤（5），直到为所有选择的开口面都指定了厚度。

（7）如果要使壁厚添加到零件外部，则勾选"壳厚朝外"复选框。

（8）抽壳属性设置完毕，单击"确定"按钮，生成多厚度抽壳特征，其剖视图如图 4-68 所示。

技巧荟萃

如果想在零件上添加圆角特征，应当在生成抽壳之前对零件进行圆角处理。

4.5.2 实例——绘制变径气管

本例创建的变径气管如图4-69所示。

图4-69 变径气管

【思路分析】

首先绘制草图，通过旋转创建气管主体，然后通过抽壳完成变径气管的创建。绘制变径气管的流程图如图4-70所示。

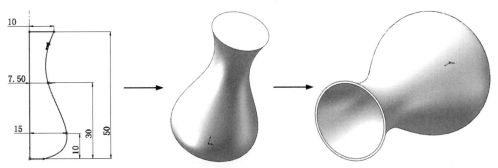

图4-70 绘制变径气管的流程图

【绘制步骤】

（1）新建文件。启动 SolidWorks 2020，单击"标准"工具栏中的 按钮，在弹出的"新建 SOLIDWORKS 文件"对话框中，单击"零件"按钮 ，然后单击"确定"按钮 ，新建一个零件文件。

（2）设置基准面。在 FeatureManager 设计树中选择"前视基准面"作为草图绘制基准面，单击"草图"选项卡中的"草图绘制"按钮 ，新建一张草图。

（3）绘制中心线。单击"草图"选项卡中的"中心线"按钮 ，过原点绘制两条相互垂直的中心线。单击"草图"选项卡中的"直线"按钮 和"样条曲线"按钮 ，绘制气管草图并标注尺寸，如图4-71所示。

（4）旋转实体。单击"特征"选项卡中的"旋转凸台/基体"按钮 ，弹出如图4-72所示"旋转"属性管理器，选项保持默认设置，单击"确定"按钮 ，完成实体的创建，如图4-73所示。

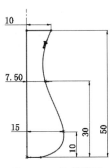

图4-71 绘制草图

图4-72 "旋转"属性管理器

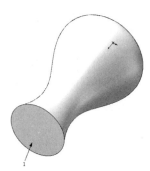

图4-73 旋转实体

（5）单击"特征"选项卡中的"抽壳"按钮，系统打开如图 4-74 所示的"抽壳"属性管理器，输入抽壳距离为 0.5mm，在视图中选择图 4-73 中的面 1 为要移除的面。单击属性管理器中的"确定"按钮。结果如图 4-75 所示。

图 4-74 "抽壳"属性管理器　　　　图 4-75 抽壳实体

> 提示
>
> 读者还可以绘制不封闭的草图，通过薄壁旋转创建变径气管，绘制过程如图 4-76 所示。

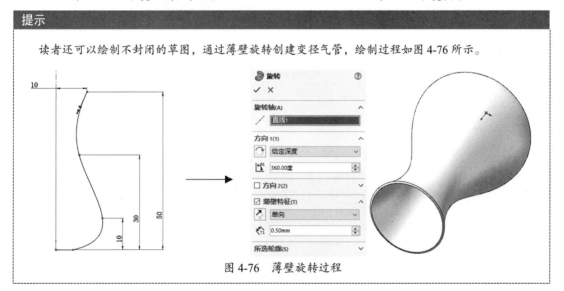

图 4-76 薄壁旋转过程

4.6 孔特征

孔特征是指在已有的零件上生成各种类型的孔。SolidWorks 提供了两类孔特征：简单直孔和异型孔。下面结合实例介绍不同孔特征的操作步骤。

4.6.1 创建简单直孔

创建简单直孔是指在确定的平面上设置孔的直径和深度。孔深度的终止条件类型与拉伸切除的终止条件类型基本相同。

下面结合实例介绍创建简单直孔的操作步骤。

【案例 4-13】简单直孔

（1）打开源文件"\ch4\4.13.SLDPRT"，打开的文件实体如图 4-77 所示。

（2）选择如图 4-77 所示的表面 1，选择菜单栏中的"插入"→"特征"→"简单直孔"命令，或者单击"特征"选项卡中的"简单直孔"按钮，此时系统弹出"孔"属性管理器。

（3）设置属性管理器。在"终止条件"下拉列表框中选择"完全贯穿"，"孔直径"文本框设为 30mm，"孔"属性管理器设置如图 4-78 所示。

（4）单击"孔"属性管理器中的"确定"按钮，钻孔后的实体如图 4-79 所示。

（5）在 FeatureManager 设计树中，右击已添加的孔特征选项，此时系统弹出的快捷菜单如图 4-80 所示，单击其中的"编辑草图"按钮，编辑草图如图 4-81 所示。

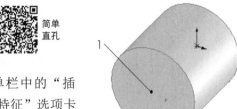

图 4-77　打开的文件实体

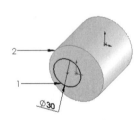

图 4-78　"孔"属性管理器　　图 4-79　实体钻孔　　图 4-80　快捷菜单　　图 4-81　编辑草图

（6）按住<Ctrl>键，选择如图 4-81 所示的圆弧 1 和边线弧 2，此时系统弹出的"属性"属性管理器如图 4-82 所示。

（7）单击"添加几何关系"选项组中的"同心"按钮，此时同心几何关系显示在"现有几何关系"选项组中。为圆弧 1 和边线弧 2 添加同心几何关系，再单击"确定"按钮。

（8）单击图形区右上角的"退出草图"按钮，创建的简单孔特征如图 4-83 所示。

图 4-82　"属性"属性管理器　　图 4-83　创建的简单孔特征

> **技巧荟萃**
> 简单孔的位置可以通过标注尺寸的方式来确定，特殊的图形可以通过添加几何关系来确定。

4.6.2 创建异型孔

异型孔即具有复杂轮廓的孔，主要包括柱形沉头孔、锥形沉头孔、孔、直螺纹孔、锥形螺纹孔和旧制孔 6 种。异型孔的类型和位置都是在"孔规格"属性管理器中完成的。

下面结合实例介绍异型孔创建的操作步骤。

【案例 4-14】异型孔

（1）创建一个新的零件文件。

（2）在左侧的 FeatureManager 设计树中选择"前视基准面"作为绘制图形的基准面。

（3）单击"草图"选项卡中的"边角矩形"按钮 ▭，以原点为一个角点绘制一个矩形，并标注尺寸，如图 4-84 所示。

（4）单击"特征"选项卡中的"拉伸凸台/基体"按钮，将步骤（3）中绘制的草图拉伸成深度为 60mm 的实体，拉伸的实体如图 4-85 所示。

（5）单击选择图 4-85 中的表面 1，选择菜单栏中的"插入"→"特征"→"孔"→"向导"命令，或者单击"特征"选项卡中的"异型孔向导"按钮，此时系统弹出"孔规格"属性管理器。

（6）"孔类型"选项组按照图 4-86 进行设置，然后单击"位置"选项卡，此时光标处于"绘制点"状态，在如图 4-85 所示的表面 1 上添加 4 个点。

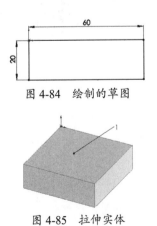

图 4-84　绘制的草图

图 4-85　拉伸实体

图 4-86　"孔规格"属性管理器

（7）单击"草图"选项卡上的"智能尺寸"按钮，标注添加 4 个点的定位尺寸，如图 4-87

所示。

(8) 单击"孔规格"属性管理器中的"确定"按钮✓，添加的孔如图 4-88 所示。

(9) 单击"视图"工具栏中的"旋转视图"按钮⟳，将视图以合适的方向显示，旋转视图后的图形如图 4-89 所示。

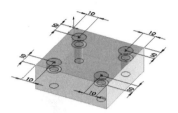
图 4-87　标注孔位置

图 4-88　添加孔

图 4-89　旋转视图后的图形

4.6.3　实例——绘制支架

本例绘制支架，如图 4-90 所示。

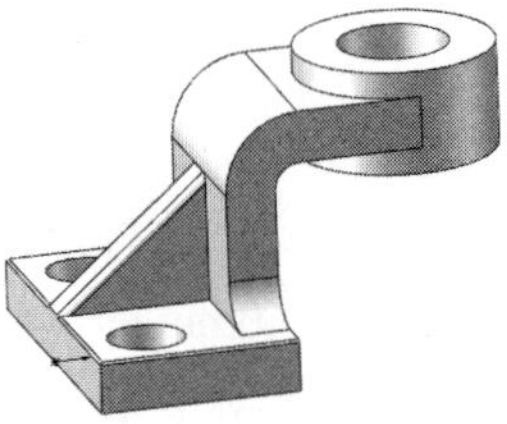

【思路分析】

首先绘制底座草图，通过拉伸创建底座，然后通过扫描创建支撑台，再创建筋，最后创建安装孔。绘制支架的流程图如图 4-91 所示。

图 4-90　支架

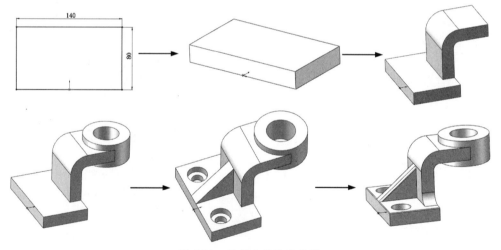

图 4-91　绘制支架的流程图

【绘制步骤】

(1) 新建文件。启动 SolidWorks，单击"标准"工具栏中的▯按钮，在打开的"新建 SOLIDWORKS 文件"对话框中，单击"零件"按钮⚙，单击"确定"按钮✓，创建一个新的零件文件。

(2) 新建草图。在左侧的 FeatureManager 设计树中选择"前视基准面"作为草图绘制基准面，单击"草图"选项卡中的"草图绘制"按钮▭，新建一张草图。

(3) 绘制中心线。单击"草图"选项卡中的"边角矩形"按钮▭，绘制草图。

(4) 标注尺寸。单击"草图"选项卡中的"智能尺寸"按钮◆，为草图标注尺寸，注意直线中点在坐标原点，如图 4-92 所示。

（5）拉伸形成实体。单击"特征"选项卡中的"拉伸凸台/基体"按钮，弹出如图 4-93 所示的"凸台-拉伸"属性管理器。设定拉伸的终止条件为"给定深度"，输入拉伸距离为 20mm，保持其他选项的系统默认值不变。单击属性管理器中的"确定"按钮，结果如图 4-94 所示。

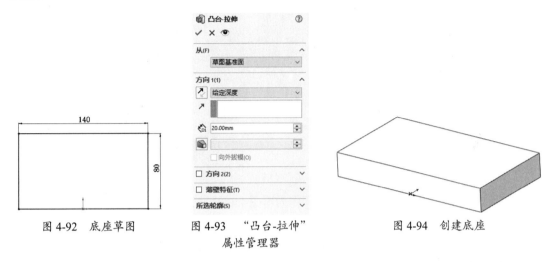

图 4-92　底座草图　　　图 4-93　"凸台-拉伸"　　　图 4-94　创建底座
　　　　　　　　　　　　　　属性管理器

（6）新建扫描路径草图。在左侧的 FeatureManager 设计树中选择"右视基准面"作为草图绘制基准面，单击"草图"选项卡中的"草图绘制"按钮，新建一张草图。

（7）绘制草图。单击"草图"选项卡中的"直线"按钮和"绘制圆角"按钮，绘制草图并标注尺寸，如图 4-95 所示，单击"退出草图"按钮，退出草图。

（8）新建草图。选择图 4-94 中上表面作为草图绘制基准面，单击"草图"选项卡中的"草图绘制"按钮，新建一张草图。

（9）绘制扫描轮廓草图。单击"草图"选项卡中的"边角矩形"按钮，绘制草图并标注尺寸，如图 4-96 所示，单击"退出草图"按钮，退出草图。

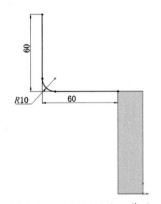
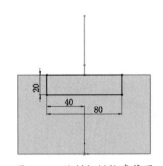

图 4-95　绘制扫描路径草图　　　　　图 4-96　绘制扫描轮廓草图

（10）扫描实体。单击"特征"选项卡中的"扫描"按钮，弹出如图 4-97 所示的"扫描"属性管理器。选择扫描路径和扫描轮廓，单击属性管理器中的"确定"按钮，结果如图 4-98 所示。

图 4-97 "扫描"属性管理器

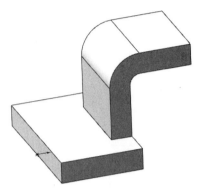

图 4-98 扫描实体

（11）新建草图。选择图 4-98 中上表面作为草图绘制基准面，单击"草图"选项卡中的"草图绘制"按钮，新建一张草图。

（12）绘制草图。单击"草图"选项卡中的"圆"按钮，在扫描体的边线中点处绘制直径为 80mm 的圆。

（13）拉伸实体。单击"特征"选项卡中的"拉伸凸台/基体"按钮，弹出如图 4-99 所示的"凸台-拉伸"属性管理器。在"方向 1"选项组中设置拉伸距离为 10mm，"方向 2"选项组中设置拉伸距离为 30mm，如图 4-99 所示。单击属性管理器中的"确定"按钮，结果如图 4-100 所示。

图 4-99 "凸台-拉伸"属性管理器

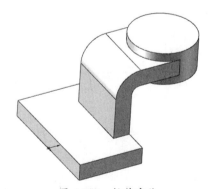

图 4-100 拉伸实体

（14）新建草图。选择图 4-100 中上表面作为草图绘制基准面，单击"草图"选项卡中的"草图绘制"按钮，新建一张草图。

（15）绘制草图。单击"草图"选项卡中的"圆"按钮，在拉伸体的圆心处绘制直径为

44mm 的圆。

(16) 切除拉伸实体。单击"特征"选项卡中的"拉伸切除"按钮 ⬛，弹出如图 4-101 所示的"切除-拉伸"属性管理器。设置终止条件为"完全贯穿"，如图 4-101 所示。单击属性管理器中的"确定"按钮 ✓，结果如图 4-102 所示。

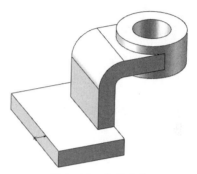

图 4-101　"切除-拉伸"属性管理器　　　图 4-102　拉伸实体

(17) 新建草图。在左侧的 FeatureManager 设计树中选择"右视基准面"作为草图绘制基准面，单击"草图"选项卡中的"草图绘制"按钮 ⬛，新建一张草图。

(18) 绘制草图。单击"草图"选项卡中的"直线"按钮 ✎，绘制草图并标注尺寸，如图 4-103 所示。

(19) 创建筋。单击"特征"选项卡中的"筋"按钮 ⬛，弹出"筋"属性管理器，选择"两侧"厚度，输入厚度为 18mm，选择拉伸方向为"平行于草图"，如图 4-104 所示，单击属性管理器中的"确定"按钮 ✓。结果如图 4-105 所示。

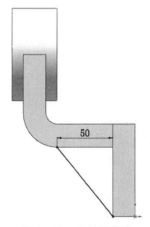

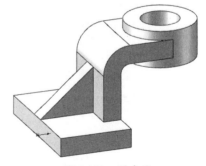

图 4-103　绘制筋草图　　　图 4-104　"筋"属性管理器　　　图 4-105　创建筋

(20) 创建异型孔。单击"特征"选项卡中的"异型孔向导"按钮 ⬛，弹出"孔规格"属性管理器，选择"柱形沉头孔" ⬛，设置孔大小为"M16"，终止条件为"完全贯穿"，如图 4-106 所示，单击"位置"选项卡，打开"孔位置"属性管理器，单击"3D 草图"按钮，进入草图绘制环境，在外表面上放置孔，并单击"草图"选项卡中的"智能尺寸"按钮 ✎ 添加孔位置，如图 4-107 所示，单击属性管理器中的"确定"按钮 ✓，结果如图 4-108 所示。

135

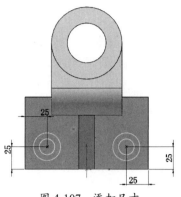

图 4-107 添加尺寸

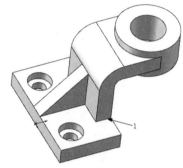

图 4-108 创建柱形沉头孔

图 4-106 "孔规格"属性管理器

（21）圆角处理。单击"特征"选项卡中的"圆角"按钮，系统打开如图 4-109 所示的"圆角"属性管理器，在视图中选择图 4-108 所示两侧的边 1，输入圆角半径为 16mm，单击属性管理器中的"确定"按钮。重复"圆角"命令，对筋的上表面边线进行圆角处理，圆角半径为 3mm，结果如图 4-110 所示。

图 4-109 "圆角"属性管理器

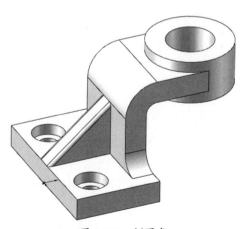

图 4-110 倒圆角

（22）倒角处理。单击"特征"选项卡中的"倒角"按钮，系统打开如图4-111所示的"倒角"属性管理器，在视图中选择底座的上表面边线，设置倒角尺寸为1mm、45°，单击属性管理器中的"确定"按钮。结果如图4-112所示。

图 4-111 "倒角"属性管理器

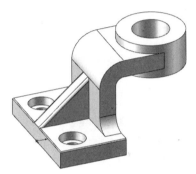

图 4-112 倒角处理

4.7 筋特征

筋是零件上增加强度的部分，它是一种由开环或闭环草图轮廓生成的特殊拉伸实体，在草图轮廓与现有零件之间添加指定方向和厚度的材料。

在 SolidWorks 2020 中，筋实际上是由开环的草图轮廓生成的特殊类型的拉伸特征。如图4-113所示为筋特征的几种效果。

图 4-113 筋特征效果

4.7.1 创建筋特征

下面结合实例介绍筋特征创建的操作步骤。

【案例 4-15】筋

（1）创建一个新的零件文件。

（2）在左侧的 FeatureManager 设计树中选择"前视基准面"作为绘制图形的基准面。

（3）单击"草图"选项卡中的"边角矩形"按钮 ▭，绘制两个矩形，并标注尺寸。

（4）单击"草图"选项卡中的"剪裁实体"按钮 ⊁，剪裁后的草图如图 4-114 所示。

（5）单击"特征"选项卡中的"拉伸凸台/基体"按钮 ⬀，系统弹出"拉伸"属性管理器。"深度" ⬍ 文本框设为 40mm，然后单击"确定"按钮 ✓，创建的拉伸特征如图 4-115 所示。

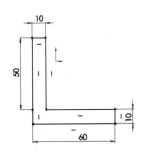

图 4-114 剪裁后的草图　　　　图 4-115 创建拉伸特征

（6）在左侧的 FeatureManager 设计树中选择"前视基准面"，然后单击"前导视图"工具栏中的"正视于"按钮 ⊥，将该基准面作为绘制图形的基准面。

（7）单击"草图"选项卡中的"直线"按钮 ╱，在前视基准面上绘制如图 4-116 所示的草图。

（8）选择菜单栏中的"插入"→"特征"→"筋"命令，或者单击"特征"选项卡中的"筋"按钮 ⬠，此时系统弹出"筋"属性管理器。按照图 4-117 进行参数设置，然后单击"确定"按钮 ✓。

（9）单击"前导视图"工具栏中的"等轴测"按钮 ▣，将视图以等轴测方向显示，添加的筋如图 4-118 所示。

图 4-116 绘制草图　　　图 4-117 "筋"属性管理器　　　图 4-118 添加的筋

4.7.2 实例——绘制轴承座

本例绘制轴承座，如图 4-119 所示。

【思路分析】

轴承座用来支承大型的轴承，将力均匀传到支承面上。首先绘制底座草图，通过拉伸创建底座，然后通过拉伸创建支承台，再创建筋，最后创建安装孔。绘制轴承座的流程图如图 4-120 所示。

【绘制步骤】

（1）新建文件。启动 SolidWorks，单击"标准"工具栏中的 按钮，在打开的"新建 SOLIDWORKS 文件"对话框中，单击"零件"按钮 ，单击"确定"按钮 ，创建一个新的零件文件。

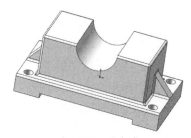

图 4-119 轴承座

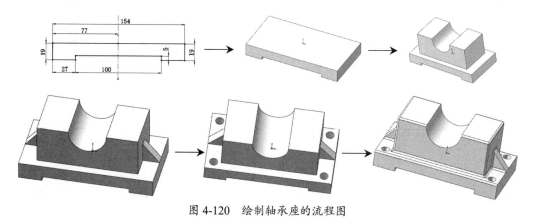

图 4-120 绘制轴承座的流程图

（2）新建草图。在左侧的 FeatureManager 设计树中选择"前视基准面"作为草图绘制基准面，单击"草图"选项卡中的"草图绘制"按钮 ，新建一张草图。

（3）绘制中心线。单击"草图"选项卡中的"中心线"按钮 和"直线"按钮 ，绘制底座草图。

（4）标注尺寸。单击"草图"选项卡中的"智能尺寸"按钮 ，为草图标注尺寸，如图 4-121 所示。

（5）拉伸形成实体。单击"特征"选项卡中的"拉伸凸台/基体"按钮 ，弹出如图 4-122 所示的"凸台-拉伸"属性管理器。设定拉伸的终止条件为"两侧对称"，输入拉伸距离为 80mm，保持其他选项的系统默认值不变。单击属性管理器中的"确定"按钮 。结果如图 4-123 所示。

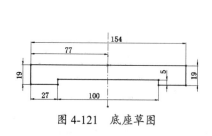

图 4-121 底座草图

图 4-122 "凸台-拉伸"
属性管理器

图 4-123 创建底座

（6）新建草图。在左侧的 FeatureManager 设计树中选择"前视基准面"作为绘制图形的基准面，单击"草图"选项卡中的"草图绘制"按钮，新建一张草图。

（7）绘制草图。单击"草图"选项卡中的"中心线"按钮、"边角矩形"按钮、"3 点圆弧"按钮和"剪裁实体"按钮，绘制如图 4-124 所示的支承台草图。

（8）拉伸形成实体。单击"特征"选项卡中的"拉伸凸台/基体"按钮，弹出如图 4-125 所示的"凸台-拉伸"属性管理器。设定拉伸的终止条件为"两侧对称"，输入拉伸距离为 60mm，保持其他选项的系统默认值不变，如图 4-125 所示。单击属性管理器中的"确定"按钮，结果如图 4-126 所示。

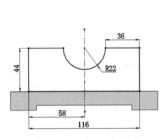

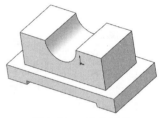

图 4-124　支承台草图　　图 4-125　"凸台-拉伸"属性管理器　　图 4-126　拉伸实体

（9）新建草图。在设计树中选择"前视基准面"，单击"草图"选项卡中的"草图绘制"按钮，新建一张草图。

（10）绘制轮廓。单击"草图"选项卡中的"直线"按钮，绘制如图 4-127 所示的加强筋草图。

（11）创建筋。单击"特征"选项卡中的"筋"按钮，弹出"筋"属性管理器，选择"两侧"厚度，输入厚度为 10mm，选择拉伸方向为"平行于草图"，如图 4-128 所示，单击属性管理器中的"确定"按钮。同理，在另一侧创建加强筋，结果如图 4-129 所示。

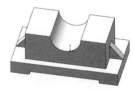

图 4-127　加强筋草图　　图 4-128　"筋"属性管理器　　图 4-129　加强筋

（12）新建草图。选择底板上表面，单击"草图"选项卡中的"草图绘制"按钮，新建一张草图。

（13）绘制圆。单击"草图"选项卡中的"圆"按钮，在四个角上绘制四个小圆，标注尺寸如图 4-130 所示。

（14）切除实体。单击"特征"选项卡中的"拉伸切除"按钮，弹出"切除-拉伸"属性管理器，如图4-131所示，设定拉伸的终止条件为"完全贯穿"，保持其他选项的系统默认值不变，单击属性管理器中的"确定"按钮，完成孔的创建。结果如图4-132所示。

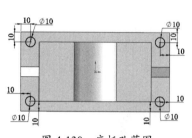

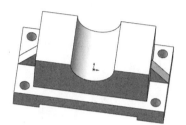

图4-130　底板孔草图　　　图4-131　"切除-拉伸"　　　图4-132　底板孔
　　　　　　　　　　　　　　属性管理器

（15）绘制圆角。单击"特征"选项卡中的"圆角"按钮，此时系统弹出如图4-133所示的"圆角"属性管理器。在"半径"框中输入值2mm，然后选取支承台各边线。单击属性管理器中的"确定"按钮，结果如图4-134所示。

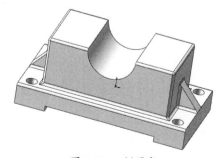

图4-133　"圆角"属性管理器　　　　图4-134　倒圆角

4.8　综合实例——绘制托架

本实例绘制的托架如图4-135所示。

【思路分析】

托架类零件主要起支承和连接作用。其形状、结构按功能的不同一般分为 3 部分：工作部分、安装固定部分和连接部分。绘制流程如图 4-136 所示。

【绘制步骤】

（1）新建文件。启动 SolidWorks 2020，单击"标准"工具栏中的 按钮，创建一个新的零件文件。

图 4-135　托架

（2）绘制草图。选择"前视基准面"作为草图绘制基准面，然后单击"草图"选项卡中的"边角矩形"按钮，以坐标原点为中心绘制一个矩形。不必追求绝对的中心，只要大致几何关系正确就行。

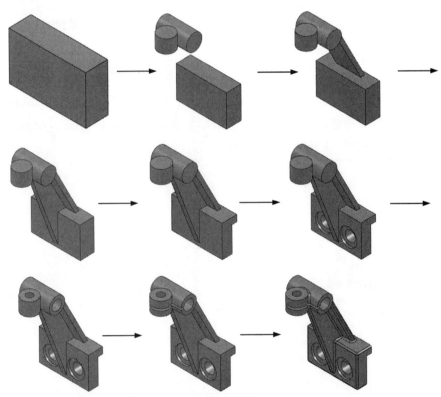

图 4-136　托架的绘制流程

（3）标注尺寸。单击"草图"选项卡中的"智能尺寸"按钮，标注绘制的矩形的尺寸，如图 4-137 所示。

（4）实体拉伸 1。单击"特征"选项卡中的"拉伸凸台/基体"按钮，系统弹出"凸台-拉伸"属性管理器。设置拉伸的终止条件为"给定深度"，"深度"文本框设为 24mm，单击"确定"按钮，如图 4-138 所示。

（5）绘制草图。选择"右视基准面"作为草图绘制基准面，然后单击"草图"选项卡中的"圆"按钮，绘制一个圆。

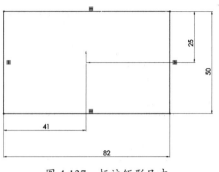

图 4-137　标注矩形尺寸　　　　　　　　图 4-138　创建拉伸 1

（6）标注尺寸。单击"草图"选项卡中的"智能尺寸"按钮，为圆标注直径尺寸并定位几何关系。

（7）实体拉伸 2。单击"特征"选项卡中的"拉伸凸台/基体"按钮，系统弹出"凸台-拉伸"属性管理器。设置拉伸的终止条件为"两侧对称"，"深度"文本框设为 50mm，如图 4-139 所示，单击"确定"按钮。

（8）创建基准面。单击"特征"选项卡中的"基准面"按钮，选择"上视基准面"作为参考平面，"偏移距离"文本框设为 105mm，如图 4-140 所示，单击"确认"按钮。

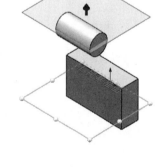

图 4-139　设置拉伸 2 参数　　　　　　　图 4-140　设置基准面参数

（9）设置基准面。选择刚创建的"基准面 1"，单击"草图"选项卡中的"草图绘制"按钮，在其上新建一草图。单击"前导视图"工具栏中的"正视于"按钮，正视于该草图。

（10）绘制草图。单击"草图"选项卡中的"圆"按钮，绘制一个圆，使其圆心的 X 坐标为 0。

（11）标注尺寸。单击"草图"选项卡中的"智能尺寸"按钮，标注圆的直径尺寸并对其进行定位。

（12）实体拉伸 3。单击"特征"选项卡中的"拉伸凸台/基体"按钮，系统弹出"凸台-拉伸"属性管理器。在"方向 1"选项组中设置拉伸的终止条件为"给定深度"，"深度"文本框设为 12mm；在"方向 2"选项组中设置拉伸的终止条件为"给定深度"，"深度"文本框设为 9mm，如图 4-141 所示，单击"确定"按钮。

（13）设置基准面。选择"右视基准面"，单击"草图"选项卡中的"草图绘制"按钮，在其上新建一草图。单击"前导视图"工具栏中的"正视于"按钮，正视于该草图平面。

（14）投影轮廓。按住<Ctrl>键，选择固定部分的轮廓（投影形状为矩形）和工作部分中的支承孔基体（投影形状为圆形），单击"草图"选项卡中的"转换实体引用"按钮，将该轮廓投影到草图上。

（15）草绘图形。单击"草图"选项卡中的"直线"按钮，绘制一条由圆到矩形的直线，直线的一个端点落在矩形直线上。

（16）添加几何关系。按住<Ctrl>键，选择所绘直线和轮廓投影圆。在弹出的"属性"属性管理器中单击"相切"按钮，为所选元素添加相切几何关系，单击"确定"按钮，添加的相切几何关系如图 4-142 所示。

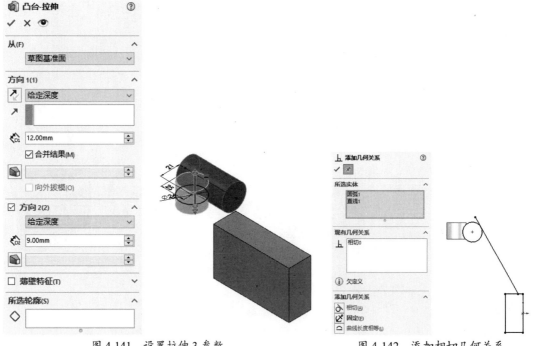

图 4-141　设置拉伸 3 参数　　　　图 4-142　添加相切几何关系

（17）标注尺寸。单击"草图"选项卡中的"智能尺寸"按钮，标注落在矩形上的直线端点到坐标原点的距离为 4mm。

（18）设置属性管理器。选择所绘直线，在"等距实体"属性管理器中设置等距距离为 4mm，其他选项的设置如图 4-143 所示，单击"确定"按钮。

（19）剪裁实体。单击"草图"选项卡中的"剪裁实体"按钮，剪裁掉多余的部分，完成 T 形肋中截面为 40mm×6mm 的肋板轮廓，如图 4-144 所示。

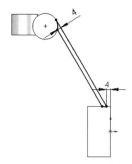

图 4-143　"等距实体"属性管理器　　　　图 4-144　肋板轮廓

（20）实体拉伸 4。单击"特征"选项卡中的"拉伸凸台/基体"按钮，系统弹出"凸台-拉伸"属性管理器。设置拉伸的终止条件为"两侧对称"，"深度"文本框设为 40mm，其他选项的设置如图 4-145 所示，单击"确定"按钮。

（21）设置基准面。选择"右视基准面"作为草绘基准面，单击"草图"选项卡中的"草图绘制"按钮，在其上新建一草图。单击"前导视图"工具栏中的"正视于"按钮，正视于该草图平面。

（22）投影轮廓。按住<Ctrl>键，选择固定部分（投影形状为矩形）的左上角的两条边线、工作部分中的支承孔基体（投影形状为圆形）和肋板中内侧的边线，单击"草图"选项卡中的"转换实体引用"按钮，将该轮廓投影到草图上。

（23）绘制草图。单击"草图"选项卡中的"直线"按钮，绘制一条由圆到矩形的直线，直线的一个端点落在矩形的左侧边线上，另一个端点落在投影圆上。

（24）标注尺寸。单击"草图"选项卡中的"智能尺寸"按钮，为所绘直线标注尺寸定位，如图 4-146 所示。

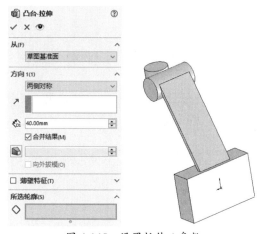
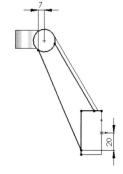

图 4-145　设置拉伸 4 参数　　　　图 4-146　标注尺寸定位

（25）剪裁实体。单击"草图"选项卡中的"剪裁实体"按钮，剪裁掉多余的部分，完成 T 形肋中另一肋板。

（26）实体拉伸 5。单击"特征"选项卡中的"拉伸凸台/基体"按钮，系统弹出"凸台-拉伸"属性管理器。设置拉伸的终止条件为"两侧对称"，"深度"文本框设为 8mm，其他选项的设置如图 4-147 所示，单击"确定"按钮。

（27）绘制草图。选择固定部分基体的侧面作为草绘基准面，单击"草图"选项卡中的"草图绘制"按钮，在其上新建一草图。单击"草图"选项卡中的"边角矩形"按钮，绘制一矩形作为拉伸切除的草图轮廓。

（28）标注尺寸。单击"草图"选项卡中的"智能尺寸"按钮，标注矩形尺寸并定位几何关系。

（29）实体拉伸6。单击"特征"选项卡中的"拉伸切除"按钮，系统弹出"切除-拉伸"属性管理器。选择终止条件为"完全贯穿"，其他选项的设置如图4-148所示，单击"确定"按钮。

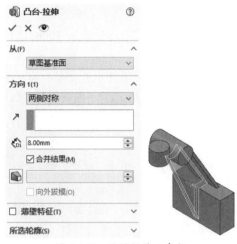 

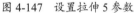 图4-147 设置拉伸5参数　　 图4-148 设置拉伸6参数

（30）绘制草图。选择托架固定部分的正面作为草绘基准面，单击"草图"选项卡中的"草图绘制"按钮，在其上新建一张草图。单击"草图"选项卡中的"圆"按钮，绘制两个圆。

（31）标注尺寸。单击"草图"选项卡中的"智能尺寸"按钮，为两个圆标注尺寸并进行尺寸定位。

（32）实体拉伸7。单击"特征"选项卡中的"拉伸切除"按钮，系统弹出"切除-拉伸"属性管理器。选择终止条件为"给定深度"，"深度"文本框设为3mm，其他选项的设置如图4-149所示，单击"确定"按钮。

（33）绘制草图。选择新创建的沉头孔的底面作为草绘基准面，单击"草图"选项卡中的"草图绘制"按钮，在其上新建一张草图。单击"草图"选项卡中的"圆"按钮，绘制两个与沉头孔同心的圆。

（34）标注尺寸。单击"草图"选项卡上的"智能尺寸"按钮，为两个圆标注直径尺寸，如图4-150所示，单击"确定"按钮。

（35）实体拉伸8。单击"特征"选项卡中的"拉伸切除"按钮，系统弹出"切除-拉伸"属性管理器。选择终止条件为"完全贯穿"，其他选项的设置如图4-151所示，单击"确定"按钮。

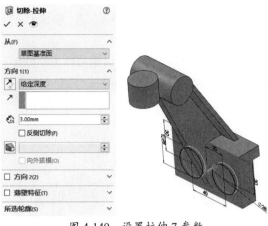

图 4-149 设置拉伸 7 参数

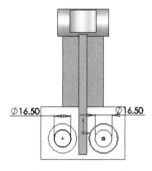

图 4-150 标注尺寸

（36）绘制草图。选择工作部分中高度为 50mm 的圆柱的一个侧面作为草绘基准面，单击"草图"选项卡中的"草图绘制"按钮，在其上新建一草图。单击"草图"选项卡中的"圆"按钮，绘制一个与圆柱轮廓同心的圆。

（37）标注尺寸。单击"草图"选项卡中的"智能尺寸"按钮，标注圆的直径尺寸。

（38）实体拉伸 9。单击"特征"选项卡中的"拉伸切除"按钮，系统弹出"切除-拉伸"属性管理器。设置终止条件为"完全贯穿"，其他选项的设置如图 4-152 所示，单击"确定"按钮。

图 4-151 设置拉伸 8 参数

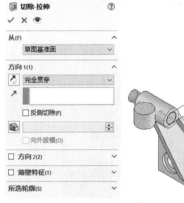

图 4-152 设置拉伸 9 参数

（39）绘制草图。选择工作部分的另一个圆柱段的上端面作为草绘基准面，单击"草图"选项卡中的"草图绘制"按钮，新建草图。单击"草图"选项卡中的"圆"按钮，绘制一个与圆柱轮廓同心的圆。

（40）标注尺寸。单击"草图"选项卡中的"智能尺寸"按钮，标注圆的直径尺寸为 11mm。

（41）实体拉伸 10。单击"特征"选项卡中的"拉伸切除"按钮，系统弹出"切除-拉伸"属性管理器。设置终止条件为"完全贯穿"，其他选项的设置如图 4-153 所示，单击"确定"按钮。

（42）绘制草图。选择"基准面 1"作为草绘基准面，单击"草图"选项卡中的"草图绘制"

按钮，在其上新建一草图。单击"草图"选项卡中的"边角矩形"按钮，绘制一矩形，覆盖特定区域。

（43）实体拉伸 11。单击"特征"选项卡中的"拉伸切除"按钮，系统弹出"切除-拉伸"属性管理器。设置终止条件为"两侧对称"，"深度"文本框设为 3mm，其他选项的设置如图 4-154 所示，单击"确定"按钮。

图 4-153　设置拉伸 10 参数　　　　　图 4-154　设置拉伸 11 参数

（44）创建圆角。单击"特征"选项卡中的"圆角"按钮，打开"圆角"属性管理器。在右侧的图形区域中选择所有非机械加工边线，即图示的边线；"半径"文本框设为 2mm；其他选项的设置如图 4-155 所示，单击"确定"按钮。

（45）保存文件。单击"标准"工具栏中的"保存"按钮，将零件文件保存，文件名为"托架.SLDPRT"。完成的托架如图 4-156 所示。

图 4-155　设置圆角选项

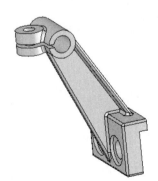

图 4-156　完成的托架

第 5 章 辅助特征工具

在复杂的建模过程中，单一的特征命令有时不能完成相应的建模，需要利用一些辅助特征工具来完成模型的绘制或提高绘制的效率和规范性。这些辅助特征工具包括特征编辑工具、智能设计工具、特征管理工具以及查询工具等。

本章将简要介绍这些工具的使用方法。

5.1 阵列特征

特征阵列用于将任意特征作为原始样本特征，通过指定阵列尺寸产生多个类似的子样本特征。特征阵列完成后，原始样本特征和子样本特征成为一个整体，用户可将它们作为一个特征进行相关的操作，如删除、修改等。如果修改了原始样本特征，则阵列中的所有子样本特征也随之更改。

SolidWorks 2020 提供了线性阵列、圆周阵列、草图阵列、曲线驱动阵列、表格驱动阵列和填充阵列 6 种阵列方式。下面详细介绍前 3 种常用的阵列方式。

5.1.1 线性阵列

线性阵列是指沿一条或两条直线路径生成多个子样本特征。如图 5-1 所示列举了线性阵列的零件模型。

下面结合实例介绍创建线性阵列特征的操作步骤。

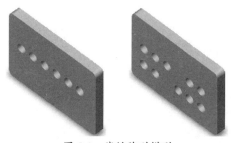

图 5-1 线性阵列模型

【案例 5-1】线性阵列

（1）打开源文件 "\ch5\5.1.SLDPRT"，打开的文件实体如图 5-2 所示。

（2）在图形区中选择原始样本特征（切除、孔或凸台等）。

（3）选择菜单栏中的"插入"→"阵列/镜向"→"线性阵列"命令，或单击"特征"选项卡上的"线性阵列"按钮 ，系统弹出"线性阵列"属性管理器。在"特征和面"选项组中将显示步骤（2）中所选择的特征。如果要选择多个原始样本特征，在选择特征时，需按住 <Ctrl> 键。

技巧荟萃

当使用特型特征来生成线性阵列时，所有阵列的特征都必须在相同的面上。

（4）在"方向 1"选项组中单击第一个列表框，然后在图形区中选择模型的一条边线或尺寸线，指出阵列的第一个方向。所选边线或尺寸线的名称出现在该列表框中。

(5) 如果图形区中表示阵列方向的箭头不正确，则单击"反向"按钮 ，可以反转阵列方向。

(6) 在"方向 1"选项组的"间距" 文本框中指定阵列特征之间的距离。

(7) 在"方向 1"选项组的"实例数" 文本框中指定该方向下阵列的特征数（包括原始样本特征）。此时在图形区中可以预览阵列效果，如图 5-3 所示。

图 5-2 打开的文件实体

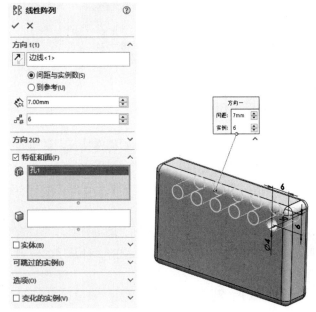

图 5-3 设置线性阵列

(8) 如果要在另一个方向上同时生成线性阵列，则仿照步骤（2）～（7）中的操作，对"方向 2"选项组进行设置。

(9) 在"方向 2"选项组中有一个"只阵列源"复选框，如果勾选该复选框，则在第 2 方向中只复制原始样本特征，而不复制"方向 1"中生成的其他子样本特征，如图 5-4 所示。

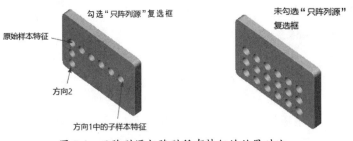

图 5-4 只阵列源与阵列所有特征的效果对比

(10) 在阵列中如果要跳过某个阵列子样本特征，则在"可跳过的实例"选项组中单击 按钮右侧的列表框，并在图形区中选择想要跳过的某个阵列特征，这些特征将显示在该列表框中。如图 5-5 所示显示了可跳过的实例效果。

(11) 线性阵列属性设置完毕，单击"确定"按钮 ，生成线性阵列。

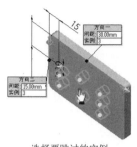 

选择要跳过的实例　　　　　　　　　应用要跳过的实例

图 5-5　阵列时应用可跳过实例

5.1.2　圆周阵列

圆周阵列是指绕一个轴心以圆周路径生成多个子样本特征。如图 5-6 所示为采用了圆周阵列的零件模型。在创建圆周阵列特征之前，首先要选择一个中心轴，这个轴可以是基准轴或者临时轴。每个圆柱和圆锥面都有一条轴线，称为临时轴。临时轴是由模型中的圆柱和圆锥隐含生成的，在图形区中一般不可见。在生成圆周阵列时需要使用临时轴，选择菜单栏中的"视图"→"临时轴"命令就可以显示临时轴了。此时该菜单旁边出现标记"√"，表示临时轴可见。此时该菜单命令图标凸显，表示临时轴可见。此外，还可以生成基准轴作为中心轴。

创建圆周阵列的操作步骤如下。

（1）单击"特征"选项卡上的"基准轴"按钮 。

（2）在弹出的"基准轴"属性管理器中选择基准轴类型，如图 5-7 所示。

 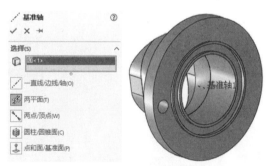

图 5-6　圆周阵列模型　　　　　图 5-7　"基准轴"属性管理器

- "一直线/边线/轴" ：选择一条草图直线或模型边线作为基准轴。
- "两平面" ：选择两个平面，以平面的交线作为基准轴。
- "两点/顶点" ：选择两个点或顶点，以两点的连线作为基准轴。
- "圆柱/圆锥面" ：选择一个圆柱或圆锥面，以对应的旋转中心作为基准轴。
- "点和面/基准面" ：选择一个曲面或基准面和一个顶点、点或中点，则所生成的轴通过所选择的顶点、点或中点并垂直于所选的曲面或基准面。如果曲面为空间曲面，则点必须在曲面上。

（3）在图形区中选择对应的实体，则该实体显示在"所选项目" 列表框中。

（4）单击"确定"按钮 ，关闭"基准轴"属性管理器。

（5）单击"特征"选项卡上的"基准轴"按钮 ，查看新的基准轴。

下面结合实例介绍创建圆周阵列特征的操作步骤。

【案例 5-2】圆周阵列

（1）打开源文件"\ch5\5.2.SLDPRT"，如图 5-8 所示。

（2）在图形区选择原始样本特征（切除、孔或凸台等）。

（3）选择菜单栏中的"插入"→"阵列/镜向"→"圆周阵列"命令，或单击"特征"选项卡上的"圆周阵列"按钮，系统弹出"圆周阵列"属性管理器。

（4）在"特征和面"选项组中高亮显示步骤（2）中所选择的特征。如果要选择多个原始样本特征，需按住<Ctrl>键进行选择。此时，在图形区生成一个中心轴，作为圆周阵列的圆心位置。

在"方向 1"选项组中，单击第一个列表框，然后在图形区中选择中心轴，则所选中心轴的名称显示在该列表框中。

（5）如果图形区中阵列的方向不正确，则单击"反向"按钮，可以翻转阵列方向。

（6）在"方向 1"选项组的"角度"文本框中指定阵列特征之间的角度。

（7）在"方向 1"选项组的"实例数"文本框中指定阵列的特征数（包括原始样本特征）。此时在图形区中可以预览阵列效果，如图 5-9 所示。

图 5-8 打开的文件实体

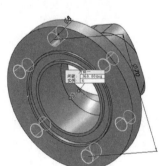

图 5-9 预览圆周阵列效果

（8）选择"等间距"单选钮，则总角度将默认为 360°，所有的阵列特征会等角度均匀分布。

（9）勾选"几何体阵列"复选框，则只复制原始样本特征而不对它进行求解，这样可以加速生成及重建模型的速度。但是如果某些特征的面与零件的其余部分合并在一起，则不能为这些特征生成几何体阵列。

（10）圆周阵列属性设置完毕，单击"确定"按钮，生成圆周阵列。

5.1.3 草图阵列

SolidWorks 2020 还可以根据草图上的草图点来安排特征的阵列。用户只要控制草图上的草图点，就可以将整个阵列扩散到草图中的每个点。

下面结合实例介绍创建草图阵列的操作步骤。

【案例 5-3】草图阵列

（1）打开源文件"\ch5\5.3.SLDPRT"，如图 5-8 所示。

（2）单击"草图"选项卡上的"草图绘制"按钮，在零件的面上打开一个草图。

（3）单击"草图"选项卡上的"点"按钮，绘制驱动阵列的草图点。

（4）单击"特征"选项卡上的"草图驱动的阵列"按钮，或者选择菜单栏中的"插入"→"阵列/镜向"→"草图驱动的阵列"命令，系统弹出"由草图驱动的阵列"属性管理器。

（5）在"选择"选项组中，单击按钮右侧的列表框，然后选择驱动阵列的草图，则所选草图的名称显示在该列表框中。

（6）选择参考点。

- 重心：如果选择该单选钮，则使用原始样本特征的重心作为参考点。
- 所选点：如果选择该单选钮，则在图形区中选择参考顶点。可以使用原始样本特征的重心、草图原点、顶点或另一个草图点作为参考点。

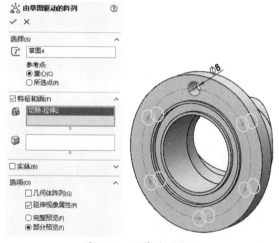

（7）单击"特征和面"选项组按钮右侧的列表框，然后选择要阵列的特征。此时在图形区中可以预览阵列效果，如图 5-10 所示。

（8）勾选"几何体阵列"复选框，则只复制原始样本特征而不对它进行求解，这样可以加速生成及重建模型的速度。但是如果某些特征的面与零件的

图 5-10　预览阵列效果

其余部分合并在一起，则不能为这些特征生成几何体阵列。

（9）草图阵列属性设置完毕，单击"确定"按钮，生成草图驱动的阵列。

5.1.4 实例——绘制法兰盘

本例创建的法兰盘如图 5-11 所示。

【思路分析】

法兰盘主要起传动、连接、支承、密封等作用。其主体为回转体或其他平板型实体，厚度方向的尺寸比其他两个方向的尺寸小，其上常有凸台、凹坑、螺孔、销孔、轮辐等局部结构。

图 5-11　法兰盘

由于法兰盘要和一段圆环焊接,所以其根部采用压制后再使用铣刀加工圆弧沟槽的方法加工。法兰盘的基本创建过程如图 5-12 所示。

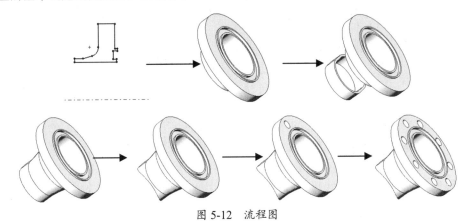

图 5-12　流程图

【绘制步骤】

1. 创建法兰盘基体端部特征

（1）新建文件。启动 SolidWorks 2020,单击"标准"工具栏中的"新建"按钮，在弹出的"新建 SOLIDWORKS 文件"对话框中,单击"零件"按钮，然后单击"确定"按钮，创建一个新的零件文件。

（2）新建草图。在 FeatureManager 设计树中选择"前视基准面"作为草图绘制基准面,单击"草图"选项卡中的"草图绘制"按钮，创建一张新草图。

（3）绘制草图。单击"草图"选项卡中的"中心线"按钮，过坐标原点绘制一条水平中心线作为基体旋转的旋转轴;然后单击"草图"选项卡中的"直线"按钮，绘制法兰盘轮廓草图。单击"尺寸/几何关系"工具栏中的"智能尺寸"按钮，为草图添加尺寸标注,如图 5-13 所示。

（4）创建法兰盘基体端部实体。单击"特征"选项卡中的"旋转凸台/基体"按钮，弹出"旋转"属性管理器;SolidWorks 会自动将草图中唯一的一条中心线作为旋转轴,设置旋转的终止条件为"给定深度","角度"文本框设为 360°,其他选项设置如图 5-14 所示,单击"确定"按钮，生成法兰盘基体端部实体。

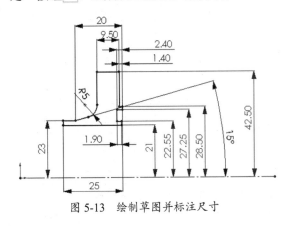

图 5-13　绘制草图并标注尺寸

图 5-14　创建法兰盘基体端部实体

2. 创建法兰盘根部特征

法兰盘根部的长圆段是从距法兰密封端面 40mm 处开始的,所以这里要先创建一个与密封端面相距 40mm 的参考基准面。

(1)创建基准面。单击"参考几何体"工具栏中的"基准面"按钮，弹出"基准面"属性管理器；在"参考实体"列表框中选择法兰盘的密封面作为参考平面,"偏移距离"文本框设为 40mm,勾选"反转"复选框,其他选项设置如图 5-15 所示,单击"确定"按钮，创建基准面。

(2)新建草图。选择生成的基准面,单击"草图"选项卡中的"草图绘制"按钮，在其上新建一张草图。

(3)绘制草图。单击"草图"选项卡中的"直槽口"按钮和"智能尺寸"按钮，绘制根部的长圆段草图并标注,结果如图 5-16 所示。

图 5-15 创建基准面

图 5-16 绘制草图

(4)拉伸实体。单击"特征"选项卡中的"拉伸凸台/基体"按钮，弹出"凸台-拉伸"属性管理器。

(5)设置拉伸方向和深度。单击"反向"按钮，使根部向外拉伸,指定拉伸类型为"单向",在"深度"文本框中设置拉伸深度为 12mm。

(6)生成法兰盘根部特征。勾选"薄壁特征"复选框,在"薄壁特征"面板中单击"反向"按钮，使薄壁的拉伸方向指向轮廓内部,选择拉伸类型为"单向","厚度"文本框设为 2mm,其他选项设置如图 5-17 所示,单击"确定"按钮，生成法兰盘根部特征。

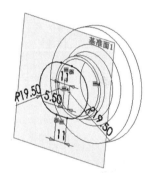

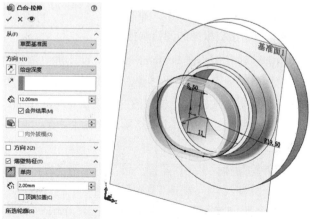

图 5-17 生成法兰盘根部特征

3．创建长圆段与端部的过渡段

（1）选择放样工具。单击"特征"选项卡中的"放样凸台/基体"按钮，系统弹出"放样"属性管理器。

（2）生成放样特征。选择法兰盘基体端部的外扩圆（草图 2）作为放样的一个轮廓，在 FeatureManager 设计树中选择刚刚绘制的"草图 3"作为放样的另一个轮廓；勾选"薄壁特征"复选框，展开"薄壁特征"面板，单击"反向"按钮，使薄壁的拉伸方向指向轮廓内部，选择拉伸类型为"单向"，"厚度"文本框设为 2mm，其他选项设置如图 5-18 所示，单击"确定"按钮，创建长圆段与基体端部圆弧段的过渡特征。

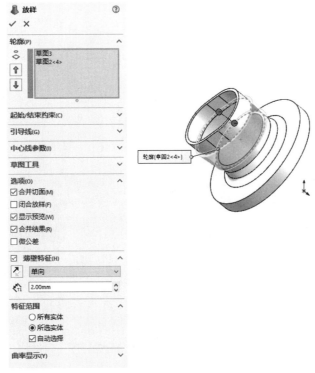

图 5-18　生成放样特征

4．创建接口根部的圆弧沟槽

（1）新建草图。在 FeatureManager 设计树中选择"前视基准面"作为草图绘制基准面，单击"草图"选项卡中的"草图绘制"按钮，在其上新建一张草图。单击"前导视图"工具栏中的"正视于"按钮，使视图方向正视于草图平面。

（2）绘制中心线。单击"草图"选项卡中的"中心线"按钮，过坐标原点绘制一条水平中心线。

（3）绘制圆。单击"草图"选项卡中的"圆"按钮，绘制一个圆心在中心线上的圆。

（4）标注尺寸。单击"草图"选项卡中的"智能尺寸"按钮，标注圆的直径为 48mm。

（5）添加"重合"几何关系。单击"尺寸/几何关系"工具栏中的"添加几何关系"按钮，弹出"添加几何关系"属性管理器；为圆和法兰盘根部的角点添加重合几何关系，如图 5-19 所示，定位圆的位置。

（6）拉伸切除实体。单击"特征"选项卡中的"拉伸切除"按钮，弹出"切除-拉伸"属性管理器。

（7）创建根部的圆弧沟槽。在"切除-拉伸"属性管理器中设置切除终止条件为"两侧对称"，"深度"文本框设为100mm，其他选项设置如图 5-20 所示，单击"确定"按钮，生成根部的圆弧沟槽。

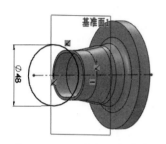
图 5-19　添加重合几何关系

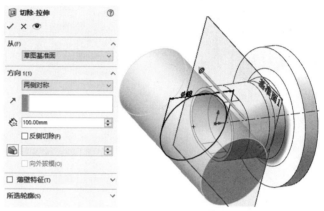
图 5-20　创建根部的圆弧沟槽

5．创建法兰盘螺栓孔

（1）新建草图。选择法兰盘的基体端面，单击"草图"选项卡中的"草图绘制"按钮，在其上新建一张草图。单击"前导视图"工具栏中的"正视于"按钮，使视图方向正视于草图平面。

（2）绘制构造线。单击"草图"选项卡中的"圆"按钮，利用 SolidWorks 的自动跟踪功能绘制一个圆，使其圆心与坐标原点重合，在"圆"属性管理器中勾选"作为构造线"复选框，将圆设置为构造线，如图 5-21 所示。

（3）标注尺寸。单击"尺寸/几何关系"工具栏中的"智能尺寸"按钮，标注圆的直径为 70mm。

（4）绘制圆。单击"草图"选项卡中的"圆"按钮，利用 SolidWorks 的自动跟踪功能绘制一个圆，使其圆心落在所绘制的构造圆上，并且其 X 坐标值为 0。

（5）拉伸切除实体。单击"特征"选项卡中的"拉伸切除"按钮，弹出"切除-拉伸"属性管理器；设置切除的终止条件为"完全贯穿"，其他选项设置如图 5-22 所示，单击"确定"按钮，创建一个法兰盘螺栓孔。

（6）显示临时轴。选择菜单栏中的"视图"→"隐藏/显示"→"临时轴"命令，显示模型中的临时轴，为进一步阵列特征做准备。

（7）阵列螺栓孔。单击"特征"选项卡中的"圆周阵列"按钮，弹出"圆周阵列"属性管理器；在绘图区选择法兰盘基体的临时轴作为圆周阵列的阵列轴，"角度"文本框设为 360°，"实例数"文本框中设为 8，选择"等间距"单选钮，在绘图区选择步骤（5）中创建的螺栓孔，其他选项设置如图 5-23 所示，单击"确定"按钮，完成螺栓孔的圆周阵列。

（8）保存文件。单击"标准"工具栏中的"保存"按钮，将零件保存为"法兰盘.SLDPRT"。使用旋转观察功能观察零件图，最终效果如图 5-24 所示。

图 5-21 设置圆为构造线

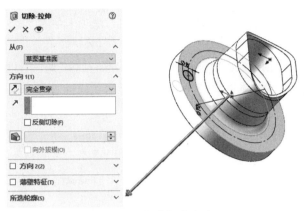

图 5-22 拉伸切除实体

图 5-23 阵列螺栓孔

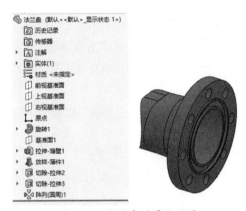

图 5-24 法兰盘的最终效果

5.2 镜向特征

如果零件结构是对称的，用户可以只创建零件模型的一半，然后使用镜向特征的方法生成整个零件。如果修改了原始特征，则镜向的特征也随之更改。如图 5-25 所示为运用镜向特征生成的零件模型。

图 5-25 镜向特征生成零件

5.2.1 创建镜向特征

镜向特征是指对称于基准面镜向所选的特征。按照镜向对象的不同,可以分为镜向特征和镜向实体。

1. 镜向特征

镜向特征是指以某一平面或者基准面作为参考面,对称复制一个或者多个特征。

下面结合实例介绍创建镜向特征的操作步骤。

【案例 5-4】镜向特征

(1) 打开源文件"\ch5\5.4.SLDPRT",打开的文件实体如图 5-26 所示。

(2) 选择菜单栏中的"插入"→"阵列/镜向"→"镜向"命令,或单击"特征"选项卡上的"镜向"按钮 ,系统弹出"镜向"属性管理器。

(3) 在"镜向面/基准面"选项组中,单击选择如图 5-27 所示的前视基准面;在"要镜向的特征"选项组中,单击选择如图 5-26 所示的正六边形实体,"镜向"属性管理器设置如图 5-27 所示。单击"确定"按钮 ,创建的镜向特征如图 5-28 所示。

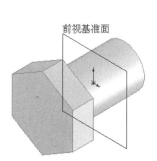

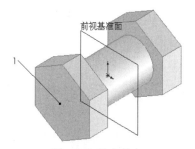

图 5-26 打开的文件实体　　　图 5-27 "镜向"属性管理器　　　图 5-28 镜向特征

2. 镜向实体

镜向实体是指以某一平面或者基准面作为参考面,对称复制视图中的整个模型实体。

下面介绍创建镜向实体的操作步骤。

(1) 选择案例 5-4 中生成的实体,选择菜单栏中的"插入"→"阵列/镜向"→"镜向"命令,或者单击"特征"选项卡上的"镜向"按钮 ,系统弹出"镜向"属性管理器。

(2) 在"镜向面/基准面"选项组中,单击选择如图 5-28 所示的面 1;在"要镜向的实体"选项组中,选择如图 5-28 所示模型实体上的任意一点。"镜向"属性管理器设置如图 5-29 所示。单击"确定"按钮 ,创建的镜向实体如图 5-30 所示。

图 5-29 "镜向"属性管理器

图 5-30 镜向实体

5.2.2 实例——绘制管接头

本例绘制的管接头模型如图 5-31 所示。

【思路分析】

管接头是非常典型的拉伸类零件，利用拉伸方法可以很容易创建其基本造型。拉伸特征是将一个用草图描述的截面，沿指定的方向（一般情况下沿垂直于截面的方向）延伸一段距离后所形成的特征。拉伸是 SolidWorks 模型中最常见的类型，具有相同截面、一定长度的实体，如长方体、圆柱体等都可以利用拉伸特征来生成。

图 5-31 管接头

管接头的绘制过程如图 5-32 所示。

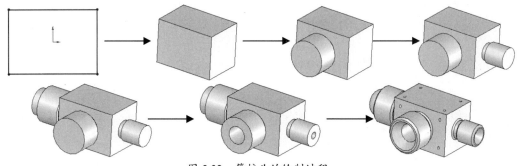

图 5-32 管接头的绘制过程

【绘制步骤】

1. 创建长方形基体

（1）新建文件。单击"标准"工具栏中的"新建"按钮，在弹出的"新建 SOLIDWORKS 文件"对话框中单击"零件"按钮，然后单击"确定"按钮，创建一个新的零件文件。

（2）绘制草图。在 FeatureManager 设计树中选择"前视基准面"作为绘图基准面，单击"草图"选项卡中的"草图绘制"按钮，新建一张草图，单击"草图"选项卡中的"中心矩形"按钮，以原点为中心绘制一个矩形。

（3）标注矩形尺寸。单击"草图"选项卡中的"智能尺寸"按钮，标注矩形草图轮廓的尺寸，如图 5-33 所示。

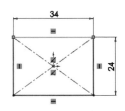

图 5-33 标注矩形尺寸

（4）拉伸实体。单击"特征"选项卡中的"拉伸凸台/基体"按钮，在弹出的"凸台-拉伸"属性管理器中设置拉伸终止条件为"两侧对称","深度"文本框设为23mm,其他选项保持系统默认设置,如图5-34所示;单击"确定"按钮✓,完成长方形基体的创建,如图5-35所示。

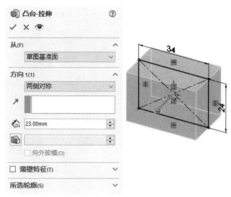

图 5-34 设置拉伸参数　　　　　　　图 5-35 创建长方形基体

2．创建直径为10mm的喇叭口基体

（1）新建草图。选择长方形基体上的大小为34mm×24mm的面,单击"草图"选项卡中的"草图绘制"按钮，在其上创建草图。

（2）绘制草图。单击"草图"选项卡中的"圆"按钮，以坐标原点为圆心绘制一个圆。

（3）标注圆的尺寸。单击"尺寸/几何关系"工具栏中的"智能尺寸"按钮，标注圆的直径尺寸为16mm。

（4）拉伸凸台。单击"特征"选项卡中的"拉伸凸台/基体"按钮，在弹出的"凸台-拉伸"属性管理器中设置拉伸终止条件为"给定深度","深度"文本框设为2.5mm,其他选项保持系统默认设置,如图5-36所示,单击"确定"按钮✓,生成退刀槽圆柱。

（5）绘制草图。选择退刀槽圆柱的端面,单击"草图"选项卡中的"草图绘制"按钮，在其上新建一张草图;单击"草图"选项卡中的"圆"按钮，以原点为圆心绘制一个圆。

（6）标注尺寸。单击"草图"选项卡中的"智能尺寸"按钮，标注圆的直径尺寸为20mm。

（7）拉伸实体。单击"特征"选项卡中的"拉伸凸台/基体"按钮，在弹出的"凸台-拉伸"属性管理器中设置拉伸终止条件为"给定深度","深度"文本框设为12.5mm,其他选项保持系统默认设置,单击"确定"按钮✓,生成喇叭口基体1,如图5-37所示。

3．创建直径为4mm的喇叭口基体

（1）新建草图。选择长方形基体上的大小为24mm×23mm的面,单击"草图"选项卡中的"草图绘制"按钮，在其上新建一张草图。

（2）绘制圆。单击"草图"选项卡中的"圆"按钮，以坐标原点为圆心绘制一个圆。

（3）标注圆的尺寸。单击"草图"选项卡中的"智能尺寸"按钮，标注圆的直径尺寸为10mm。

（4）拉伸实体。单击"特征"选项卡中的"拉伸凸台/基体"按钮，在弹出的"凸台-拉伸"属性管理器中设置拉伸终止条件为"给定深度","深度"文本框设为2.5mm,其他选项

保持系统默认设置，单击"确定"按钮 ✓，创建的退刀槽圆柱如图 5-38 所示。

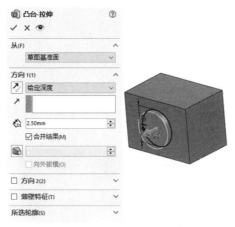
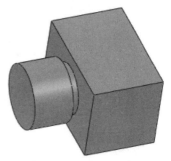

图 5-36 "凸台-拉伸"属性管理器　　　　图 5-37 生成喇叭口基体 1

（5）新建草图。选择退刀槽圆柱的平面，单击"草图"选项卡中的"草图绘制"按钮 ，在其上新建一张草图。

（6）绘制圆。单击"草图"选项卡中的"圆"按钮 ⊙，以坐标原点为圆心绘制一个圆。

（7）标注圆的尺寸。单击"草图"选项卡中的"智能尺寸"按钮 ，标注圆的直径尺寸为 12mm。

（8）创建喇叭口基体。单击"特征"选项卡中的"拉伸凸台/基体"按钮 ，在弹出的"凸台-拉伸"属性管理器中设置拉伸终止条件为"给定深度"，"深度" 文本框设为 11.5mm，其他选项保持系统默认设置，单击"确定"按钮 ✓，生成喇叭口基体 2，如图 5-39 所示。

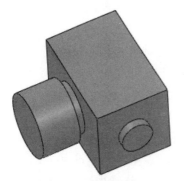
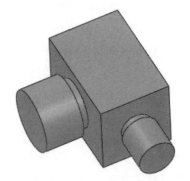

图 5-38 创建退刀槽圆柱　　　　　　图 5-39 生成喇叭口基体 2

4. 创建直径为 10mm 的球头基体

（1）新建草图。选择长方形基体上大小为 24mm×23mm 的另一个面，单击"草图"选项卡中的"草图绘制"按钮 ，在其上新建一张草图。

（2）绘制圆。单击"草图"选项卡中的"圆"按钮 ⊙，以坐标原点为圆心绘制一个圆。

（3）标注圆的尺寸。单击"草图"选项卡中的"智能尺寸"按钮 ，标注圆的直径尺寸为 17mm。

（4）创建退刀槽圆柱。单击"特征"选项卡中的"拉伸凸台/基体"按钮 ，在弹出的"凸台-拉伸"属性管理器中设置拉伸终止条件为"给定深度"，"深度" 文本框设为 2.5mm，其他选项保持系统默认设置，单击"确定"按钮✓，生成退刀槽圆柱，如图 5-40 所示。

（5）新建草图。选择退刀槽圆柱的端面，单击"草图"选项卡中的"草图绘制"按钮，在其上新建一张草图。

（6）绘制圆。单击"草图"选项卡中的"圆"按钮⊙，以坐标原点为圆心绘制一个圆。

（7）标注圆的尺寸。单击"草图"选项卡中的"智能尺寸"按钮，标注圆的直径尺寸为 20mm。

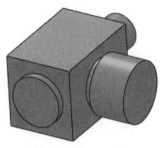

图 5-40　创建退刀槽圆柱

（8）创建球头螺柱基体。单击"特征"选项卡中的"拉伸凸台/基体"按钮，在弹出的"凸台-拉伸"属性管理器中设置拉伸终止条件为"给定深度"，"深度"文本框设为 12.5mm，其他选项保持系统默认设置，单击"确定"按钮✓，生成球头螺柱基体，如图 5-41 所示。

（9）新建草图。选择球头螺柱基体的外侧面，单击"草图"选项卡中的"草图绘制"按钮，在其上新建一张草图。

（10）绘制圆。单击"草图"选项卡中的"圆"按钮⊙，以坐标原点为圆心绘制一个圆。

（11）标注圆的尺寸。单击"草图"选项卡中的"智能尺寸"按钮，标注圆的直径尺寸为 15mm。

（12）创建球头基体。单击"特征"选项卡中的"拉伸凸台/基体"按钮，在弹出的"凸台-拉伸"属性管理器中设置拉伸终止条件为"给定深度"，"深度"文本框设为 5mm，其他选项保持系统默认设置，单击"确定"按钮✓，生成的球头基体如图 5-42 所示。

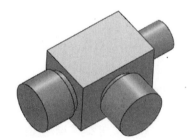　　　　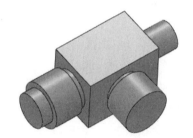

图 5-41　创建球头螺柱基体　　　　图 5-42　创建球头基体

5. 打孔

（1）新建草图。选择直径为 20mm 的喇叭口基体平面，单击"草图"选项卡中的"草图绘制"按钮，在其上新建草图。

（2）绘制圆。单击"草图"选项卡中的"圆"按钮⊙，以坐标原点为圆心绘制一个圆，作为拉伸切除孔的草图轮廓。

（3）标注圆的尺寸。单击"草图"选项卡中的"智能尺寸"按钮，标注圆的直径尺寸为 10mm。

（4）拉伸切除实体。单击"特征"选项卡中的"拉伸切除"按钮，系统弹出"切除-拉伸"属性管理器；设定切除终止条件为"给定深度"，"深度"文本框设为 26mm，其他选项保持系统默认设置，如图 5-43 所示，单击"确定"按钮✓，生成直径为 10mm 的孔。

（5）新建草图。选择球头上直径为 15mm 的端面，单击"草图"选项卡中的"草图绘制"

按钮，在其上新建一张草图。

（6）绘制圆。单击"草图"选项卡中的"圆"按钮⊙，以坐标原点为圆心绘制一个圆，作为拉伸切除孔的草图轮廓。

（7）标注圆的尺寸。单击"草图"选项卡中的"智能尺寸"按钮，标注圆的直径尺寸为10mm。

（8）创建直径为 10mm 的孔。单击"特征"选项卡中的"拉伸切除"按钮，系统弹出"切除-拉伸"属性管理器；设定切除终止条件为"给定深度"，"深度"文本框设为39mm，其他选项保持系统默认设置，单击"确定"按钮✓，生成直径为10mm的孔，如图 5-44 所示。

图 5-43 "切除-拉伸"属性管理器   图 5-44 创建直径为 10mm 的孔

（9）新建草图。选择直径为12mm的喇叭口端面，单击"草图"选项卡中的"草图绘制"按钮，在其上新建一张草图。

（10）绘制圆。单击"草图"选项卡中的"圆"按钮⊙，以坐标原点为圆心绘制一个圆，作为拉伸切除孔的草图轮廓。

（11）标注圆的尺寸。单击"草图"选项卡中的"智能尺寸"按钮，标注圆的直径尺寸为4mm。

（12）创建直径为 4mm 的孔。单击"特征"选项卡中的"拉伸切除"按钮，系统弹出"切除-拉伸"属性管理器；设定拉伸终止条件为"完全贯穿"，其他选项保持系统默认设置，如图 5-45 所示，单击"确定"按钮✓，生成直径为4mm的孔。

到此，孔的建模就完成了。为了更好地观察所建孔，可通过剖面视图来观察三通模型。单击"前导视图"工具栏中的"剖面视图"按钮，在弹出的"剖面视图"属性管理器中选择"上视基准面"作为参考剖面，其他选项

图 5-45 "切除-拉伸"属性管理器

保持系统默认设置，如图 5-46 所示，单击"确定"按钮，得到以剖面视图观察模型的效果，剖面视图效果如图 5-47 所示。

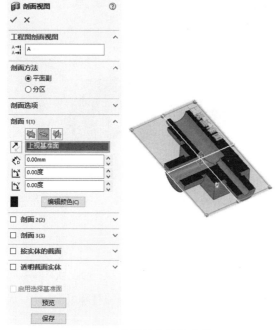

图 5-46　设置剖面视图参数　　　　图 5-47　剖面视图效果

6．创建喇叭口工作面

（1）选择倒角边。在绘图区选择直径为 10mm 的喇叭口的内径边线。

（2）创建倒角特征。单击"特征"选项卡中的"倒角"按钮，弹出"倒角"属性管理器；"距离"文本框设为 3mm，"角度"文本框设为 60°，其他选项保持系统默认设置，单击"确定"按钮，创建直径为 10mm 的密封工作面，如图 5-48 所示。

（3）选择倒角边。在绘图区选择直径为 4mm 的喇叭口的内径边线。

（4）创建倒角特征。单击"特征"选项卡中的"倒角"按钮，弹出"倒角"属性管理器；"距离"文本框设为 2.5mm，"角度"文本框设为 60°，其他选项保持系统默认设置，如图 5-49 所示，单击"确定"按钮，生成直径为 4mm 的密封工作面。

7．创建球头工作面

（1）新建草图。在 FeatureManager 设计树中选择"上视基准面"作为草图绘制基准面，单击"草图"选项卡中的"草图绘制"按钮，在其上新建一张草图。单击"前导视图"工具栏中的"正视于"按钮，正视于该草绘平面。

（2）绘制中心线。单击"草图"选项卡中的"中心线"按钮，过坐标原点绘制一条水平中心线，作为旋转中心轴。

（3）取消剖面视图观察。单击"前导视图"工具栏中的"剖面视图"按钮，取消剖面视图观察。这样做是为了将模型中的边线投影到草绘平面上，剖面视图上的边线是不能被转换实体引用的。

（4）转换实体引用。选择球头上最外端拉伸凸台左上角的两条轮廓线，单击"草图"选项卡中的"转换实体引用"按钮，将该轮廓线投影到草图中。

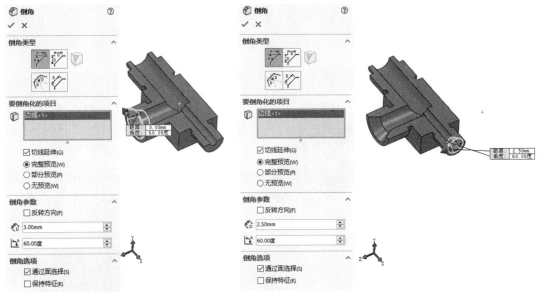

图 5-48　创建倒角特征 1　　　　　　　图 5-49　创建倒角特征 2

（5）绘制圆。单击"草图"选项卡中的"圆"按钮，绘制一个圆。

（6）标注尺寸"φ12"。单击"草图"选项卡中的"智能尺寸"按钮，标注圆的直径为12mm，如图 5-50 所示。

（7）剪裁图形。单击"草图"选项卡中的"剪裁实体"按钮，将草图中的部分多余线段剪裁掉。

（8）旋转切除特征。单击"特征"选项卡中的"旋转切除"按钮，弹出"切除-旋转"属性管理器，参数设置如图 5-51 所示，单击"确定"按钮，生成球头工作面。

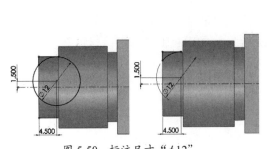

图 5-50　标注尺寸"φ12"　　　　　图 5-51　"切除-旋转"属性管理器

8. 创建倒角和圆角特征

（1）单击"前导视图"工具栏中的"剖面视图"按钮，选择"上视基准面"作为参考剖面观察视图。

（2）创建倒角特征。单击"特征"选项卡中的"倒角"按钮，弹出"倒角"属性管理器；"距离"文本框设为 1mm，"角度"文本框设为 45°，其他选项保持系统默认设置，如

图 5-52 所示，选择三通管中需要倒 1mm×45°的边线，单击"确定"按钮✓，生成倒角特征。

（3）创建圆角特征。单击"特征"选项卡中的"圆角"按钮，弹出"圆角"属性管理器；"半径"文本框设为 0.8mm，其他选项设置如图 5-53 所示，在绘图区选择要生成 0.8mm 圆角的 3 条边线，单击"确定"按钮✓，生成圆角特征。

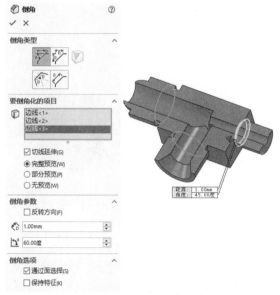

图 5-52 创建倒角特征 3

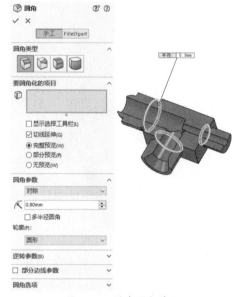

图 5-53 创建圆角特征

9. 创建保险孔

（1）创建基准面。单击"特征"选项卡中的"基准面"按钮，弹出"基准面"属性管理器。在绘图区选择如图 5-54 所示的长方体面和边线，单击"两面夹角"按钮，右侧文本框设为 45°，单击"确定"按钮✓，创建通过所选长方体边线并与所选面成 45°的参考基准面 1。

（2）取消剖面视图观察。单击"前导视图"工具栏中的"剖面视图"按钮，取消剖面视图观察。

（3）新建草图。选择刚创建的基准面 1，单击"草图"选项卡中的"草图绘制"按钮，在其上新建一张草图。

（4）设置视图方向。单击"前导视图"工具栏中的"正视于"按钮，使视图正视于草图平面。

（5）绘制圆。单击"草图"选项卡中的"圆"按钮，绘制两个圆。

图 5-54 创建基准面 1

(6) 标注尺寸。单击"草图"选项卡中的"智能尺寸"按钮，标注两个圆的直径均为1.2mm，并标注定位尺寸，如图5-55所示。

(7) 创建保险孔。单击"特征"选项卡中的"拉伸切除"按钮，系统弹出"切除-拉伸"属性管理器；设置切除终止条件为"两侧对称"，"深度"文本框设为20mm，如图5-56所示，单击"确定"按钮，完成两个保险孔的创建。

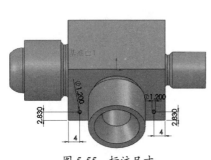
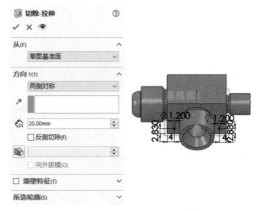

图5-55 标注尺寸　　　　　图5-56 "切除-拉伸"属性管理器

(8) 保险孔前视基准面的镜向。单击"特征"选项卡中的"镜向"按钮，弹出"镜向"属性管理器。在"镜向面/基准面"列表框中选择"前视基准面"作为镜向面，在"要镜向的特征"列表框中选择生成的保险孔作为要镜向的特征，其他选项设置如图5-57所示，单击"确定"按钮，完成保险孔前视基准面的镜向。

(9) 保险孔上视基准面的镜向。单击"特征"选项卡中的"镜向"按钮，弹出"镜向"属性管理器，在"镜向面/基准面"列表框中选择"上视基准面"作为镜向面，在"要镜向的特征"列表框中选择保险孔特征和对应的镜向特征，如图5-58所示，单击"确定"按钮，完成保险孔上视基准面的镜向。

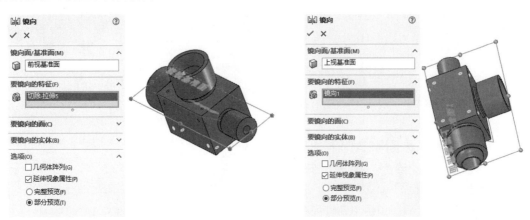

图5-57 保险孔前视基准面的镜向　　　图5-58 保险孔上视基准面的镜向

(10) 保存文件。单击"标准"工具栏中的"保存"按钮，将零件保存为"管接头.SLDPRT"，使用旋转观察功能观察模型，最终效果如图5-59所示。

图 5-59　管接头模型最终效果

5.3　特征的复制与删除

在零件建模过程中，如果有相同的零件特征，用户可以利用系统提供的特征复制功能进行复制，这样可以节省大量的时间，达到事半功倍的效果。

SolidWorks 2020 提供的复制功能，不仅可以实现同一个零件模型中的特征复制，还可以实现不同零件模型之间的特征复制。

1．在同一个零件模型中复制特征

【案例 5-5】复制特征

（1）打开源文件"\ch5\5.5.SLDPRT"，打开的文件实体如图 5-60 所示。

（2）在图形区中选择特征，此时该特征在图形区中将高亮显示。

（3）按住<Ctrl>键，拖动特征到所需的位置上（同一个面或其他的面上）。

图 5-60　打开的文件实体

（4）如果特征具有限制其移动的定位尺寸或几何关系，则系统会弹出"复制确认"对话框，如图 5-61 所示，询问对该操作的处理。

- 单击"删除"按钮，将删除限制特征移动的几何关系和定位尺寸。
- 单击"悬空"按钮，将不对尺寸标注、几何关系进行求解。
- 单击"取消"按钮，将取消复制操作。

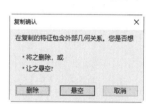

图 5-61　"复制确认"对话框

（5）如果在步骤（4）中单击"悬空"按钮，则系统会弹出"什么错"对话框，如图 5-62 所示。警告模型中的尺寸和几何关系已不存在，用户应该重新定义悬空尺寸。

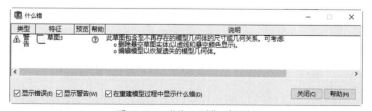

图 5-62　"什么错"对话框

（6）要重新定义悬空尺寸，首先在 FeatureManager 设计树中右击对应特征的草图，在弹出的快捷菜单中选择"编辑草图"命令。此时悬空尺寸将以灰色显示，在尺寸的旁边还有对应的红色控标，如图 5-63 所示。然后按住鼠标左键，将红色控标拖动到新的附加点。释放鼠标左键，将尺寸重新附加到新的边线或顶点上，即完成了悬空尺寸的重新定义。

2. 将特征从一个零件复制到另一个零件上

（1）选择菜单栏中的"窗口"→"横向平铺"命令，以平铺方式显示多个文件。

（2）在一个文件的 FeatureManager 设计树中选择要复制的特征。

（3）选择菜单栏中的"编辑"→"复制"命令，或单击"标准"工具栏中的"复制"按钮 。

（4）在另一个文件中，选择菜单栏中的"编辑"→"粘贴"命令，或单击"标准"工具栏中的"粘贴"按钮 。

如果要删除模型中的某个特征，只要在 FeatureManager 设计树或图形区中选择该特征，然后按<Delete>键，或右击，在弹出的快捷菜单中选择"删除"命令即可。系统会在"确认删除"对话框中提出询问，如图 5-64 所示。单击"是"按钮，就可以将特征从模型中删除掉。

图 5-63　显示悬空尺寸

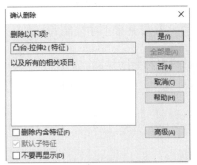
图 5-64　"确认删除"对话框

> **技巧荟萃**
> 对于有父子关系的特征，如果删除父特征，则其所有子特征将一起被删除，而删除子特征时，父特征不受影响。

5.4　参数化设计

在设计的过程中，可以通过设置参数之间的关系或事先建立参数的规范达到参数化或智能化建模的目的，下面简要介绍。

5.4.1　链接尺寸

链接尺寸是控制不属于草图部分的数值（如两个拉伸特征的深度）的一种方法。通过为尺寸指定相同的变量名，将它们链接起来。当更改任何一个链接尺寸值时，具有相同变量名的所有其他尺寸值也会相应更改。此外还可以使用数学方程式为它们建立起对应的关系，使链接尺寸中的任何一个尺寸都可以作为驱动尺寸来使用。

下面结合实例介绍生成链接尺寸的操作步骤。

【案例 5-6】链接尺寸

1．显示零件所有特征的所有尺寸

（1）打开源文件"\ch5\5.6.SLDPRT"。

（2）在 FeatureManager 设计树中，右击"注解" 文件夹，在弹出的快捷菜单中选择"显示特征尺寸"命令。此时图形区中零件的所有特征尺寸都显示出来。作为特征定义尺寸，它们是蓝色的，而对应特征中的草图尺寸则显示为黑色，如图 5-65 所示。

（3）如果要隐藏其中某个特征的所有尺寸，只要在 FeatureManager 设计树中右击该特征，然后在弹出的快捷菜单中选择"隐藏所有尺寸"命令即可。

（4）如果要隐藏某个尺寸，只要在图形区域中右击该尺寸，然后在弹出的快捷菜单中选择"隐藏"命令即可。

2．链接尺寸

（1）右击想要链接的尺寸，在弹出的快捷菜单中选择"链接数值"命令，系统弹出"共享数值"对话框。

（2）在"名称"下拉列表框中选定用作链接的项目尺寸名称的变量名，如图 5-66 所示。在"数值"框中显示了所选的尺寸值，但是不能在此处编辑该数值。单击"确定"按钮 ，关闭该对话框。

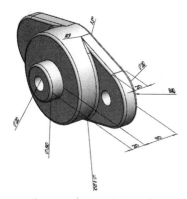

图 5-65　打开的文件实体

图 5-66　"共享数值"对话框

当两个或多个尺寸链接起来时，只要改变其中的一个尺寸值，其他的尺寸值都将相应改变。如果要解除某个尺寸的链接状态，右击该尺寸，然后在弹出的快捷菜单中选择"解除链接数值"命令即可。

5.4.2　方程式驱动尺寸

链接尺寸只能控制特征中不属于草图部分的数值，即特征定义尺寸，而方程式可以驱动任何尺寸。当在模型尺寸之间生成方程式后，特征尺寸成为变量，它们之间必须满足方程式的要求，互相牵制。删除方程式中使用的尺寸或尺寸所在的特征时，方程式也一起被删除。

下面结合实例介绍生成方程式驱动尺寸的操作步骤。

【案例 5-7】方程式尺寸

1．为尺寸添加变量名

（1）打开源文件"\ch5\5.7.SLDPRT"。

（2）在 FeatureManager 设计树中，右击"注解"文件夹，在弹出的快捷菜单中选择"显示特征尺寸"命令。此时在图形区中零件的所有特征尺寸都显示出来。

（3）在图形区中单击尺寸值，系统弹出"尺寸"属性管理器。

（4）在"数值"选项卡的"主要值"选项组的文本框中输入尺寸名称，如图 5-67 所示。单击"确定"按钮。

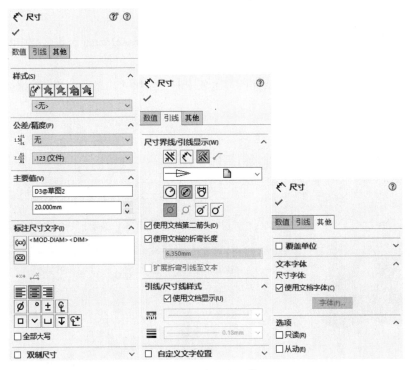

图 5-67 "尺寸"属性管理器

2. 建立方程式驱动尺寸

（1）选择菜单栏中的"工具"→"方程式"命令，或者单击"工具"工具栏上的"方程式"按钮Σ，系统弹出"方程式、整体变量、及尺寸"对话框，如图 5-68 所示。

（2）在图形区中依次单击左上角Σ、、、按钮，分别显示"方程式视图""草图方程式视图""尺寸视图""按排列的视图"对话框。

(a)

图 5-68 "方程式、整体变量、及尺寸"对话框

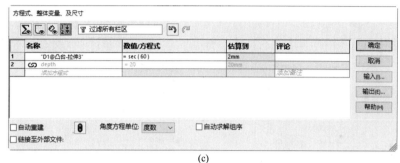

图 5-68 "方程式、整体变量、及尺寸"对话框(续)

(3) 单击"菜单栏"中的"重建模型"按钮 来更新模型,所有被方程式驱动的尺寸会立即更新。此时在 FeatureManager 设计树中会出现"方程式" 文件夹,右击该文件夹即可对方程式进行编辑、删除、添加等操作。

在 SolidWorks 2020 中,方程式支持的运算和函数如表 5-1 所示。

表 5-1 方程式支持的运算和函数

函数或运算符	说明
+	加法
−	减法
*	乘法
/	除法
^	求幂
sin(*a*)	正弦函数,*a* 为以弧度表示的角度
cos(*a*)	余弦函数,*a* 为以弧度表示的角度
tan(*a*)	正切函数,*a* 为以弧度表示的角度
atn(*a*)	反正切函数,*a* 为以弧度表示的角度
abs(*a*)	绝对值函数,返回 *a* 的绝对值
exp(*a*)	指数函数,返回 e 的 *a* 次方

续表

函数或运算符	说明
log(a)	对数函数，返回 a 的以 e 为底的自然对数
sqr(a)	平方根函数，返回 a 的平方根
int(a)	取整函数，返回 a 的整数部分

技巧荟萃

被方程式驱动的尺寸无法在模型中以编辑尺寸值的方式来改变。

为了更好地了解设计者的设计意图，还可以在方程式中添加注释文字，也可以像编程那样将某个方程式注释掉，避免该方程式的运行。

下面介绍在方程式中添加注释文字的操作步骤。

（1）选择菜单栏中的"工具"→"方程式"命令，或者单击"工具"工具栏上的"方程式"按钮 **Σ**。

（2）单击图 5-68 "方程式、整体变量、及尺寸"对话框中的的 输入(I) 按钮，在弹出的如图 5-69 所示的"打开"对话框中，选择要添加注释的方程式，即可添加外部方程式文件。

（3）同理，单击"输出"按钮，可输出外部方程式文件。

图 5-69 "打开"对话框

5.4.3 系列零件设计表

如果用户的计算机上同时安装了 Excel 软件，就可以使用 Excel 软件在零件文件中直接嵌入新的配置。配置是指由一个零件或一个部件派生而成的形状相似、大小不同的一系列零件或部件集合。在 SolidWorks 中大量使用的配置是系列零件设计表，用户可以利用该表很容易地生成一系列形状相似、大小不同的标准零件，如螺母、螺栓等，从而形成一个标准零件库。

使用系列零件设计表具有如下优点。

- 可以采用简单的方法生成大量的相似零件，对于标准零件管理有很大帮助。
- 使用系列零件设计表，不必一一创建相似零件，可以节省大量时间。

- 使用系列零件设计表，在零件装配中很容易实现零件的互换。

生成的系列零件设计表保存在模型文件中，不会链接到原来的 Excel 文件，在模型中进行的更改不会影响原来的 Excel 文件。

下面结合实例介绍在模型中插入一个新的空白的系列零件设计表的操作步骤。

【案例 5-8】系列零件设计表

（1）打开源文件"\ch5\5.8.SLDPRT"。

（2）选择菜单栏中的"插入"→"表格"→"设计表"命令，系统弹出"系列零件设计表"属性管理器，如图 5-70 所示。在"源"选项组中选择"空白"单选钮，然后单击"确定"按钮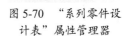。

（3）此时，一个 Excel 工作表出现在零件文件窗口中，Excel 工具栏取代了 SolidWorks 工具栏，如图 5-71 所示。

（4）在表的第 2 行中输入要控制的尺寸名称，也可以在图形区中双击要控制的尺寸，则相关的尺寸名称出现在第 2 行中，同时该尺寸名称对应的尺寸值出现在"第一实例"行中。

（5）重复步骤（4），直到定义完模型中所有要控制的尺寸。

图 5-70 "系列零件设计表"属性管理器

（6）如果要建立多种型号，则在列 A（单元格 A4、A5…）中输入想生成的型号名称。

（7）在对应的单元格中输入该型号对应控制尺寸的尺寸值，如图 5-72 所示。

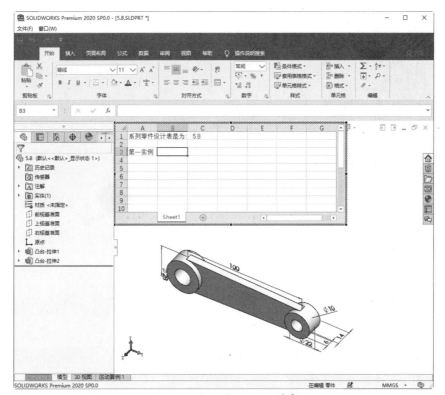

图 5-71 插入的 Excel 工作表

	A	B	C	D	E	F
1	系列零件设计表是为:	5.8				
2		D5@草图1	D3@草图1	D4@草图1	D1@凸台-拉伸1	D2@草图1
3	第一实例	100	10	22	14	28
4	型号2	80	8	7	12	25
5	型号3	60	6	5	6	20

图 5-72　输入控制尺寸的尺寸值

（8）在工作表中添加信息后，在表格外单击，将其关闭。

（9）此时，系统会显示一条信息，列出所生成的型号。

当用户创建完成一个系列零件设计表后，其原始样本零件就是其他所有型号的样板，原始零件的所有特征、尺寸、参数等均有可能被系列零件设计表中的型号复制使用。

下面介绍将系列零件设计表应用于零件设计的操作步骤。

（1）单击图形区左侧面板顶部的 ConfigurationManager 设计树。

（2） ConfigurationManager 设计树中显示了该模型中系列零件设计表生成的所有型号。

（3）右击要应用的型号，在弹出的快捷菜单中选择“显示配置”命令，如图 5-73 所示。

（4）系统就会按照系列零件设计表中该型号的模型尺寸重建模型。

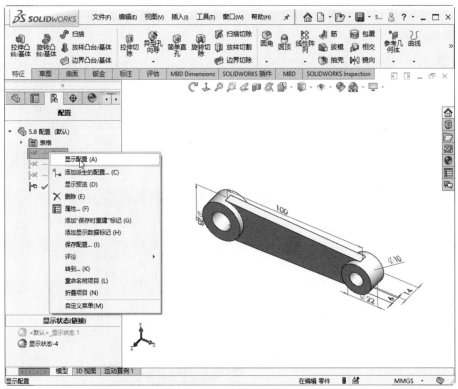

图 5-73　快捷菜单

下面介绍对已有的系列零件设计表进行编辑的操作步骤。

（1）单击图形区左侧面板顶部的 ConfigurationManager 设计树。

（2）在设计树中右击“系列零件设计表”按钮。

（3）在弹出的快捷菜单中选择"编辑表格"命令。

（4）如果要删除该系列零件设计表，则选择"删除"命令。

在任何时候，用户均可在原始样本零件中加入或删除特征。如果要加入特征，则加入后的特征将是系列零件设计表中所有型号成员的共有特征。若某个型号成员正在被使用，则系统将会依照所加入的特征自动更新该型号成员。如果要删除原样本零件中的某个特征，则系列零件设计表中的所有型号成员的该特征都将被删除。若某个型号成员正在被使用，则系统会将工作窗口自动切换到现在的工作窗口，更新被使用的型号成员。

5.5 库特征

SolidWorks 2020 允许用户将常用的特征或特征组（如具有公用尺寸的孔或槽等）保存到库中，便于日后使用。用户可以使用几个库特征作为块来生成一个零件，这样既可以节省时间，又有助于保持模型中的统一性。

用户可以编辑插入零件的库特征。当库特征添加到零件后，目标零件与库特征零件就没有关系了，对目标零件中库特征的修改不会影响到包含该库特征的其他零件。

库特征只能应用于零件，不能添加到装配体中。

> **技巧荟萃**
>
> 大多数类型的特征可以作为库特征使用，但不包括基体特征本身。系统无法将包含基体特征的库特征添加到已经具有基体特征的零件中。

5.5.1 库特征的创建与编辑

如果要创建一个库特征，首先要创建一个基体特征来承载作为库特征的其他特征，也可以将零件中的其他特征保存为库特征。

下面介绍创建库特征的操作步骤。

（1）新建一个零件，或打开一个已有的零件。如果是新建的零件，必须首先创建一个基体特征。

（2）在基体上创建包括库特征的特征。如果要用尺寸来定位库特征，则必须在基体上标注特征的尺寸。

（3）在 FeatureManager 设计树中，选择作为库特征的特征。如果要同时选取多个特征，则在选择特征的同时按住<Ctrl>键。

（4）选择菜单栏中的"文件"→"另存为"命令，系统弹出"另存为"对话框。选择"保存类型"为"Lib Feat Part Files"，并输入文件名称。单击"保存"按钮 ，生成库特征。

此时，在 FeatureManager 设计树中，零件图标将变为库特征图标，其中库特征包括的每个特征都用字母 L 标记。

在库特征零件文件中（.sldlfp）还可以对库特征进行编辑。

- 如果要添加另一个特征，则右击要添加的特征，在弹出的快捷菜单中选择"添加到库"命令。

- 如果要从库特征中移除一个特征，则右击该特征，在弹出的快捷菜单中选择"从库中删除"命令。

5.5.2 将库特征添加到零件中

在库特征创建完成后，就可以将库特征添加到零件中去。下面结合实例介绍将库特征添加到零件中的操作步骤。

【案例 5-9】将库特征添加到零件中

（1）打开源文件"\ch5\5.9.SLDPRT"。

（2）在图形区右侧的任务窗格中单击"设计库"按钮 ⓜ，系统弹出"设计库"对话框，如图 5-74 所示。这是 SolidWorks 2020 安装时预设的库特征。

（3）浏览库特征所在目录，从窗格中选择库特征，然后将其拖动到零件的面上，即可将库特征添加到目标零件中。打开的库特征文件如图 5-75 所示。

图 5-74 "设计库"对话框　　　　　图 5-75 打开的库特征文件

在将库特征插入到零件中后，可以用下列方法编辑库特征。

- 单击"编辑特征"按钮 ⓔ 或选择"编辑草图"命令编辑库特征。
- 通过修改定位尺寸将库特征移动到目标零件的另一位置。

此外，还可以将库特征分解为该库特征中包含的单个特征。只需在 FeatureManager 设计树中右击库特征图标，然后在弹出的快捷菜单中选择"解散库特征"命令，则库特征图标被移除，库特征中包含的所有特征都在 FeatureManager 设计树中单独列出。

5.6 查询

查询功能主要用于查询所建模型的表面积、体积及质量等相关信息，计算设计零部件的结构强度、安全因子等。SolidWorks 提供了 3 种查询功能，即测量、质量特性与截面属性，3 个命令按钮位于"工具"工具栏中。

5.6.1 测量

测量功能可以测量草图、三维模型、装配体或者工程图中直线、点、曲面、基准面的距离、角度、半径,以及它们之间的距离、角度、半径或尺寸。当测量两个实体之间的距离时,Delta X、Delta Y 和 Delta Z 的距离会显示出来。当选择一个顶点或草图点时,会显示其 X、Y 和 Z 的坐标值。

下面结合实例介绍测量点坐标、距离、面积与周长的操作步骤。

【案例 5-10】测量

(1) 打开源文件 "\ch5\5.10.SLDPRT",打开的文件实体如图 5-76 所示。

(2) 选择菜单栏中的 "工具" → "评估" → "测量" 命令,或者单击 "工具" 工具栏中的 "测量" 按钮 ,系统弹出 "测量" 对话框。

(3) 测量点坐标。测量点坐标主要用来测量草图中的点、模型中的顶点坐标。单击如图 5-76 所示的点 1,在 "测量" 对话框中便会显示该点的坐标值,如图 5-77 所示。

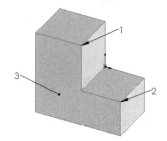

图 5-76 打开的文件实体

(4) 测量距离。测量距离主要用来测量两点、两条边和两面之间的距离。单击如图 5-76 所示的点 1 和点 2,在 "测量" 对话框中便会显示所选两点的绝对距离及 X、Y 和 Z 坐标的差值,如图 5-78 所示。

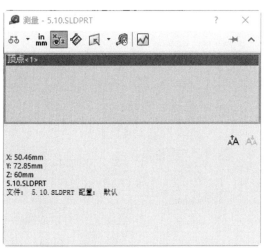

图 5-77 测量点坐标的 "测量" 对话框

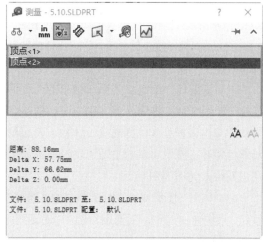

图 5-78 测量距离的 "测量" 对话框

(5) 测量面积与周长。测量面积与周长主要用来测量实体某一表面的面积与周长。单击如图 5-76 所示的面 3,在 "测量" 对话框中便会显示该面的面积与周长,如图 5-79 所示。

技巧荟萃

执行 "测量" 命令时,可以不必关闭对话框而切换不同的文件。当前激活的文件名会出现在 "测量" 对话框的顶部,如果选择了已激活文件中的某一测量项目,则对话框中的测量信息会自动更新。

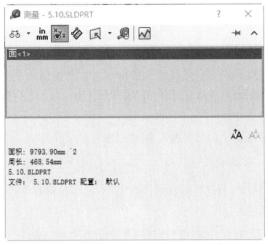

图 5-79 测量面积与周长的"测量"对话框

5.6.2 质量属性

使用质量属性功能可以测量模型实体的质量、体积、表面积与惯性矩等。

下面结合实例介绍质量特性的操作步骤。

【案例 5-11】质量 质量

（1）打开源文件"\ch5\5.11.SLDPRT",打开的文件实体如图 5-76 所示。

（2）选择菜单栏中的"工具"→"评估"→"质量属性"命令，或者单击"工具"工具栏中的"质量属性"按钮，系统弹出的"质量属性"对话框如图 5-80 所示。在该对话框中会自动计算出该模型实体的质量、体积、表面积与惯性矩等，模型实体的主轴和质量中心显示在视图中，如图 5-81 所示。

（3）单击"质量属性"对话框中的"选项"按钮，系统弹出"质量/剖面属性选项"对话框，如图 5-82 所示。如果选择"使用自定义设定"单选钮，在"材料属性"选项组的"密度"文本框中可以设置模型实体的密度。

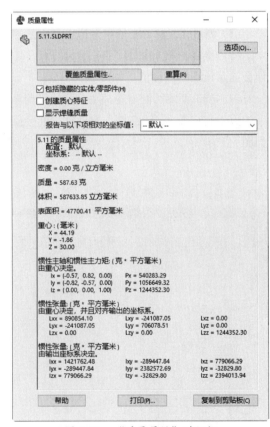

图 5-80 "质量属性"对话框

技巧荟萃

在计算另一个零件的质量属性时，不需要关闭"质量属性"对话框，选择需要计算的零部件，然后单击"重算"按钮即可。

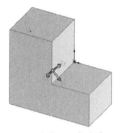

图 5-81 显示主轴和质量中心的视图

图 5-82 "质量/剖面属性选项"对话框

5.6.3 截面属性

截面属性可以查询草图、模型实体平面或者剖面的某些特性,如截面面积、截面重心的坐标、在重心的面惯性矩、在重心的面惯性极力矩、位于主轴和零件轴之间的角度以及面心的二次矩等。下面结合实例介绍截面属性的操作步骤。

【案例 5-12】截面属性

(1)打开源文件"\ch5\5.12.SLDPRT",打开的文件实体如图 5-83 所示。

(2)选择菜单栏中的"工具"→"评估"→"截面属性"命令,或者单击"工具"工具栏中"截面属性"按钮 ,系统弹出"截面属性"对话框。

(3)单击如图 5-83 所示的面 1,然后单击"截面属性"对话框中的"重算"按钮,计算结果出现在该对话框中,如图 5-84 所示。所选截面的主轴和重心显示在视图中,如图 5-85 所示。

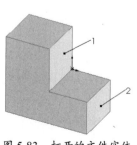

图 5-83 打开的文件实体

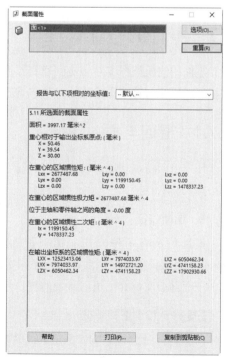

图 5-84 "截面属性"对话框

截面属性不仅可以查询单个截面的属性，而且还可以查询多个平行截面的联合属性。如图 5-86 所示为图 5-83 中面 1 和面 2 的联合属性，如图 5-87 所示为面 1 和面 2 的主轴和重心显示。

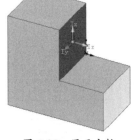
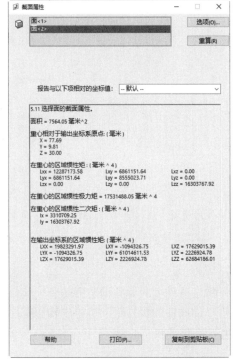

图 5-85　显示主轴和重心的图形 1　　　图 5-86　"截面属性"对话框　　　图 5-87　显示主轴和重心的图形 2

5.7　零件的特征管理

零件的建模过程实际上是创建和管理特征的过程。本节介绍零件的特征管理，即退回与插入特征、压缩与解除压缩特征、动态修改特征。

5.7.1　退回与插入特征

使用退回特征功能可以查看某一特征生成前后模型的状态，插入特征功能用于在某一特征之后插入新的特征。

1. 退回特征

退回特征有两种方式，第一种为使用"退回控制棒"，另一种为使用快捷菜单。在 FeatureManager 设计树的底端有一条粗实线，该线的功能就是"退回控制棒"。

下面结合实例介绍退回特征的操作步骤。

【案例 5-13】退回特征

（1）打开源文件"\ch5\5.13.SLDPRT"，打开的文件实体如图 5-88 所示。基座的 FeatureManager 设计树如图 5-89 所示。

图 5-88　打开的文件实体　　　　　图 5-89　基座的 FeatureManager 设计树

（2）将光标放置在"退回控制棒"线上时，光标变为 形状。单击鼠标，此时"退回控制棒"线以蓝色显示，然后按住鼠标左键，拖动光标到欲查看的特征上，并释放鼠标。操作后的 FeatureManager 设计树如图 5-90 所示，退回的零件模型如图 5-91 所示。

图 5-90　操作后的 FeatureManager 设计树　　　　　图 5-91　退回的零件模型

从图 5-91 中可以看出，查看特征后的特征在零件模型上没有显示，表明该零件模型退回到该特征以前的状态。

退回特征可以使用快捷菜单进行操作，右击 FeatureManager 设计树中的"M10 六角凹头螺钉的柱形沉头孔 1"特征，系统弹出的快捷菜单如图 5-92 所示，单击"退回"按钮 ，此时该零件模型退回到该特征以前的状态，如图 5-91 所示。也可以在退回状态下，使用如图 5-93 所示的"退回"快捷菜单，根据需要选择需要的退回操作。

183

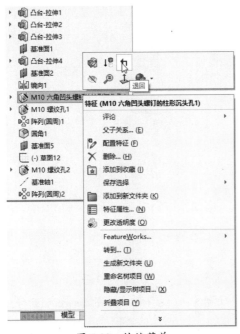
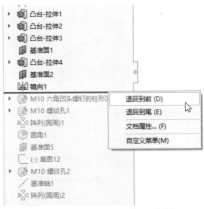

图 5-92　快捷菜单　　　　　　　图 5-93　"退回"快捷菜单

在"退回"快捷菜单中,"退回到前"命令表示退回到上一退回特征状态;"退回到尾"命令表示退回到特征模型的末尾,即处于模型的原始状态。

> **技巧荟萃**
> （1）当零件模型处于退回特征状态时,将无法访问该零件的工程图和基于该零件的装配图。
> （2）不能保存处于退回特征状态的零件图,在保存零件时,系统将自动释放退回状态。
> （3）在重新创建零件的模型时,处于退回状态的特征不会被考虑,即视其处于压缩状态。

2. 插入特征

插入特征是零件设计中一项非常实用的操作,其操作步骤如下。

（1）将 FeatureManager 设计树中的"退回控制棒"线拖动到需要插入特征的位置。

（2）根据设计需要生成新的特征。

（3）将"退回控制棒"线拖动到设计树的最后位置,完成特征的插入。

5.7.2　压缩与解除压缩特征

1. 压缩特征

可以从 FeatureManager 设计树中选择需要压缩的特征,也可以从视图中选择需要压缩特征的一个面。压缩特征的方法有以下几种。

（1）工具栏方式：选择要压缩的特征,然后单击"特征"选项卡中"压缩"按钮 。

（2）菜单栏方式：选择要压缩的特征,然后选择菜单栏中的"编辑"→"压缩"→"此配置"命令。

（3）快捷菜单方式：在 FeatureManager 设计树中,右击需要压缩的特征,在弹出的快捷菜单中单击"压缩"按钮 ,如图 5-94 所示。

（4）对话框方式：在 FeatureManager 设计树中，右击需要压缩的特征，在弹出的快捷菜单中选择"特征属性"命令。在弹出的"特征属性"对话框中勾选"压缩"复选框，然后单击"确定"按钮☑，如图 5-95 所示。

图 5-94　快捷菜单

图 5-95　"特征属性"对话框

特征被压缩后，在模型中不再显示，但是并没有被删除，被压缩的特征在 FeatureManager 设计树中以灰色显示。如图 5-96 所示为基座后面 6 个特征被压缩后的图形，如图 5-97 所示为压缩后的 FeatureManager 设计树。

图 5-96　被压缩特征后的基座

图 5-97　压缩后的 FeatureManager 设计树

2. 解除压缩特征

解除压缩特征必须从 FeatureManager 设计树中选择，而不能从视图中选择该特征的某一个面，因为视图中该特征不显示。与压缩特征相对应，解除压缩特征的方法有以下几种。

（1）工具栏方式：选择要解除压缩的特征，然后单击"特征"选项卡中的"解除压缩"按钮 ↑█ 。

（2）菜单栏方式：选择要解除压缩的特征，然后选择菜单栏中的"编辑"→"解除压缩"→"此配置"命令。

（3）快捷菜单方式：在 FeatureManager 设计树中，右击要解除压缩的特征，在弹出的快捷菜单中单击"解除压缩"按钮 ↑█ 。

（4）对话框方式：在 FeatureManager 设计树中，右击要解除压缩的特征，在弹出的快捷菜单中选择"特征属性"命令。在弹出的"特征属性"对话框中取消对"压缩"复选框的勾选，然后单击"确定"按钮 ✓ 。

压缩特征被解除以后，视图中将显示该特征，FeatureManager 设计树中该特征将以正常模式显示。

5.7.3 Instant3D

Instant3D 可以使用户通过拖动控标或标尺来快速生成和修改模型几何体。动态修改特征是指系统不需要退回编辑特征的位置，直接对特征进行动态修改。动态修改是通过控标移动、旋转来调整拉伸及旋转特征大小的。通过动态修改可以修改草图，也可以修改特征。

下面结合实例介绍动态修改特征的操作步骤。

【案例 5-14】动态修改特征

1. 修改草图

（1）打开源文件"\ch5\5.14.SLDPRT"。

（2）单击"特征"选项卡中的"Instant3D"按钮 ，开始动态修改特征操作。

（3）单击 FeatureManager 设计树中的"拉伸 1"作为要修改的特征，视图中该特征被亮显，如图 5-98 所示，同时，出现该特征的修改控标。

（4）拖动直径为 80mm 的控标，屏幕出现标尺，如图 5-99 所示。使用屏幕上的标尺可以精确修改草图，修改后的草图如图 5-100 所示。

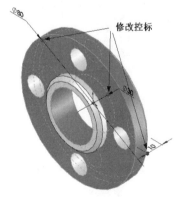

图 5-98　选择需要修改的特征 1

图 5-99　标尺

(5)单击"特征"选项卡中的"Instant3D"按钮，退出 Instant3D 特征操作，修改后的模型如图 5-101 所示。

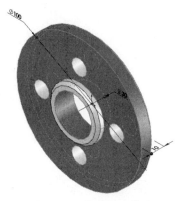
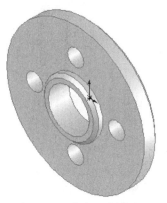

图 5-100　修改后的草图　　　　　　　图 5-101　修改后的模型 1

2．修改特征

(1)单击"特征"选项卡中的"Instant3D"按钮，开始动态修改特征操作。

(2)单击 FeatureManager 设计树中的"拉伸 2"作为要修改的特征，视图中该特征被亮显，如图 5-102 所示，同时，出现该特征的修改控标。

(3)拖动距离为 5mm 的修改控标，调整拉伸的长度，如图 5-103 所示。

(4)单击"特征"选项卡中的"Instant3D"按钮，退出 Instant3D 特征操作，修改后的模型如图 5-104 所示。

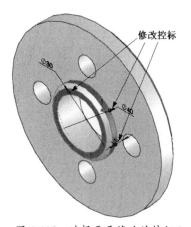
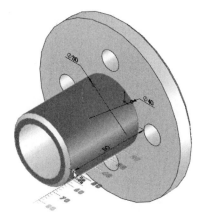

图 5-102　选择需要修改的特征 2　　图 5-103　拖动修改控标　　图 5-104　修改后的模型 2

5.8　零件的外观

零件建模时，SolidWorks 提供了外观显示。可以根据实际需要设置零件的颜色及透明度，使设计的零件更加接近实际情况。

5.8.1 设置零件的颜色

设置零件的颜色包括设置整个零件的颜色属性、设置所选特征的颜色属性以及设置所选面的颜色属性。

下面结合实例介绍设置零件颜色的操作步骤。

【案例 5-15】外观

1．设置零件的颜色属性

（1）打开源文件"\ch5\5.15.SLDPRT"。

（2）右击 FeatureManager 设计树中的文件名称，在弹出的快捷菜单中选择"外观"→"外观"命令，如图 5-105 所示。

（3）系统弹出的"颜色"属性管理器如图 5-106 所示，在"颜色"选项组中选择需要的颜色，然后单击"确定"按钮，此时整个零件将以设置的颜色显示。

图 5-105　快捷菜单 1　　　　图 5-106　"颜色"属性管理器

2．设置所选特征的颜色

（1）在 FeatureManager 设计树中选择需要改变颜色的特征，可以按住<Ctrl>键选择多个特征。

（2）右击所选特征，在弹出的快捷菜单中单击"颜色"按钮，在下拉菜单中选择步骤（1）中选中的特征，如图 5-107 所示。

（3）系统弹出的"颜色"属性管理器如图 5-106 所示，在"颜色"选项组中选择需要的颜色，然后单击"确定"按钮，设置颜色后的特征如图 5-108 所示。

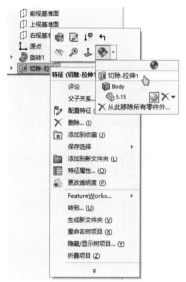

图 5-107　快捷菜单 2

图 5-108　设置特征颜色

3．设置所选面的颜色属性

（1）右击如图 5-108 所示的面 1，在弹出的快捷菜单中单击"外观"按钮 ，在下拉菜单中选择刚选中的面，如图 5-109 所示。

（2）系统弹出的"颜色"属性管理器如图 5-106 所示。在"颜色"选项组中选择需要的颜色，然后单击"确定"按钮 ，设置颜色后的面如图 5-110 所示。

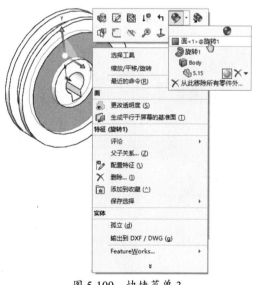

图 5-109　快捷菜单 3

图 5-110　设置面的颜色

5.8.2　设置零件的透明度

在装配体零件中，外部零件会遮挡内部的零件，给零件的选择造成困难。设置零件的透明度后，可以透过透明零件选择非透明对象。

下面结合实例介绍设置零件透明度的操作步骤。

【案例 5-16】透明度

透明度

（1）打开源文件"\ch5\5.16 传动装配体.SLDPRT"，打开的文件实体如图 5-111 所示。传动装配体的 FeatureManager 设计树如图 5-112 所示。

图 5-111　打开的文件实体　　　　图 5-112　传动装配体的 FeatureManager 设计树

（2）右击 FeatureManager 设计树中的文件名称"（固定）基座<1>"，或者右击视图中的基座 1，系统弹出快捷菜单。单击"外观"按钮，在下拉菜单中选择"基座"选项，如图 5-113 所示。

（3）系统弹出的"颜色"属性管理器如图 5-114 所示，在属性管理器的"高级"选项卡"照明度"栏中，调节所选零件的透明度。单击"确定"按钮，设置透明度后的图形如图 5-115 所示。

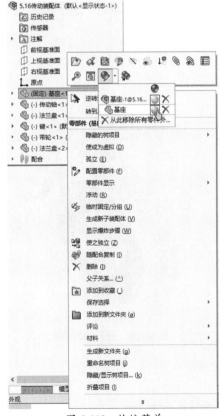

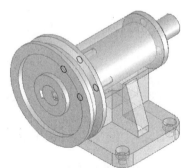

图 5-113　快捷菜单　　图 5-114　"颜色"属性管理器　　图 5-115　设置透明度后的图形

5.9 综合实例——绘制木质音箱

本实例绘制的木质音箱如图 5-116 所示。

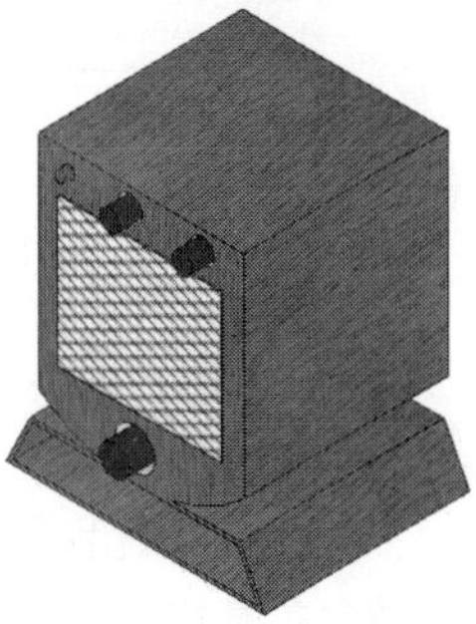

【思路分析】

首先绘制音箱的底座草图并拉伸，然后绘制主体草图并拉伸，将主体的前表面作为基准面，在其上绘制旋钮和指示灯等，最后设置各表面的外观和颜色。绘制流程如图 5-117 所示。

【绘制步骤】

（1）新建文件。启动 SoildWorks 2020，单击"标准"工具栏中的"新建"按钮，创建一个新的零件文件。

图 5-116　木质音箱

（2）绘制音响底座草图。在左侧的 FeatureManager 设计树中选择"前视基准面"作为草绘基准面。单击"草图"选项卡中的"中心线"按钮，绘制通过原点的竖直中心线；单击"草图"选项卡中的"直线"按钮，绘制 3 条直线。

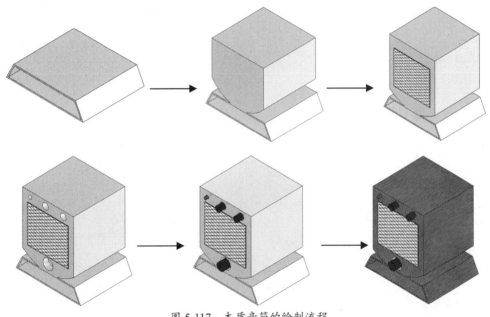

图 5-117　木质音箱的绘制流程

（3）标注尺寸。单击"草图"选项卡中的"智能尺寸"按钮，标注步骤（2）中绘制的各直线段的尺寸，如图 5-118 所示。

（4）镜向草图。单击"草图"选项卡中的"镜向实体"按钮，系统弹出"镜向"属性管理器。在"要镜向的实体"选项组中，选择如图 5-118 所示的 3 条直线；在"镜向点"选项组中，选择竖直中心线，单击"确定"按钮，镜向后的图形如图 5-119 所示。

（5）拉伸薄壁实体。单击"特征"选项卡中的"拉伸凸台/基体"按钮，系统弹出"凸台-拉伸"属性管理器。"深度"文本框设为 100mm，"厚度"文本框设为 2mm。其他选项设置如图 5-120 所示，单击"确定"按钮。

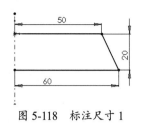
图 5-118　标注尺寸 1
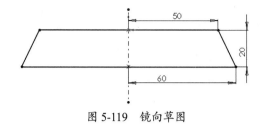
图 5-119　镜向草图

（6）设置视图方向。单击"前导视图"工具栏中的"等轴测"按钮，将视图以等轴测方向显示，创建的拉伸特征 1 如图 5-121 所示。

（7）设置基准面。在左侧的 FeatureManager 设计树中选择"前视基准面"，然后单击"前导视图"工具栏中的"正视于"按钮，将该基准面作为草绘基准面。

（8）绘制草图。单击"草图"选项卡中的"中心线"按钮，绘制通过原点的竖直中心线；单击"草图"选项卡中的"3 点圆弧"按钮，绘制一个原点在中心线上的圆弧；单击"草图"选项卡中的"直线"按钮，绘制 3 条直线。

（9）标注尺寸。单击"草图"选项卡中的"智能尺寸"按钮，标注步骤（8）中绘制的草图的尺寸，如图 5-122 所示。

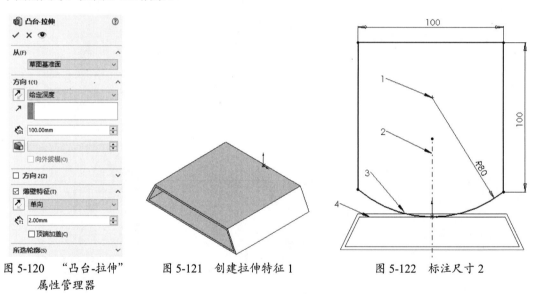

图 5-120　"凸台-拉伸"属性管理器　　图 5-121　创建拉伸特征 1　　图 5-122　标注尺寸 2

（10）添加几何关系。单击"尺寸/几何关系"工具栏中的"添加几何关系"按钮，系统弹出"添加几何关系"属性管理器。单击如图 5-122 所示的原点 1 和中心线 2，将其约束为重合几何关系，将边线 3 和边线 4 约束为相切几何关系。

（11）拉伸实体。单击"特征"选项卡中的"拉伸凸台/基体"按钮，系统弹出"凸台-拉伸"属性管理器。"深度"文本框设为 100mm，然后单击"确定"按钮。

（12）设置视图方向。单击"前导视图"工具栏中的"等轴测"按钮，将视图以等轴测方向显示，创建的拉伸特征 2 如图 5-123 所示。

（13）设置基准面。单击选择如图 5-123 所示的表面 1，然后单击"前导视图"工具栏中的"正视于"按钮，将该表面作为草绘基准面。

(14)绘制草图。单击"草图"选项卡中的"边角矩形"按钮▢,在步骤(13)中设置的基准面上绘制一个矩形。

(15)标注尺寸。单击"草图"选项卡中的"智能尺寸"按钮,标注步骤(14)中绘制的矩形的尺寸及其定位尺寸,如图 5-124 所示。

(16)拉伸实体。单击"特征"选项卡中的"拉伸凸台/基体"按钮,系统弹出"凸台-拉伸"属性管理器。"深度"文本框设为 1mm,然后单击"确定"按钮。

(17)设置视图方向。单击"前导视图"工具栏中的"等轴测"按钮,将视图以等轴测方向显示,创建的拉伸特征 3 如图 5-125 所示。

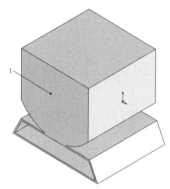
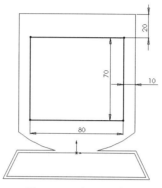
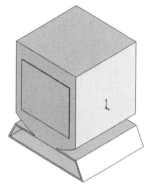

图 5-123　创建拉伸特征 2　　　　图 5-124　标注尺寸 3　　　　图 5-125　创建拉伸特征 3

(18)设置外观属性。右击步骤(16)中拉伸的实体,在系统弹出的快捷菜单中单击"外观"按钮,在下拉菜单中选择刚选中的实体,系统弹出"颜色"属性管理器。在图形区右侧的任务窗格中单击"外观/布景"按钮,弹出"外观、布景和贴图"对话框。在该对话框中选择"外观"→"塑料"→"网格(Mesh)"选项,如图 5-126 所示,选择"菱形网格塑料",然后单击"颜色"属性管理器中的"确定"按钮,设置外观后的图形如图 5-127 所示。

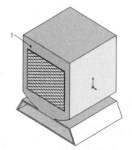

图 5-126　"菱形网格塑料"的选取　　　　图 5-127　设置外观后的图形

技巧荟萃

在 SoildWorks 中,外观设置的对象有多种:面、曲面、实体、特征、零部件等。其外观库是系统预定义的,通过对话框既可以设置纹理的比例和角度,也可以设置其混合颜色。

（19）设置基准面。选择如图 5-127 所示的表面 1，然后单击"前导视图"工具栏中的"正视于"按钮，将该表面作为草绘基准面。

（20）绘制草图。单击"草图"选项卡中的"圆"按钮，在步骤（19）中设置的基准面上绘制 4 个圆。

（21）标注尺寸。单击"草图"选项卡中的"智能尺寸"按钮，标注步骤（20）中绘制的圆的直径及其定位尺寸，标注的草图如图 5-128 所示。

（22）拉伸切除实体。单击"特征"选项卡中的"拉伸切除"按钮，系统弹出"切除-拉伸"属性管理器。"深度"文本框设为 10mm，并调整切除拉伸的方向，然后单击"确定"按钮。

（23）设置视图方向。单击"前导视图"工具栏中的"等轴测"按钮，将视图以等轴测方向显示，创建的拉伸特征 4 如图 5-129 所示。

（24）设置基准面。选择如图 5-129 所示的表面 1，然后单击"前导视图"工具栏中的"正视于"按钮，将该表面作为草绘基准面。

（25）绘制草图。单击"草图"选项卡中的"圆"按钮，在步骤（24）中设置的基准面上绘制 3 个圆，并且要求这 3 个圆与拉伸切除的实体同圆心。

（26）标注尺寸。单击"草图"选项卡中的"智能尺寸"按钮，然后标注步骤（25）中绘制的圆的直径及其定位尺寸，如图 5-130 所示。

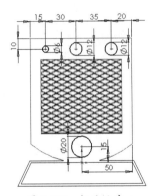
图 5-128 标注尺寸 4

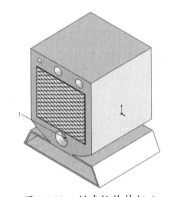
图 5-129 创建拉伸特征 4

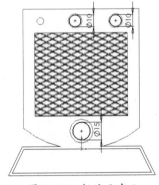
图 5-130 标注尺寸 5

（27）拉伸实体。单击"特征"选项卡中的"拉伸凸台/基体"按钮，系统弹出"凸台-拉伸"属性管理器。"深度"文本框设为 20mm，然后单击"确定"按钮。

（28）设置视图方向。单击"前导视图"工具栏中的"等轴测"按钮，将视图以等轴测方向显示，创建的拉伸特征 5 如图 5-131 所示。

（29）设置颜色属性。在 FeatureManager 设计树中，右击拉伸特征 5，在弹出的快捷菜单中单击"外观"按钮，在下拉菜单中选择刚创建的拉伸特征 5，系统弹出的"颜色"属性管理器如图 5-132 所示。在其中选择蓝色，然后单击"确定"按钮。

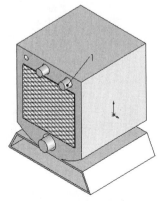
图 5-131 创建拉伸特征 5

（30）设置基准面。选择如图 5-131 所示的左上角左侧拉伸切除实体的底面，然后单击"前导视图"工具栏中的"正视于"按钮，将该表面作为草绘基准面。

（31）绘制草图。单击"草图"选项卡中的"圆"按钮，在步骤（30）中设置的基准面上绘制一个圆，并且要求其与拉伸切除的实体同圆心。

（32）标注尺寸。单击"草图"选项卡中的"智能尺寸"按钮，标注步骤（31）中绘制的圆的直径为 4mm。

（33）拉伸实体。单击"特征"选项卡中的"拉伸凸台/基体"按钮，系统弹出"凸台-拉伸"属性管理器。"深度"文本框设为 16mm，然后单击"确定"按钮。

（34）设置视图方向。单击"前导视图"工具栏中的"等轴测"按钮，将视图以等轴测方向显示，创建的拉伸特征 6 如图 5-133 所示。

（35）设置外观属性。重复步骤（29），将拉伸后的实体设置为红色，作为指示灯。

（36）设置外观属性。在 FeatureManager 设计树中右击"材质"选项，在弹出的快捷菜单中选择"编辑材料"命令，系统弹出"材料"对话框。在材料列表中，按照图 5-134 进行设置，然后单击"应用"→"关闭"按钮，设置材料后的图形如图 5-116 所示。

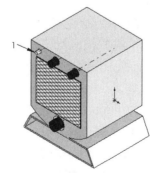

图 5-132 "颜色"属性管理器　　图 5-133 创建拉伸特征 6　　图 5-134 "材料"对话框

第 6 章 曲线

复杂和不规则的实体模型，通常是由曲线和曲面组成的，所以曲线和曲面是三维曲面实体模型建模的基础。

三维曲线的引入，使 SolidWorks 的三维草图绘制能力显著提高。用户可以通过三维操作命令绘制各种三维曲线，也可以通过三维样条曲线控制三维空间中的任何一点，从而直接控制空间草图的形状。三维草图的绘制通常用于管路设计和线缆设计，以作为其他复杂三维模型的扫描路径。

6.1 三维草图

在学习曲线生成方式之前，首先要了解三维草图的绘制，它是生成空间曲线的基础。

SolidWorks 可以直接在基准面上或者在三维空间的任意点绘制三维草图实体，绘制的三维草图可以作为扫描路径、扫描的引导线，也可以作为放样路径、放样中心线等。

6.1.1 绘制三维草图

1．绘制三维空间直线

绘制三维空间直线

【案例 6-1】绘制三维空间直线

（1）新建一个文件。单击"前导视图"工具栏中的"等轴测"按钮 ，设置视图方向为等轴测方向。在该视图方向下，X、Y、Z 三个坐标方向均可见，可以比较方便地绘制三维草图。

（2）选择菜单栏中的"插入"→"3D 草图"命令，或者单击"草图"选项卡中的"3D 草图"按钮 ，进入三维草图绘制状态。

（3）单击"草图"选项卡中的草图工具，本例单击"草图"选项卡中的"直线"按钮 ，开始绘制三维空间直线，注意此时在绘图区中出现了空间控标，如图 6-1 所示。

（4）以原点为起点绘制草图，基准面为控标提示的基准面，方向由光标拖动决定，如图 6-2 所示为在 XY 基准面上绘制草图。

（5）步骤（4）是在 XY 基准面上绘制直线，当继续绘制直线时，控标会显示出来。按下<Tab>键，可以改变绘制的基准面，依次为 XY、YZ、ZX 基准面。如图 6-3 所示为在 YZ 基准面上绘制草图。按<Tab>键依次绘制其他基准面上的草图，绘制完的三维草图如图 6-4 所示。

（6）再次单击"草图"选项卡中的"3D 草图"按钮 ，或者在绘图区右击，在弹出的快捷菜单中选择"退出草图"命令，退出三维草图绘制状态。

技巧荟萃

在绘制三维草图时，绘制的基准面要以控标显示为准，不要主观判断，通过按下<Tab>键，可以变换视图的基准面。

图 6-1　空间控标

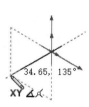
图 6-2　在 XY 基准面上绘制草图

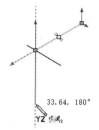
图 6-3　在 YZ 基准面上绘制草图

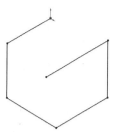
图 6-4　绘制完的三维草图

二维草图和三维草图既有相似之处，又有不同之处。在绘制三维草图时，二维草图中的所有圆、弧、矩形、直线、样条曲线和点等工具都可使用，曲面上的样条曲线工具只能用在三维草图中。在添加几何关系时，二维草图中大多数几何关系都可用于三维草图中，但是对称、阵列、等距和等长线例外。

另外需要注意的是，对于二维草图，其绘制的草图实体是所有几何体在草绘基准面上的投影，而三维草图是空间实体。

在绘制三维草图时，除了使用系统默认的坐标系，用户还可以定义自己的坐标系，此坐标系将和测量、质量特性等工具一起使用。

2．建立坐标系

【案例 6-2】建立坐标系

建立坐标系

（1）打开源文件"\ch6\6.2.SLDPRT"，打开的文件实体如图 6-5 所示。

（2）选择菜单栏中的"插入"→"参考几何体"→"坐标系"命令，或者单击"特征"选项卡中的"坐标系"按钮，系统弹出"坐标系"属性管理器。

（3）单击"坐标系"属性管理器中按钮右侧的"原点"列表框，然后单击如图 6-6 所示的点 A，设置点 A 为新坐标系的原点；单击"X 轴"下面的"X 轴参考方向"列表框，然后单击如图 6-6 所示的边线 1，设置边线 1 为 X 轴；依次设置如图 6-6 所示的边线 2 为 Y 轴，边线 3 为 Z 轴，"坐标系"属性管理器设置如图 6-6 所示。

（4）单击"确定"按钮，完成坐标系的设置，添加坐标系后的图形如图 6-7 所示。

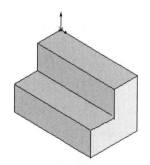
图 6-5　打开的文件实体

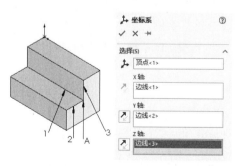
图 6-6　"坐标系"属性管理器

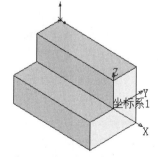
图 6-7　添加坐标系后的图形

技巧荟萃

在设置坐标系的过程中，如果坐标轴的方向不是用户想要的，可以单击"坐标系"属性管理器中的"反向"按钮进行设置。

在设置坐标系时，X 轴、Y 轴和 Z 轴的参考方向可为以下实体。
- 顶点、点或者中点：将轴向的参考方向与所选点对齐。
- 线性边线或者草图直线：使轴向的参考方向与所选边线或者直线平行。
- 非线性边线或者草图实体：使轴向的参考方向与所选实体上的所选位置对齐。
- 平面：使轴向的参考方向与所选面的垂直方向对齐。

6.1.2 实例——绘制办公椅

本实例绘制的办公椅如图 6-8 所示。

【思路分析】

在建模过程当中要先绘制支架部分，再分别绘制椅垫和椅背。绘制流程如图 6-9 所示。

【绘制步骤】

（1）新建文件。启动 SolidWorks 2020，单击"快速访问"工具栏中的"新建"按钮 ，创建一个新的零件文件。

图 6-8　办公椅

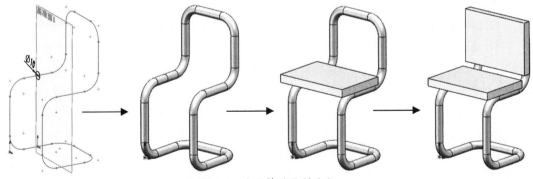

图 6-9　办公椅的绘制流程

（2）绘制三维草图。选择菜单栏中的"插入"→"3D 草图"命令，然后单击"草图"选项卡中的"直线"按钮 ，并借助<Tab>键，改变绘制的基准面，绘制如图 6-10 所示的三维草图。

（3）标注尺寸及添加几何关系。标注的尺寸 1 如图 6-11 所示。

（4）圆角。单击"草图"选项卡中的"圆角"按钮 ，系统弹出"圆角"属性管理器。依次选择如图 6-11 所示的每个直角处的两条直线段，设置圆角半径为 20mm，如图 6-12 所示。单击"确定"按钮 ，圆角后的图形如图 6-13 所示。

> **技巧荟萃**
>
> 在绘制三维草图时，首先将视图方向设置为等轴测方向。另外，空间坐标的控制很关键。空间坐标会提示视图的绘制方向，还要注意，在改变绘制的基准面时，要按<Tab>键。

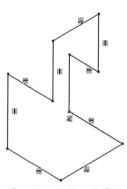

图 6-10 绘制三维草图

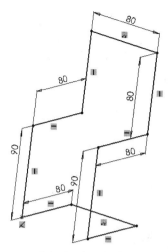

图 6-11 标注尺寸 1

图 6-12 "圆角"属性管理器

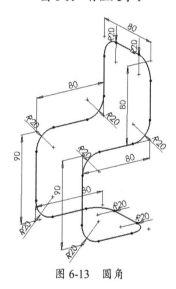

图 6-13 圆角

（5）添加基准面。在左侧的 FeatureMannger 设计树中选择"前视基准面",然后单击"特征"选项卡中的"基准面"按钮，系统弹出"基准面"属性管理器。"偏移距离"文本框设为 40mm，勾选"反转等距"复选框，如图 6-14 所示，单击"确定"按钮，添加的基准面 1 如图 6-15 所示。

（6）设置基准面。在左侧的 FeatureMannger 设计树中，选择步骤（6）中添加的基准面 1，然后单击"前导视图"工具栏中的"正视于"按钮，将该基准面设置为草绘基准面。

（7）绘制草图。单击"草图"选项卡中的"圆"按钮，绘制一个圆，圆心自动捕获在直线上。单击"草图"选项卡中的"智能尺寸"按钮，标注圆的直径，如图 6-16 所示。

（8）设置视图方向。单击"前导视图"工具栏中的"等轴测"按钮，将视图以等轴测方向显示，等轴测视图如图 6-17 所示，然后退出草图绘制。

（9）扫描实体。单击"特征"选项卡中的"扫描"按钮，系统弹出"扫描"属性管理器。在"轮廓"列表框中，选择步骤（8）中绘制的圆；在"路径"列表框中，选择步骤（5）中绘制圆角后的三维草图，如图 6-18 所示。单击"确定"按钮，扫描后的图形如图 6-19 所示。

图 6-14 "基准面"属性管理器

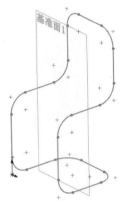

图 6-15 添加基准面 1

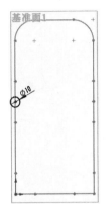

图 6-16 标注尺寸 2

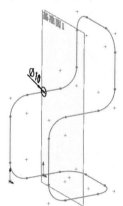

图 6-17 等轴测视图 1

图 6-18 "扫描"属性管理器

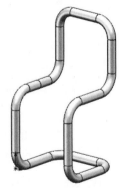

图 6-19 扫描实体

（10）添加基准面。在左侧的 FeatureMannger 设计树中选择"上视基准面"，然后单击"特征"选项卡中的"基准面"按钮 ，系统弹出"基准面"属性管理器。"偏移距离" 文本框设为 95mm，如图 6-20 所示。单击"确定"按钮 ，添加的基准面 2 如图 6-21 所示。

（11）设置基准面。在左侧的 FeatureMannger 设计树中，单击步骤（11）中添加的基准面 2，然后单击"前导视图"工具栏中的"正视于"按钮 ，将该基准面作为草绘基准面。

图 6-20 "基准面"属性管理器

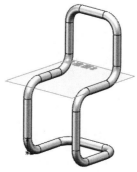

图 6-21 添加基准面 2

(12) 绘制草图。单击"草图"选项卡中的"边角矩形"按钮 ▢,绘制一个矩形,然后单击"草图"选项卡中的"中心线"按钮,绘制通过扫描实体中间的中心线,如图 6-22 所示。

(13) 标注尺寸。单击"草图"选项卡中的"智能尺寸"按钮,标注步骤(12)中绘制的矩形尺寸,如图 6-23 所示。

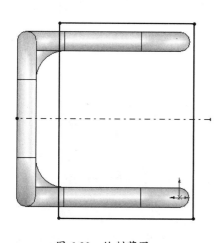

图 6-22 绘制草图

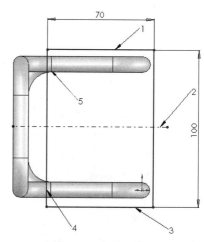

图 6-23 标注尺寸 3

(14) 添加几何关系。单击"尺寸/几何关系"工具栏中的"添加几何关系"按钮,系统弹出"添加几何关系"属性管理器。依次选择如图 6-23 所示的直线 1、3 和中心线 2,注意选择的顺序,此时这 3 条直线出现在"添加几何关系"属性管理器中。单击"对称"按钮,按照图 6-24 进行设置,然后单击"确定"按钮,则图中的直线 1 和 3 关于中心线 2 对称。重复该命令,将如图 6-23 所示的直线 4 和直线 5 设置为共线几何关系,添加几何关系后的图形如图 6-25 所示。

(15) 拉伸实体。单击"特征"选项卡中的"拉伸凸台/基体"按钮,系统弹出"凸台-拉伸"属性管理器。"深度"文本框设为 10mm,单击"确定"按钮,实体拉伸完毕。

图 6-24 "添加几何关系"属性管理器

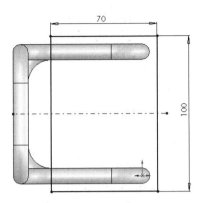

图 6-25 添加几何关系

（16）设置视图方向。单击"前导视图"工具栏中的"等轴测"按钮🧊，将视图以等轴测方向显示，等轴测视图如图 6-26 所示。

（17）添加基准面。在左侧的 FeatureMannger 设计树中选择"前视基准面"，单击"特征"选项卡中的"基准面"按钮📖，系统弹出"基准面"属性管理器。"偏移距离"文本框设为 75mm，勾选"反转等距"复选框，单击"确定"按钮✓，添加的基准面 3 如图 6-27 所示。

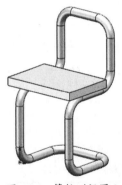

图 6-26 等轴测视图 2

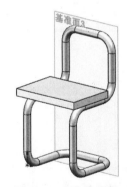

图 6-27 添加基准面 3

（18）设置基准面。在左侧的 FeatureMannger 设计树中，单击步骤（17）中添加的基准面 3，然后单击"前导视图"工具栏中的"正视于"按钮，将该基准面作为草绘基准面。

（19）绘制草图。单击"草图"选项卡中的"边角矩形"按钮□，绘制一个矩形。单击"草图"选项卡中的"中心线"按钮，绘制通过扫描实体中间的中心线。标注草图尺寸和添加几何关系，如图 6-28 所示。

（20）设置视图方向。单击"前导视图"工具栏中的"等轴测"按钮🧊，将视图以等轴测方向显示。

（21）拉伸实体。单击"特征"选项卡中的"拉伸凸台/基体"按钮，系统弹出"凸台-拉伸"属性管理器。"深度"文本框设为 10mm，单击"确定"按钮✓，实体拉伸完毕，拉伸后的图形如图 6-29 所示。

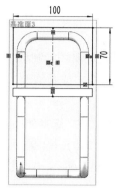
图 6-28 标注草图尺寸和添加几何关系

图 6-29 实体拉伸

（22）设置视图方向。单击"前导视图"工具栏中的"旋转视图"按钮，将视图以合适的方向显示。

（23）实体倒圆角。单击"特征"选项卡中的"圆角"按钮，系统弹出"圆角"属性管理器。"半径"文本框设为 20mm，然后依次选择椅垫外侧的两条竖直边，单击"确定"按钮。重复执行"圆角"命令，对椅背上面的两条直边倒圆角，半径也为 20mm。倒圆角后的实体如图 6-8 所示。

6.2 创建曲线

曲线是构建复杂实体的基本要素，SolidWorks 提供专用的"曲线"工具栏，如图 6-30 所示。

在"曲线"工具栏中，SolidWorks 创建曲线的方式主要有：投影曲线、组合曲线、螺旋线/涡状线、分割线、通过参考点的曲线、通过 XYZ 点的曲线。本节主要介绍各种曲线的创建方式。

6.2.1 投影曲线

图 6-30 "曲线"工具栏

在 SolidWorks 中，投影曲线主要有两种创建方式。一种方式是将绘制的曲线投影到模型面上，生成一条三维曲线；另一种方式是在两个相交的基准面上分别绘制草图，此时系统会将每一个草图沿所在平面的垂直方向投影得到一个曲面，这两个曲面在空间中相交，生成一条三维曲线。下面将分别介绍采用两种方式创建曲线的操作步骤。

1．利用绘制曲线投影到模型面上生成投影曲线

【案例 6-3】利用绘制曲线投影到模型面上生成投影曲线

（1）新建一个文件，在左侧的 FeatureManager 设计树中选择"前视基准面"作为草绘基准面。

（2）单击"草图"选项卡中的"样条曲线"按钮，绘制样条曲线。

（3）选择菜单栏中的"插入"→"曲面"→"拉伸曲面"命令，或者单击"曲面"工具栏中的"拉伸曲面"按钮，系统弹出"曲面-拉伸"属性管理器。"深度"文本框设为 120mm，单击"确定"按钮，生成拉伸曲面。

(4) 单击"特征"选项卡中的"基准面"按钮，系统弹出"基准面"属性管理器。选择"上视基准面"作为参考面，单击"确定"按钮，添加基准面1。

(5) 在新平面上绘制样条曲线，如图6-31所示。绘制完毕退出草图绘制状态。

(6) 选择菜单栏中的"插入"→"曲线"→"投影曲线"命令，或者单击"曲线"工具栏中的"投影曲线"按钮，系统弹出"投影曲线"属性管理器。

(7) 选择"面上草图"单选钮，在"要投影的草图"列表框中，选择如图6-31所示的样条曲线1；在"投影面"列表框中，选择如图6-31所示的曲面2；在视图中观测投影曲线的方向，是否投影到曲面，勾选"反转投影"复选框，使曲线投影到曲面上。"投影曲线"属性管理器设置如图6-32所示。

(8) 单击"确定"按钮，生成的投影曲线1如图6-33所示。

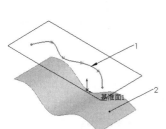

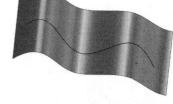

图6-31 绘制样条曲线1　　图6-32 "投影曲线"属性管理器　　图6-33 投影曲线1

2. 利用两个相交的基准面上的曲线生成投影曲线

【案例6-4】利用两个相交的基准面上的曲线生成投影曲线

(1) 新建一个文件，在左侧的FeatureManager设计树中选择"前视基准面"作为草绘基准面。

(2) 单击"草图"选项卡中的"样条曲线"按钮，在步骤（1）中设置的基准面上绘制样条曲线2，如图6-34所示，然后退出草图绘制状态。

(3) 在左侧的FeatureManager设计树中选择"上视基准面"作为草绘基准面。

(4) 单击"草图"选项卡中的"样条曲线"按钮，在步骤（3）中设置的基准面上绘制样条曲线3，如图6-35所示，然后退出草图绘制状态。

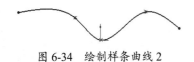
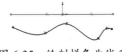

图6-34 绘制样条曲线2　　　　　　图6-35 绘制样条曲线3

(5) 选择菜单栏中的"插入"→"曲线"→"投影曲线"命令，或者单击"曲线"工具栏中的"投影曲线"按钮，系统弹出"投影曲线"属性管理器。

(6) 选择"草图上草图"单选钮，在"要投影的草图"列表框中，选择样条曲线2、3，如图6-36所示。

(7) 单击"确定"按钮，生成的投影曲线如图6-37所示。

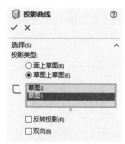
图 6-36 "投影曲线"属性管理器

图 6-37 投影曲线 2

技巧荟萃

如果在执行"投影曲线"命令之前,先选择了生成投影曲线的草图,则在执行"投影曲线"命令后,"投影曲线"属性管理器会自动选择合适的投影类型。

6.2.2 组合曲线

组合曲线是指将曲线、草图几何和模型边线组合为一条单一曲线,生成的组合曲线可以作为生成放样或扫描的引导曲线、轮廓线。

下面结合实例介绍创建组合曲线的操作步骤。

【案例 6-5】组合曲线

(1) 打开源文件"\ch6\6.5.SLDPRT",打开的文件实体如图 6-38 所示。

(2) 选择菜单栏中的"插入"→"曲线"→"组合曲线"命令,或者单击"曲线"工具栏中的"组合曲线"按钮,系统弹出"组合曲线"属性管理器。

(3) 在"要连接的实体"列表框中,选择如图 6-38 所示的边线 1、边线 2、边线 3 和边线 4,如图 6-39 所示。

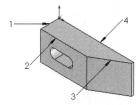
图 6-38 打开的文件实体

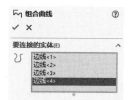
图 6-39 "组合曲线"属性管理器

(4) 单击"确定"按钮,生成所需要的组合曲线。生成组合曲线后的图形及其 FeatureManager 设计树如图 6-40 所示。

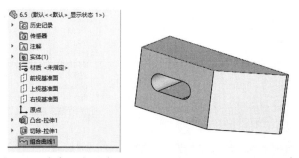
图 6-40 生成组合曲线后的图形及其 FeatureManager 设计树

> **技巧荟萃**
>
> 在创建组合曲线时，所选择的曲线必须是连续的，因为所选择的曲线要生成一条曲线。生成的组合曲线可以是开环的，也可以是闭合的。

6.2.3 螺旋线和涡状线

螺旋线和涡状线通常在零件中生成，这种曲线可以当成一个路径或者引导曲线使用在扫描的特征上，或作为放样特征的引导曲线，通常用来生成螺纹、弹簧和发条等零件。下面将分别介绍绘制这两种曲线的操作步骤。

1. 创建螺旋线

创建螺旋线

【案例 6-6】创建螺旋线

（1）新建一个文件，在左侧的 FeatureManager 设计树中选择"前视基准面"作为草绘基准面。

（2）单击"草图"选项卡中的"圆"按钮 ⊙，在步骤（1）中设置的基准面上绘制一个圆，然后单击"草图"选项卡中的"智能尺寸"按钮 ，标注圆的尺寸，如图 6-41 所示。

（3）选择菜单栏中的"插入"→"曲线"→"螺旋线/涡状线"命令，或者单击"曲线"工具栏中的"螺旋线/涡状线"按钮 ，系统弹出"螺旋线/涡状线"属性管理器。

（4）在"定义方式"中选择"螺距和圈数"选项；选择"恒定螺距"单选钮；"螺距"文本框设为 15mm；"圈数"文本框设为 6；"起始角度"文本框设为 135°，其他设置如图 6-42 所示。

图 6-41 标注尺寸

图 6-42 "螺旋线/涡状线"属性管理器

（5）单击"确定"按钮 ，生成所需要的螺旋线。

（6）单击"前导视图"工具栏中的"旋转视图"按钮 ，将视图以合适的方向显示。生成的螺旋线及其 FeatureManager 设计树如图 6-43 所示。

使用该命令还可以生成锥形螺纹线，如果要绘制锥形螺纹线，则在如图 6-42 所示的"螺旋线/涡

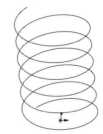

图 6-43 生成的螺旋线及其 FeatureManager 设计树

状线"属性管理器中勾选"锥形螺纹线"复选框。

如图 6-44 所示为取消勾选"锥度外张"复选框后生成的内张锥形螺纹线。如图 6-45 所示为勾选"锥度外张"复选框后生成的外张锥形螺纹线。

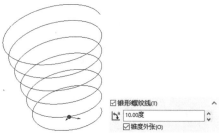

图 6-44　内张锥形螺纹线　　　　　　　　图 6-45　外张锥形螺纹线

在创建螺纹线时,有螺距和圈数、高度和圈数、高度和螺距几种定义方式,这些定义方式可以在"螺旋线/涡状线"属性管理器的"定义方式"选项中进行选择。下面简单介绍这几种方式的意义。

- 螺距和圈数:创建由螺距和圈数所定义的螺旋线,选择该选项时,参数相应发生改变。
- 高度和圈数:创建由高度和圈数所定义的螺旋线,选择该选项时,参数相应发生改变。
- 高度和螺距:创建由高度和螺距所定义的螺旋线,选择该选项时,参数相应发生改变。

2．创建涡状线

创建涡状线

【案例 6-7】创建涡状线

(1) 新建一个文件,在左侧的 FeatureManager 设计树中选择"前视基准面"作为草绘基准面。

(2) 单击"草图"选项卡中的"圆"按钮 ⊙,在步骤(1)中设置的基准面上绘制一个圆,单击"草图"选项卡中的"智能尺寸"按钮,标注圆的尺寸,如图 6-46 所示。

(3) 选择菜单栏中的"插入"→"曲线"→"螺旋线/涡状线"命令,或者单击"曲线"工具栏中的"螺旋线/涡状线"按钮 ,系统弹出"螺旋线/涡状线"属性管理器。

(4) 在"定义方式"中选择"涡状线"选项;"螺距"文本框设为 15mm;"圈数"文本框设为 5;"起始角度"文本框设为 135°,其他设置如图 6-47 所示。

(5) 单击"确定"按钮 ,生成的涡状线及其 FeatureManager 设计树如图 6-48 所示。

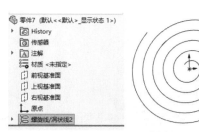

图 6-46　标注尺寸　　　图 6-47　"螺旋线/涡状线"　　　图 6-48　生成的涡状线及其
　　　　　　　　　　　　　　　　属性管理器　　　　　　　　　　　FeatureManager 设计树

SolidWorks 既可以生成顺时针涡状线，也可以生成逆时针涡状线。在执行命令时，系统默认的生成方式为顺时针方式，顺时针涡状线如图 6-49 所示。在如图 6-47 所示"螺旋线/涡状线"属性管理器中选择"逆时针"单选钮，就可以生成逆时针方向的涡状线，如图 6-50 所示。

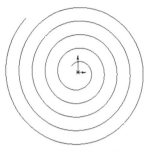
图 6-49　顺时针涡状线

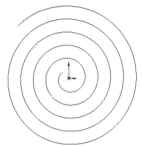
图 6-50　逆时针涡状线

6.2.4　实例——绘制螺母

绘制螺母

本实例绘制的螺母如图 6-51 所示。

【思路分析】

首先绘制螺母外形轮廓草图并拉伸实体，然后旋转切除边缘的倒角，最后绘制内侧的螺纹。

【绘制步骤】

（1）新建文件。启动 SolidWorks 2020，单击"快速访问"工具栏中的"新建"按钮，创建一个新的零件文件。

（2）绘制螺母外形轮廓的草图。在左侧的 FeatureManager 设计树中选择"前视基准面"作为草绘基准面。单击"草图"选项卡中的"多边形"按钮，以原点为圆心绘制一个正六边形，其中多边形的一个角点在原点的正上方。

（3）标注尺寸。单击"草图"选项卡中的"智能尺寸"按钮，标注步骤（2）中绘制的草图的尺寸，如图 6-52 所示。

（4）拉伸实体。单击"特征"选项卡中的"拉伸凸台/基体"按钮，系统弹出"凸台-拉伸"属性管理器。"深度"文本框设为 6mm，然后单击"确定"按钮。

（5）设置视图方向。单击"前导视图"工具栏中的"等轴测"按钮，将视图以等轴测方向显示，创建的拉伸特征如图 6-53 所示。

图 6-51　螺母

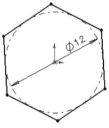
图 6-52　标注尺寸

图 6-53　创建拉伸特征

（6）设置基准面。在左侧的 FeatureManager 设计树中选择"上视基准面"，然后单击"前导视图"工具栏中的"正视于"按钮，将该基准面作为草绘基准面。

（7）绘制草图。单击"草图"选项卡中的"中心线"按钮，绘制一条通过原点的竖直中心线；单击"草图"选项卡中的"直线"按钮，绘制螺母两侧的两个三角形。

（8）标注尺寸。单击"草图"选项卡中的"智能尺寸"按钮，标注步骤（7）中绘制的草图的尺寸，如图 6-54 所示。

（9）旋转切除实体。单击"特征"选项卡中的"旋转切除"按钮，系统弹出"切除-旋转"属性管理器。在"旋转轴"列表框中，选择绘制的水平中心线，然后单击"确定"按钮。

（10）设置视图方向。单击"前导视图"工具栏中的"等轴测"按钮，将视图以等轴测方向显示，创建的旋转切除特征如图 6-55 所示。

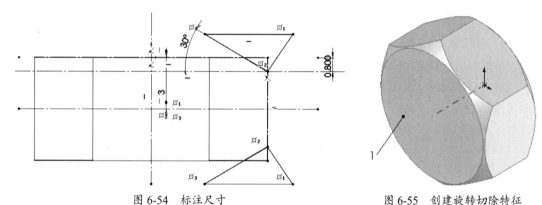

图 6-54　标注尺寸　　　　　　图 6-55　创建旋转切除特征

（11）创建螺纹孔。单击"特征"选项卡中的"异型孔向导"按钮，系统弹出"孔规格"属性管理器。在"标准"下拉列表框中选择"ISO"选项，在"类型"下拉列表框中选择"螺纹孔"选项，在"大小"下拉列表框中选择"M6"选项；单击"位置"选项卡，选择如图 6-55 所示的表面 1。单击"确定"按钮，生成的螺纹孔如图 6-56 所示。

（12）设置基准面。单击如图 6-56 所示的表面 1，然后单击"前导视图"工具栏中的"正视于"按钮，将该表面作为草绘基准面。

（13）绘制草图。单击"草图"选项卡中的"圆"按钮，以原点为圆心绘制一个圆。

（14）标注尺寸。单击"草图"选项卡中的"智能尺寸"按钮，标注圆的直径，如图 6-57 所示。

（15）生成螺旋线。单击"曲线"工具栏中的"螺旋线/涡状线"按钮，系统弹出"螺旋线/涡状线"属性管理器。按照图 6-58 所示进行参数设置，然后单击"确定"按钮。

（16）设置视图方向。单击"前导视图"工具栏中的"等轴测"按钮，将视图以等轴测方向显示，生成的螺旋线如图 6-59 所示。

（17）设置基准面。在左侧的 FeatureManager 设计树中选择"右视基准面"，然后单击"前导视图"工具栏中的"正视于"按钮，将该基准面作为草绘基准面。

（18）绘制草图。单击"草图"选项卡中的"多边形"按钮，以螺旋线右上端点为圆心绘制一个正三角形。

图 6-56 创建螺纹孔　　图 6-57 标注尺寸　　图 6-58 "螺旋线/涡状线"属性管理器

（19）标注尺寸。单击"草图"选项卡上的"智能尺寸"按钮 ，标注步骤（18）中绘制的正三角形的内切圆的直径，如图 6-60 所示，然后退出草图绘制状态。

（20）扫描切除实体。单击"特征"选项卡中的"扫描切除"按钮 ，系统弹出"切除-扫描"属性管理器。在"轮廓" 列表框中，选择如图 6-60 所示的正三角形；在"路径" 列表框中，选择如图 6-59 所示的螺旋线，单击"确定"按钮 。

（21）设置视图方向。单击"前导视图"工具栏中的"等轴测"按钮 ，将视图以等轴测方向显示，创建的扫描切除特征如图 6-61 所示。

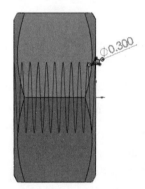

图 6-59 创建螺旋线　　图 6-60 标注尺寸　　图 6-61 创建扫描切除特征

6.2.5 分割线

分割线工具将草图投影到曲面或平面上，它可以将所选的面分割为多个分离的面，从而可以选择操作其中一个分离面，也可将草图投影到曲面实体上生成分割线。分割线可用来创建拔模特征、混合面圆角，并可延展曲面来切除模具。创建分割线有以下几种方式。

- 投影：将一条草图线投影到一个表面上创建分割线。
- 侧影轮廓线：在一个圆柱形零件上生成一条分割线。
- 交叉：以交叉实体、曲面、面、基准面或曲面样条曲线分割面。

下面结合实例介绍以投影方式创建分割线的操作步骤。

【案例 6-8】分割线

分割线

（1）新建一个文件，在左侧的 FeatureManager 设计树中选择"前视基准面"作为草绘基准面。

（2）单击"草图"选项卡中的"边角矩形"按钮，在步骤（1）中设置的基准面上绘制一个圆，单击"草图"选项卡中的"智能尺寸"按钮，标注绘制的矩形的尺寸，如图 6-62 所示。

（3）单击"特征"选项卡中的"拉伸凸台/基体"按钮，系统弹出"凸台-拉伸"属性管理器。终止条件选择"给定深度"，"深度"文本框设为 60mm，如图 6-63 所示，单击"确定"按钮。

（4）单击"前导视图"工具栏中的"等轴测"按钮，将视图以等轴测方向显示，创建的拉伸特征如图 6-64 所示。

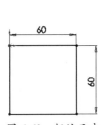

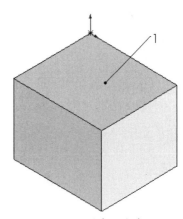

图 6-62　标注尺寸　　　图 6-63　"拉伸"属性管理器　　　图 6-64　创建拉伸特征

（5）单击"特征"选项卡中的"基准面"按钮，系统弹出"基准面"属性管理器。在"参考实体"列表框中，选择如图 6-64 所示的面 1；"偏移距离"文本框设为 30mm，并调整基准面的方向，"基准面"属性管理器设置如图 6-65 所示。单击"确定"按钮，添加一个新的基准面，添加基准面后的图形如图 6-66 所示。

（6）单击步骤（5）中添加的基准面，然后单击"前导视图"工具栏中的"正视于"按钮，将该基准面作为草绘基准面。

（7）单击"草图"选项卡中的"样条曲线"按钮，在步骤（6）中设置的基准面上绘制一条样条曲线，如图 6-67 所示，然后退出草图绘制状态。

（8）单击"前导视图"工具栏中的"等轴测"按钮，将视图以等轴测方向显示，如图 6-68 所示。

（9）选择菜单栏中的"插入"→"曲线"→"分割线"命令，或者单击"曲线"工具栏中的"分割线"按钮，系统弹出"分割线"属性管理器。

（10）在"分割类型"选项组中，选择"投影"单选钮；在"要投影的草图"列表框中，选择如图 6-68 所示的草图 2；在"要分割的面"列表框中，选择如图 6-68 所示的面 1，具体设置如图 6-69 所示。

（11）单击"确定"按钮，生成的分割线及其 FeatureManager 设计树如图 6-70 所示。

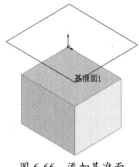

图 6-65 "基准面"属性管理器　　图 6-66 添加基准面　　图 6-67 绘制样条曲线

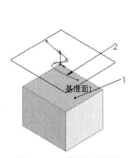

图 6-68 等轴测视图　　图 6-69 "分割线"属性管理器　　图 6-70 生成的分割线及其 FeatureManager 设计树

技巧荟萃

　　在使用投影方式绘制投影草图时，绘制的草图在投影面上的投影必须穿过要投影的面，否则系统会提示错误，而不能生成分割线。

6.2.6　通过参考点的曲线

　　通过参考点的曲线是指通过一个或者多个平面上点的曲线。
　　下面结合实例介绍创建通过参考点的曲线的操作步骤。

【案例 6-9】通过参考点的曲线

（1）打开源文件"\ch6\6.9.SLDPRT"，打开的文件实体如图 6-71 所示。
（2）选择菜单栏中的"插入"→"曲线"→"通过参考点的曲线"命令，或者单击"曲线"工具栏中的"通过参考点的曲线"按钮 ，系统弹出"通过参考点的曲线"属性管理器。

(3)在"通过点"列表框中,依次单击选择如图 6-71 所示的点,其他设置如图 6-72 所示。

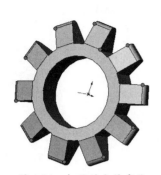

图 6-71 打开的文件实体

图 6-72 "通过参考点的曲线"属性管理器

(4)单击"确定"按钮 ✓,生成通过参考点的曲线。生成曲线后的图形及其 FeatureManager 设计树如图 6-73 所示。

图 6-73 生成曲线后的图形及其 FeatureManager 设计树

在生成通过参考点的曲线时,系统默认生成的为开环曲线,如图 6-74 所示。如果在"通过参考点的曲线"属性管理器中勾选"闭环曲线"复选框,则执行命令后,会自动生成闭环曲线,如图 6-75 所示。

图 6-74 通过参考点的开环曲线　　　　　图 6-75 通过参考点的闭环曲线

6.2.7 通过 XYZ 点的曲线

通过 XYZ 点的曲线是指通过用户定义的点的样条曲线。在 SolidWorks 中，用户既可以自定义样条曲线通过的点，也可以利用点坐标文件生成样条曲线。

1．创建通过 XYZ 点的曲线

【案例 6-10】创建通过 XYZ 点的曲线

（1）选择菜单栏中的"插入"→"曲线"→"通过 XYZ 点的曲线"命令，或者单击"曲线"工具栏中的"通过 XYZ 的曲线"按钮 $\mathcal{U}$，系统弹出的"曲线文件"对话框如图 6-76 所示。

（2）单击 X、Y 和 Z 坐标列各单元格并在每个单元格中输入一个点坐标。

（3）在最后一行的单元格中双击，系统会自动增加一个新行。

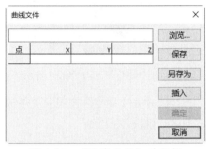

图 6-76 "曲线文件"对话框

（4）如果要在行的上面插入一个新行，只要单击该行，然后单击"曲线文件"对话框中的"插入"按钮即可；如果要删除某一行的坐标，单击该行，然后按<Delete>键即可。

（5）设置好的曲线文件可以保存下来。单击"曲线文件"对话框中的"保存"按钮或者"另存为"按钮，系统弹出"另存为"对话框，选择合适的路径，输入文件名称，单击"保存"按钮即可。

（6）如图 6-77 所示为一个设置好的"曲线文件"对话框，单击对话框中的"确定"按钮，即可生成需要的曲线，如图 6-78 所示。

图 6-77 设置好的"曲线文件"对话框

图 6-78 通过 XYZ 点的曲线

保存曲线文件时，SolidWorks 默认文件的扩展名为".sldcrv"，如果没有指定扩展名，SolidWorks 应用程序会自动添加扩展名".sldcrv"。

在 SolidWorks 中，除了通过在"曲线文件"对话框中输入坐标来定义曲线，还可以通过文本编辑器、Excel 应用程序等生成坐标文件，将其保存为".txt"文件，然后导入系统即可。

技巧荟萃

在使用文本编辑器、Excel 应用程序等生成坐标文件时，文件中必须只包含坐标数据，而不能是 X、Y 或 Z 的标号及其他无关数据。

2. 通过导入坐标文件创建曲线

【案例 6-11】通过导入坐标文件创建曲线

（1）选择菜单栏中的"插入"→"曲线"→"通过 XYZ 点的曲线"命令，或者单击"曲线"工具栏中的"通过 XYZ 的曲线"按钮 ，系统弹出的"曲线文件"对话框如图 6-76 所示。

（2）单击"曲线文件"对话框中的"浏览"按钮，弹出"打开"对话框，查找需要导入的文件名称，然后单击"打开"按钮。

（3）插入文件后，文件名称显示在"曲线文件"对话框中，并且在图形区中可以预览显示效果，如图 6-79 所示。双击其中的坐标可以修改坐标值，直到满意为止。

图 6-79　插入的文件及其预览效果

（4）单击"曲线文件"对话框中的"确定"按钮，生成需要的曲线。

6.3　综合实例——绘制齿条

本实例绘制的齿条如图 6-80 所示。

【思路分析】

其建模过程可以理解为"怎样加工，就怎样建模"。这里所说的"加工"，并不仅仅是指机械加工，而是泛指制造的过程。对于这个零件来说，一般的制造过程如下。

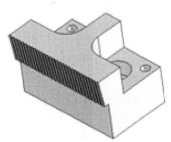

图 6-80　齿条

（1）毛坯是圆钢或粗略锻造的方块。

（2）绘制齿条的轮廓。

（3）挖掉多余部分。

（4）钻 M12 的沉头螺钉孔。

（5）钻 5mm 的销钉孔。

（6）加工 90°的齿槽。

（7）制作倒角等修饰。

这样做不仅用相关的特征清楚地表达了设计者的工艺意图，并预留了准确的加工数据，使后面的工艺设计者能够根据这些素材，准确地理解设计意图。这样，CAD 设计数据作为整个设计数据源头的作用才能够被确保。

齿条绘制流程如图 6-81 所示。

【绘制步骤】

1. 新建文件

启动 SolidWorks，单击"快速访问"工具栏中的"新建"按钮，创建一个新的零件文件。

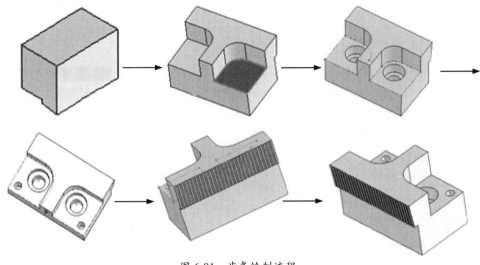

图 6-81 齿条绘制流程

2. 创建齿条基础造型

(1) 新建草图。在 FeatureManager 设计树中选择"前视基准面"作为草绘基准面,单击"草图"选项卡中的"草图绘制"按钮，新建一张草图。

(2) 绘制直线,并标注尺寸。单击"草图"选项卡中的"直线"按钮，绘制如图 6-82 所示的草图 1,并标注尺寸。

(3) 拉伸实体。单击"特征"选项卡中的"拉伸凸台/基体"按钮，系统弹出"凸台-拉伸"属性管理器。设定拉伸的终止条件为"两侧对称",设置拉伸深度为 60mm,保持其他选项的系统默认值不变,如图 6-83 所示。

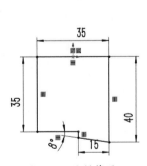

图 6-82 绘制草图 1

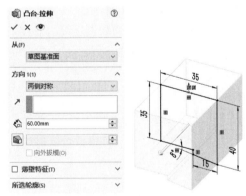

图 6-83 设置拉伸特征 1 参数

(4) 单击"确定"按钮，完成第一个特征的构建。

3. 创建左视图的特征

(1) 确定绘图平面。选择如图 6-83 所示的面,单击"草图"选项卡中的"草图绘制"按钮，将其作为草绘平面。

(2) 设置视图方向。单击"前导视图"工具栏中的"正视于"按钮，正视于草绘平面。

(3) 绘制草图轮廓,并标注尺寸。单击"草图"选项卡中的"直线"按钮，绘制如图 6-84

所示的草图 2。这里可以用 SolidWorks 中"直线"工具的自动过渡功能绘制切线弧。

"直线"工具的自动过渡功能：使用"直线"工具，在直线、圆弧、椭圆或样条曲线的端点处单击，然后将光标移开，预览显示将生成一条直线；将光标移回终点，然后再移开，预览则会显示生成一条切线弧，拖动光标从而绘制切线弧。

如图 6-84 所示的图形并不是零件需要的样子，两边轮廓并不对称。可以有很多方法解决这种表达不准确的问题。

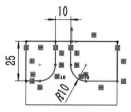

图 6-84　绘制草图 2

> **技巧荟萃**
>
> 可以通过标注所有的相关尺寸达到目的，但这可能使操作复杂，关键是设计思路不准确。原始构思中这个结构两边是相同的。
>
> 可以使用"添加几何关系"功能，为草图中需要对称的相关图线添加尺寸相等的几何关系。

（4）添加几何关系。单击"尺寸/几何关系"工具栏中的"添加几何关系"按钮 ，选择需要对称的相关图线及其他图形元素，为它们添加相等几何关系，最终的草图轮廓如图 6-85 所示。

（5）拉伸切除。单击"特征"选项卡中的"拉伸切除"按钮 ，系统弹出"切除-拉伸"属性管理器。设定拉伸的终止条件为"给定深度"，拉伸深度为 15mm，保持其他选项的系统默认值不变，如图 6-86 所示。

（6）单击"确定"按钮 ，完成拉伸特征 2 的构建。

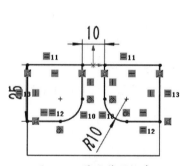

图 6-85　最终草图轮廓

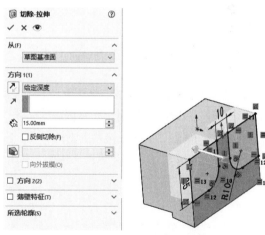

图 6-86　设置拉伸特征 2 参数

4. 创建沉头螺钉孔的特征

（1）定义孔的参数。单击"特征"选项卡中的"异型孔向导"按钮 ，系统弹出"孔规格"属性管理器。在"孔类型"选项组中，单击"柱形沉头孔"按钮 ，然后对沉头螺钉孔的参数进行如图 6-87 所示的设置。

（2）绘制孔。在选定好孔类型之后，单击"位置"选项卡，选择两段圆弧构造线的中心点作为要生成孔的中心位置，如图 6-88 所示。

（3）单击"确定"按钮 ，完成沉头螺钉孔特征的构建，如图 6-89 所示。

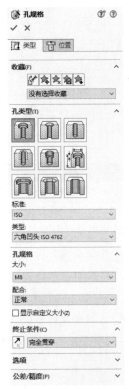

图 6-87　设置沉头螺钉孔参数

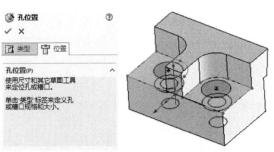

图 6-88　设置沉头螺钉孔中心位置

5．创建销钉孔特征

销钉孔的创建与沉头螺钉孔的相类似，不同之处在于销钉孔中心要单独创建中心点，并用尺寸约束定位。

（1）确定绘图平面。选择如图 6-89 所示的切除面作为草图绘制平面，单击"草图"选项卡上的"草图绘制"按钮，新建一张草图。

（2）绘制点。单击"草图"选项卡中的"点"按钮，在平面绘制两个点。

（3）标注尺寸。单击"草图"选项卡中的"智能尺寸"按钮，用尺寸约束两个点的位置，如图 6-90 所示。

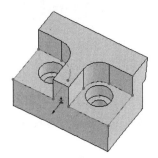

图 6-89　创建沉头螺钉孔

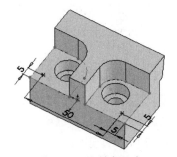

图 6-90　绘制定位点

（4）定义孔的参数。单击"特征"选项卡中的"异型孔向导"按钮，系统弹出"孔规格"属性管理器。在"孔类型"选项组中，单击"孔"按钮，然后对孔的参数进行如图 6-91 所示的设置。

（5）绘制孔。在选好孔类型之后，单击"位置"选项卡，选择将孔的中心位置定位到草图中所绘制的两个点上。

（6）单击"确定"按钮 ✓ ，生成的两个销钉孔如图 6-92 所示。

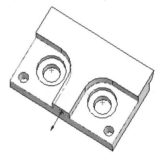

图 6-91　设置销钉孔参数　　　　　　图 6-92　创建销钉孔

6．创建单个齿部特征

齿部是沿着零件中 8°的斜面加工出来的，因此要在与斜面垂直的草图平面中进行齿槽法向轮廓的描述，然后利用"拉伸/切除"工具创建单个齿条。接下来利用 SolidWorks 的 CAGD 功能求解槽间距，用线性阵列的方法沿零件棱线阵列齿槽，从而形成需要的样子。

（1）旋转视图。单击"前导视图"工具栏中的"旋转视图"按钮 C ，将 8°的斜面显示出来。

（2）创建基准面。单击"特征"选项卡中的"基准面"按钮 ▮ 。选择 8°斜面和面的棱线作为参考实体，并单击"两面夹角"按钮 ▨ ，右侧的文本框设为 90°。单击"确定"按钮 ✓ ，生成与 8°的斜面相垂直并通过所选棱线的基准面 1，如图 6-93 所示。

（3）设置基准面。选中基准面 1，单击"草图"选项卡中的"草图绘制"按钮 ▭ ，将其作为草绘基准面。

（4）设置视图方向。单击"前导视图"工具栏中的"正视于"按钮 ↧ ，转换视图到草图的正投影状态。

（5）绘制草图。靠着 8°斜面轮廓的边绘制齿槽的草图。

（6）标注尺寸。单击"草图"选项卡中的"智能尺寸"按钮 ◈ ，标注齿槽草图的尺寸。在标注 0.8mm 驱动尺寸时，要先选定 8°斜面轮廓的投影边，再选定圆弧。标注较小的图线时，可能不能感应到所要的对象，要进一步放大显示才行。SolidWorks 的感应功能是在当前显示区中,以固定的大小作为捕捉目标区的,因此如果图线显示太小,将不能正确感应,绘制的齿槽草图如图 6-94 所示。

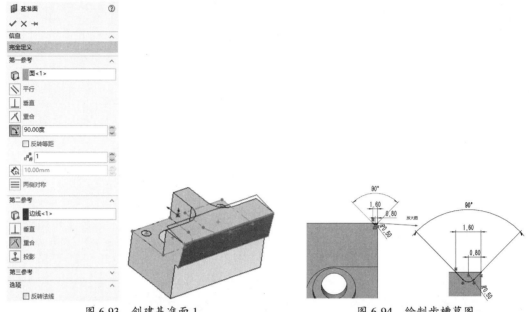

图 6-93　创建基准面 1　　　　　图 6-94　绘制齿槽草图

> **技巧荟萃**
>
> 这里需要将齿槽的法向轮廓投影到零件的面上,之所以不直接用这个草图轮廓作为拉伸切除的草图,是因为基准面上的草图在拉伸切除中的终止条件只能为"完全贯穿",在本例中将会切削到不应切削的结构。

(7) 拉伸切除实体。选择刚绘制的草图,单击"特征"选项卡中的"拉伸切除"按钮 ⬚ ,系统弹出"切除-拉伸"属性管理器。设置拉伸切除的终止条件为"成形到下一面",选择前面生成的基准面 1 作为拉伸方向,如图 6-95 所示。单击"确定"按钮 ✓ ,生成单个的齿槽。

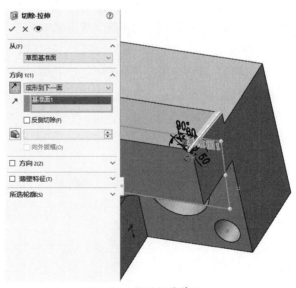

图 6-95　设置拉伸特征 3

7. 阵列齿槽

用线性阵列的方法沿零件棱线阵列齿槽，形成需要的样子。

> **技巧荟萃**
>
> 进行线性阵列操作必须知道具体的距离，而原设计只要求两槽之间的平面宽度为 0.5mm，缺少距离来控制尺寸。这实际上是一种设计不成熟的表现，工程图中必须给出加工需要的所有必要尺寸，当然要有槽间距，而不只是标注槽间的平面宽度。
>
> 就现在的状况，怎样求解槽间距？用计算的方法肯定可以。这里讨论另外的方法：CAGD（Computer Aided Geometrical Design），是以计算几何为理论基础，以计算机软件为载体，进行几何图形的表达、分析、编辑和保存的一种技术方法，称为"计算机辅助几何设计"。
>
> 新建一个零件，并进入草图编辑状态；创建两个齿槽的草图，做好已知条件的约束；标注需要的槽间距参考尺寸，利用 CAGD 功能计算槽间距，如图 6-96 所示，间距应当为 2.1mm。
>
> 所有的 CAD 软件都有这样的 CAGD 功能，这是必需的基本功能。如果以机械工程师所熟悉的知识，可以粗略地理解为：CAGD 就是用作图法来求解设计参数。在 CAGD 功能支持下，用户不必有高深的数学基础，不必构建复杂的解析计算模型，也能精确而快速地进行二维、甚至一些三维几何图形的构建与数据分析，进而得到要求的设计参数。可见，CAGD 功能已经超出了单纯绘图的范畴。
>
> 问题在于，使用者能否理解和主动使用这些功能。经常可以看到，工程师手边放着计算器，计算各种需要求解的几何参数，而他的面前有计算器根本无法与之相比的计算机，并装着相当好的 CAD 软件。实际上许多工程师不知道 CAD 软件可以这样使用，也没这样想过和试过，也就不会主动使用。
>
> 有了相关的数据，就可以阵列这个齿槽了（间距 2.1mm）。
>
>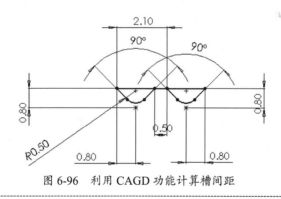
>
> 图 6-96 利用 CAGD 功能计算槽间距

单击"特征"选项卡中的"线性阵列"按钮，系统弹出"线性阵列"属性管理器。在图形区中选择如图 6-97 所示的零件棱线作为阵列方向，设置阵列间距为 2.1mm，单击"实例数"文本框右侧的"微调"按钮，并在图形区中观察结果，从而确定阵列的实例数（大约为 29），如图 6-97 所示。单击"确定"按钮，生成的线性阵列特征如图 6-98 所示。

8. 创建其他修饰性特征

为零件添加倒角、圆角等修饰性特征。

（1）绘制倒角。单击"特征"选项卡中的"倒角"按钮，系统弹出"倒角"属性管理器。选择"倒角类型"为"角度距离"，设置倒角距离为 2mm、倒角角度为 45°。在图形区中选择要生成倒角的零件棱线，如图 6-99 所示。单击"确定"按钮，完成倒角特征的创建。

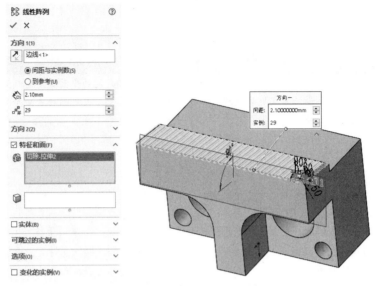

图 6-97 设置线性阵列特征参数

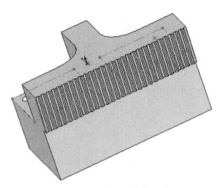

图 6-98 线性阵列效果

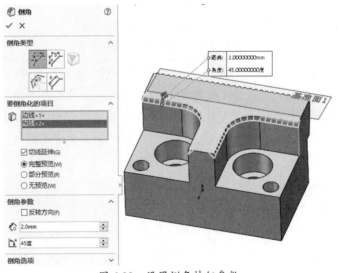

图 6-99 设置倒角特征参数

（2）圆角。单击"特征"选项卡中的"圆角"按钮，系统弹出"圆角"属性管理器。在"圆角类型"选项组中选择"等半径"单选钮，设置圆角半径为1mm。在图形区域中选择要生成圆角的零件棱线，如图6-100所示。单击"确定"按钮，完成圆角特征的创建。至此，完成了齿条的建模。

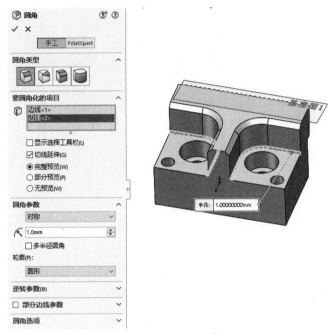

图 6-100　设置圆角参数

（3）单击"快速访问"工具栏中的"保存"按钮，将零件保存为"齿条.sldprt"。

第 7 章 曲面

> 曲面是一种可用来生成实体特征的几何体，它用来描述相连的零厚度几何体，如单一曲面、缝合的曲面、剪裁和圆角的曲面等。一个单一模型中可以有多个曲面实体。SolidWorks 强大的曲面建模功能，使其广泛地应用在机械设计、模具设计、消费类产品设计等领域。

7.1 创建曲面

一个零件中可以有多个曲面实体。SolidWorks 提供了专门的"曲面"工具栏，如图 7-1 所示。利用该工具栏中的按钮既可以生成曲面，也可以对曲面进行编辑。

图 7-1 "曲面"工具栏

SolidWorks 提供了多种方式来创建曲面，主要有以下几种。
- 将草图或基准面上的一组闭环边线插入一个平面。
- 由草图拉伸、旋转、扫描或者放样生成曲面。
- 由现有面或者曲面生成等距曲面。
- 从其他程序（如 CATIA、ACIS、Pro/ENGINEER、UG、SolidEdge、Autodesk Inverntor 等）输入曲面文件。
- 由多个曲面组合成新的曲面。

7.1.1 拉伸曲面

拉伸曲面是指将一条曲线拉伸为曲面。曲面可以从以下几种情况开始，即从草图所在的基准面拉伸、从指定的曲面/面/基准面开始拉伸、从草图的顶点开始拉伸、从与当前草图基准面等距的基准面上开始拉伸等。

下面结合实例介绍拉伸曲面的操作步骤。

【案例 7-1】拉伸曲面

（1）新建一个文件，在左侧的 FeatureManager 设计树中选择"前视基准面"作为草绘基准面。

（2）单击"草图"选项卡中的"样条曲线"按钮 $\mathcal{N}$，在步骤（1）中设置的基准面上绘制一条样条曲线，如图 7-2 所示。

图 7-2 绘制样条曲线

（3）选择菜单栏中的"插入"→"曲面"→"拉伸曲面"命令，或者单击"曲面"选项卡中的"拉伸曲面"按钮，系统弹出"曲面-拉伸"属性管理器。

（4）按照如图 7-3 所示进行选项设置，注意设置曲面拉伸的方向，然后单击"确定"按钮 ✓，完成曲面拉伸。得到的拉伸曲面如图 7-4 所示。

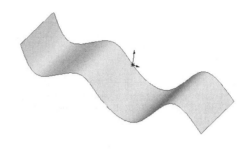

图 7-3 "曲面-拉伸"属性管理器　　　　图 7-4 拉伸曲面

在"曲面-拉伸"属性管理器中，"方向 1"选项组的"终止条件"下拉列表框用来设置拉伸的终止条件，其各选项的意义如下。

- 给定深度：从草图的基准面拉伸特征到指定距离处形成拉伸曲面。
- 成形到一顶点：从草图基准面拉伸特征到模型的一个顶点所在的平面，这个平面平行于草图基准面且穿越指定的顶点。
- 成形到一面：从草图基准面拉伸特征到指定的面或者基准面。
- 到离指定面指定的距离：从草图基准面拉伸特征到离指定面指定的距离处生成拉伸曲面。
- 成形到实体：从草图基准面拉伸特征到指定实体处。
- 两侧对称：以指定的距离拉伸曲面，并且拉伸的曲面关于草图基准面对称。

7.1.2 旋转曲面

旋转曲面是指将交叉或者不交叉的草图，用所选轮廓指针生成旋转曲面。旋转曲面主要由 3 部分组成，即旋转轴、旋转类型和旋转角度。

下面结合实例介绍旋转曲面的操作步骤。

【案例 7-2】旋转曲面

（1）打开源文件"\ch7\7.2.SLDPRT"，如图 7-5 所示。

（2）选择菜单栏中的"插入"→"曲面"→"旋转曲面"命令，或者单击"曲面"选项卡中的"旋转曲面"按钮 ，系统弹出"曲面-旋转"属性管理器。

（3）按照如图 7-6 所示进行选项设置，注意设置曲面拉伸的方向，然后单击"确定"按钮 ✓，完成曲面旋转。得到的旋转曲面如图 7-7 所示。

在"曲面-旋转"属性管理器中，"方向 1"选项组的"旋转类型"下拉列表框用来设置旋转的终止条件，其各选项的意义如下。

- 给定深度：从草图以单一方向生成旋转到"角度" 文本框中设定的由旋转所包容的角度。
- 成形到一顶点：从草图基准面生成旋转到"顶点" 列表框中所指定的顶点。

图 7-5　源文件　　　　图 7-6　"曲面-旋转"属性管理器　　　图 7-7　旋转曲面后

技巧荟萃

生成旋转曲面时，绘制的样条曲线可以和中心线交叉，但是不能穿越。

- 成形到一面：从草图基准面生成旋转到"面/基准面" 列表框中所指定的曲面。
- 到离指定面的距离：从草图基准面生成旋转到"面/基准面" 列表框中所指定曲面的指定等距。在"等距距离" 文本框中设定等距。必要时，单击"反向等距"按钮以便以反方向等距移动。
- 两侧对称：从草图基准面以顺时针和逆时针方向生成旋转，角度位于旋转"角度" 文本框的中间。

7.1.3　扫描曲面

扫描曲面是指通过轮廓和路径的方式生成曲面，与扫描特征类似，也可以通过引导线扫描曲面。

下面结合实例介绍扫描曲面的操作步骤。

扫描曲面

【案例 7-3】扫描曲面

（1）新建一个文件，在左侧的 FeatureManager 设计树中选择"前视基准面"作为草绘基准面。

（2）单击"草图"选项卡中的"样条曲线"按钮 ，在步骤（1）中设置的基准面上绘制一条样条曲线，作为扫描曲面的轮廓，如图 7-8 所示，然后退出草图绘制状态。

（3）在左侧的 FeatureManager 设计树中选择"右视基准面"，单击"前导视图"工具栏中的"正视于"按钮 ，将右视基准面作为草绘基准面。

（4）单击"草图"选项卡中的"样条曲线"按钮 ，在步骤（3）中设置的基准面上绘制一条样条曲线，作为扫描曲面的路径，如图 7-9 所示，然后退出草图绘制状态。

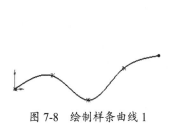 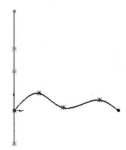

图 7-8　绘制样条曲线 1　　　　　图 7-9　绘制样条曲线 2

（5）选择菜单栏中的"插入"→"曲面"→"扫描曲面"命令，或者单击"曲面"选项卡中的"扫描曲面"按钮 ，系统弹出"曲面-扫描"属性管理器。

（6）在"轮廓"列表框中，选择步骤（2）中绘制的样条曲线；在"路径"列表框中，选择步骤（4）中绘制的样条曲线，如图7-10所示。单击"确定"按钮 ，完成曲面扫描。

（7）单击"前导视图"工具栏中的"等轴测"按钮 ，将视图以等轴测方向显示，创建的扫描曲面如图7-11所示。

图7-10 "曲面-扫描"属性管理器　　　　　图7-11 扫描曲面

技巧荟萃

在使用引导线扫描曲面时，引导线必须贯穿轮廓草图，通常需要在引导线和轮廓草图之间建立重合和穿透几何关系。

7.1.4 放样曲面

放样曲面是指通过曲线之间的平滑过渡而生成曲面的方法。放样曲面主要由放样的轮廓曲线组成，如果有必要可以使用引导线。

下面结合实例介绍放样曲面的操作步骤。

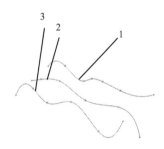

【案例7-4】放样曲面

（1）打开源文件"\ch7\7.4.SLDPRT"，如图7-12所示。

（2）选择菜单栏中的"插入"→"曲面"→"放样曲面"命令，或者单击"曲面"选项卡中的"放样曲面"按钮 ，系统弹出"曲面-放样"属性管理器。

图7-12 源文件

（3）在"轮廓"列表框中，依次选择如图7-12所示的样条曲线1、样条曲线2和样条曲线3，如图7-13所示。

（4）单击属性管理器中的"确定"按钮 ，创建的放样曲面如图7-14所示。

技巧荟萃

（1）放样曲面时，轮廓曲线的基准面不一定平行。

（2）放样曲面时，可以应用引导线控制放样曲面的形状。

图 7-13 "曲面-放样"属性管理器

图 7-14 放样曲面

7.1.5 等距曲面

等距曲面是指将已经存在的曲面以指定的距离生成另一个曲面,该曲面可以是模型的轮廓面,也可以是绘制的曲面。

下面结合实例介绍等距曲面的操作步骤。

【案例 7-5】等距曲面

(1) 打开源文件"\ch7\7.5.SLDPRT",打开的文件实体如图 7-15 所示。

(2) 选择菜单栏中的"插入"→"曲面"→"等距曲面"命令,或者单击"曲面"选项卡中的"等距曲面"按钮,系统弹出"等距曲面"属性管理器。

(3) 在"要等距的曲面或面" 右侧的列表框中选择如图 7-15 所示的面 1;"等距距离" 文本框设为 70mm,并注意调整等距曲面的方向,单击"反转等距方向"按钮 ,结果如图 7-16 所示。

(4) 单击"确定"按钮 ,生成的等距曲面如图 7-17 所示。

图 7-15 打开的文件实体

图 7-16 "等距曲面"属性管理器

图 7-17 等距曲面

技巧荟萃

可以生成距离为 0 的等距曲面,用于生成一个独立的轮廓面。

7.1.6 延展曲面

延展曲面是指通过沿所选平面方向延展实体或者曲面的边线来生成曲面。延展曲面主要通过指定延展曲面的参考方向、参考边线和延展距离来确定。

下面结合实例介绍延展曲面的操作步骤。

【案例 7-6】延展曲面

（1）打开源文件"\ch7\7.6.SLDPRT"，打开的文件实体如图 7-18 所示。

（2）选择菜单栏中的"插入"→"曲面"→"延展曲面"命令，或者单击"曲面"选项卡中的"延展曲面"按钮 ，系统弹出"延展曲面"属性管理器。

（3）在"延展方向参考" 列表框中，选择如图 7-18 所示的面 1；在"要延展的边线" 右侧的列表框中，选择如图 7-18 所示的边线 2，如图 7-19 所示。

（4）单击"确定"按钮 ，生成的延展曲面如图 7-20 所示。

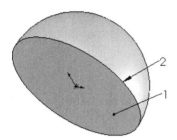

图 7-18　打开的文件实体　　　图 7-19　"延展曲面"　　　图 7-20　延展曲面
　　　　　　　　　　　　　　　　属性管理器

生成的曲面可以进行编辑，在 SolidWorks 中如果修改相关曲面中的一个，另一个曲面也将进行相应的修改。SolidWorks 提供了缝合曲面、延伸曲面、剪裁曲面、填充曲面、中面、替换曲面、删除曲面、解除剪裁曲面、分型面和直纹曲面等多种曲面编辑方式，相应的曲面编辑按钮在"曲面"选项卡中。

7.1.7 实例——绘制卫浴把手

本实例绘制的卫浴把手如图 7-21 所示。

【思路分析】

卫浴把手由卫浴把手主体和手柄两部分组成。绘制该模型的操作主要有旋转曲面、加厚、拉伸切除实体、添加基准面和圆角等。绘制流程如图 7-22 所示。

图 7-21　卫浴把手

【绘制步骤】

1. 绘制主体部分

（1）设置基准面。在左侧 FeatureManager 设计树中选择"前视基准面"，然后单击"前导视图"工具栏中的"正视于"按钮 ，将该基准面作为草绘基准面。

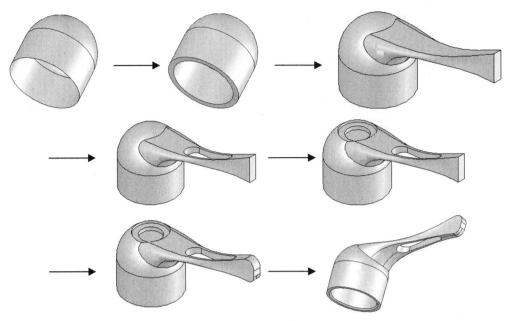

图 7-22 卫浴把手的绘制流程

（2）绘制草图。单击"草图"选项卡中的"中心线"按钮，绘制一条通过原点的竖直中心线，然后单击"草图"选项卡中的"直线"按钮和"圆"按钮，绘制一条直线和一个圆，注意绘制的直线与圆弧的左侧点相切。

（3）标注尺寸。单击"草图"选项卡中的"智能尺寸"按钮，标注刚绘制的草图的尺寸，如图 7-23 所示。

（4）剪裁草图实体。单击"草图"选项卡中的"剪裁实体"按钮，系统弹出的"剪裁"属性管理器如图 7-24 所示。单击"剪裁到最近端"按钮，剪裁绘制的草图如图 7-25 所示。

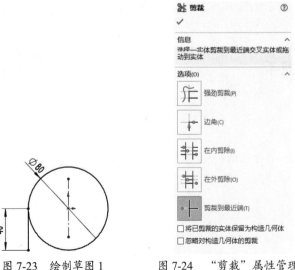

图 7-23 绘制草图 1　　　图 7-24 "剪裁"属性管理器　　　图 7-25 剪裁草图

（5）旋转曲面。单击"曲面"选项卡中的"旋转曲面"按钮，系统弹出"曲面-旋转"属性管理器。在"旋转轴"列表框中，选择如图 7-25 所示的竖直中心线，其他选项设置如

图 7-26 所示。单击"确定"按钮✓，完成曲面旋转。

（6）设置视图方向。单击"前导视图"工具栏中的"旋转视图"按钮，将视图以合适的方向显示，创建的旋转曲面如图 7-27 所示。

图 7-26 "曲面-旋转"属性管理器

图 7-27 旋转曲面

（7）加厚曲面实体。单击"曲面"选项卡中的"加厚"按钮，系统弹出"加厚"属性管理器。在"要加厚的曲面"列表框中，选择 FeatureManager 设计树中的"曲面-旋转 1"，即步骤（5）中旋转生成的曲面实体；"厚度"文本框设为 6mm，如图 7-28 所示。单击"确定"按钮✓，将曲面实体加厚，得到的加厚实体如图 7-29 所示。

图 7-28 "加厚"属性管理器

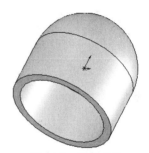

图 7-29 加厚实体

2．绘制手柄

（1）设置基准面。在左侧 FeatureManager 设计树中选择"前视基准面"，然后单击"前导视图"工具栏中的"正视于"按钮，将该基准面作为草绘基准面。

（2）绘制草图。单击"草图"选项卡中的"样条曲线"按钮，绘制如图 7-30 所示的草图并标注尺寸，然后退出草图绘制状态。

（3）设置基准面。在左侧 FeatureManager 设计树中选择"前视基准面"，然后单击"前导视图"工具栏中的"正视于"按钮，将该基准面作为草绘基准面。

（4）绘制草图。单击"草图"选项卡中的"样条曲线"按钮，绘制如图 7-31 所示的草图并标注尺寸，然后退出草图绘制状态。

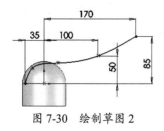

图 7-30 绘制草图 2

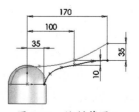

图 7-31 绘制草图 3

> **技巧荟萃**
>
> 虽然上面绘制的两个草图在同一基准面上,但是不能一步操作完成,即绘制在同一草图内,因为绘制的两个草图将分别作为下面放样实体的两条引导线。

(5) 设置基准面。在左侧 FeatureManager 设计树中选择"上视基准面",然后单击"前导视图"工具栏中的"正视于"按钮，将该基准面作为草绘基准面。

(6) 绘制草图。单击"草图"选项卡中的"圆"按钮，以原点为圆心绘制直径为 70mm 的圆,如图 7-32 所示,然后退出草图绘制状态。

(7) 添加基准面 1。单击"特征"选项卡中的"基准面"按钮，系统弹出"基准面"属性管理器。在"参考实体"列表框中选择 FeatureManager 设计树中的"右视基准面";"距离"文本框设为 100mm,注意添加基准面的方向,"基准面"属性管理器设置如图 7-33 所示。单击"确定"按钮，添加一个基准面。

(8) 设置视图方向。单击"前导视图"工具栏中的"等轴测"按钮，将视图以等轴测方向显示。添加基准面 1 后的图形如图 7-34 所示。

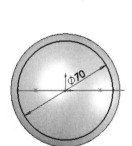

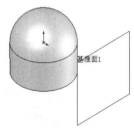

图 7-32 绘制草图 4　　图 7-33 "基准面"属性管理器　　图 7-34 添加基准面 1

(9) 设置基准面。在左侧 FeatureManager 设计树中选择"基准面 1",然后单击"前导视图"工具栏中的"正视于"按钮，将该基准面作为草绘基准面。

(10) 绘制草图。单击"草图"选项卡中的"边角矩形"按钮，绘制如图 7-35 所示的草图并标注尺寸。

(11) 添加基准面 2。单击"特征"选项卡中的"基准面"按钮，系统弹出"基准面"属性管理器。在"参考实体"列表框中选择 FeatureManager 设计树中的"右视基准面";"偏移距离"文本框设为 170mm,注意添加基准面的方向,"基准面"属性管理器设置如图 7-36 所示。单击"确定"按钮，添加基准面 2。

(12) 设置视图方向。单击"前导视图"工具栏中的"等轴测"按钮，将视图以等轴测方向显示。添加基准面 2 后的图形如图 7-37 所示。

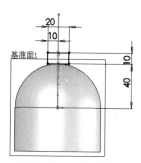  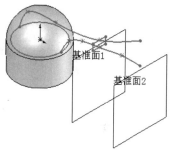

图 7-35　绘制草图 5　　　图 7-36　"基准面"属性管理器　　　图 7-37　添加基准面 2

（13）设置基准面。在左侧 FeatureManager 设计树中选择"基准面 2",然后单击"前导视图"工具栏中的"正视于"按钮，将该基准面作为草绘基准面。

（14）绘制草图。单击"草图"选项卡中的"边角矩形"按钮，绘制如图 7-38 所示的草图并标注尺寸。

（15）设置视图方向。单击"前导视图"工具栏中的"等轴测"按钮，将视图以等轴测方向显示。设置视图方向后的图形如图 7-39 所示。

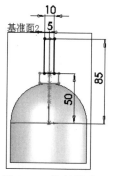 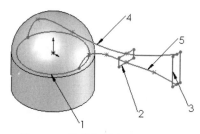

图 7-38　绘制草图 6　　　　　　图 7-39　设置视图方向后的图形

（16）放样实体。单击"特征"选项卡中的"放样凸台/基体"按钮，系统弹出"放样"属性管理器。在"轮廓"列表框中依次选择如图 7-39 所示的草图 1、草图 2 和草图 3；在"引导线"列表框中依次选择如图 7-39 所示的草图 4 和草图 5，"放样"属性管理器设置如图 7-40 所示。单击"确定"按钮，创建的放样实体如图 7-41 所示。

（17）设置基准面。在左侧 FeatureManager 设计树中选择"上视基准面",然后单击"前导视图"工具栏中的"正视于"按钮，将该基准面作为草绘基准面。

（18）绘制草图。单击"草图"选项卡中的"中心线"按钮、"3 点圆弧"按钮和"直线"按钮，绘制如图 7-42 所示的草图并标注尺寸。

图 7-40 "放样"属性管理器

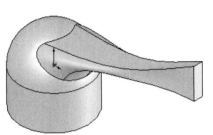

图 7-41 放样实体

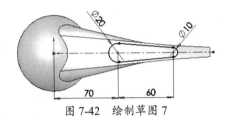

图 7-42 绘制草图 7

（19）拉伸切除实体。单击"特征"选项卡中的"拉伸切除"按钮，系统弹出"切除-拉伸"属性管理器。在"终止条件"下拉列表框中选择"完全贯穿"，注意拉伸切除的方向，属性管理器设置如图 7-43 所示。单击"确定"按钮，完成拉伸切除实体。

（20）设置视图方向。单击"前导视图"工具栏中的"等轴测"按钮，将视图以等轴测方向显示。创建的拉伸切除实体 1 如图 7-44 所示。

图 7-43 "切除-拉伸"属性管理器

图 7-44 拉伸切除实体 1

3．编辑卫浴把手

（1）添加基准面。单击"特征"选项卡中的"基准面"按钮，此时系统弹出"基准面"属性管理器。单击属性管理器的"参考实体"列表框，在 FeatureManager 设计树中选择"上视基准面"；"偏移距离"文本框设为 30mm，注意添加基准面的方向，"基准面"属性管理器设置如图 7-45 所示。单击"基准面"属性管理器中的"确定"按钮，添加的基准面 3 如图 7-46 所示。

(2)设置基准面。在左侧 FeatureManager 设计树中选择基准面 3,然后单击"前导视图"工具栏中的"正视于"按钮,将该基准面作为草绘基准面。

(3)绘制草图。单击"草图"选项卡中的"圆"按钮,以原点为圆心绘制直径为 45mm 的圆,如图 7-47 所示。

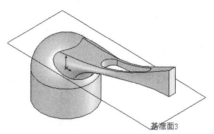

图 7-46 添加基准面 3

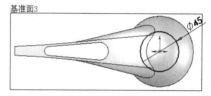

图 7-45 "基准面"属性管理器

图 7-47 绘制草图 8

(4)拉伸切除实体。单击"特征"选项卡中的"拉伸切除"按钮,系统弹出"切除-拉伸"属性管理器。在"终止条件"下拉列表框中选择"完全贯穿",注意拉伸切除的方向,属性管理器设置如图 7-48 所示。单击"确定"按钮,完成拉伸切除实体。

(5)设置视图方向。单击"前导视图"工具栏中的"等轴测"按钮,将视图以等轴测方向显示。创建的拉伸切除实体 2 如图 7-49 所示。

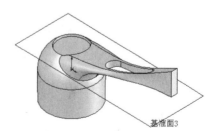

图 7-48 "切除-拉伸"属性管理器

图 7-49 拉伸切除实体 2

(6)设置基准面。在左侧 FeatureManager 设计树中选择"基准面 3",然后单击"前导视图"工具栏中的"正视于"按钮,将该基准面作为草绘基准面。

(7)绘制草图。单击"草图"选项卡中的"圆"按钮,以原点为圆心绘制直径为 45mm 的圆,如图 7-50 所示。

（8）拉伸切除实体。单击"特征"选项卡中的"拉伸切除"按钮 ⬚，系统弹出"切除-拉伸"属性管理器。在"终止条件"下拉列表框中选择"给定深度"，注意拉伸切除的方向；"深度" ⬚ 文本框设为5mm。单击属性管理器中的"确定"按钮 ✓，完成拉伸切除实体。

> **技巧荟萃**
> 进行拉伸切除实体时，一定要注意调节拉伸切除的方向，否则系统会提示所进行的切除与模型不相交，或者切除的实体与所需要切除的相反。

（9）设置视图方向。单击"前导视图"工具栏中的"等轴测"按钮 ⬚，将视图以等轴测方向显示。创建的拉伸切除实体3如图7-51所示。

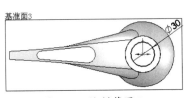

图7-50 绘制草图9

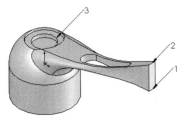

图7-51 拉伸切除实体3

（10）实体倒圆角。单击"特征"选项卡中的"圆角"按钮 ⬚，系统弹出"圆角"属性管理器。在"圆角类型"选项组中，选择"等半径"；"半径" ⬚ 文本框设为10mm；在"参考实体" ⬚ 列表框中，选择如图7-51所示的边线1和边线2，"圆角"属性管理器设置如图7-52所示。单击"确定"按钮 ✓，倒圆角后的实体如图7-53所示。

图7-52 "圆角"属性管理器

图7-53 倒圆角实体1

（11）实体倒圆角。重复步骤（10），对如图7-51所示的边线3创建半径为2mm的圆角，倒圆角后的实体如图7-54所示。

（12）设置视图方向。单击"前导视图"工具栏中的"旋转视图"按钮 ⬚，将视图以合适的方向显示。设置视图方向后的图形 2 如图 7-55 所示。

图 7-54　倒圆角实体 2

图 7-55　设置视图方向后的图形 2

（13）实体倒角。单击"特征"选项卡中的"倒角"按钮，系统弹出"倒角"属性管理器。在"参考实体"列表框中，单击选择如图 7-55 所示的边线 1；"倒角类型"选择"角度距离"，"距离"文本框设为 2mm；"角度"文本框设为 45°，"倒角"属性管理器设置如图 7-56 所示。单击"确定"按钮，完成实体倒角操作。倒角后的实体如图 7-57 所示。

图 7-56　"倒角"属性管理器

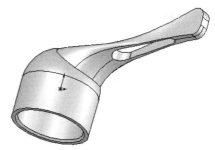

图 7-57　实体倒角

7.2　编辑曲面

7.2.1　缝合曲面

缝合曲面是将两个或者多个平面或者曲面组合成一个面。

下面结合实例介绍缝合曲面的操作步骤。

【案例 7-7】缝合曲面

（1）打开源文件"\ch7\7.7.SLDPRT"，打开的文件实体如图 7-58 所示。

（2）选择菜单栏中的"插入"→"曲面"→"缝合曲面"命令，或者单击"曲面"选项卡中的"缝合曲面"按钮，系统弹出"缝合曲面"属性管理器。

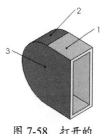

图 7-58　打开的文件实体

（3）单击"要缝合的曲面和面"列表框，选择如图 7-58 所示的面 1、曲面 2 和面 3。

（4）单击"确定"按钮，生成缝合曲面。

> **技巧荟萃**
>
> 使用曲面缝合时，要注意以下几项。
> （1）曲面的边线必须相邻并且不重叠。
> （2）曲面不必处于同一基准面上。
> （3）缝合的曲面实体可以是一个或多个相邻曲面实体。
> （4）缝合曲面不吸收用于生成它的曲面。
> （5）在缝合曲面形成一个闭合体或保留为曲面实体时将生成一个实体。
> （6）在使用基面选项缝合曲面时，必须使用延展曲面。
> （7）曲面缝合前后，曲面和面的外观没有任何变化。

7.2.2 延伸曲面

延伸曲面是指将现有曲面的边缘沿着切线方向，以直线或者随曲面的弧度方向产生附加的延伸曲面。

下面结合实例介绍延伸曲面的操作步骤。

【案例 7-8】延伸曲面

（1）打开源文件"\ch7\7.8.SLDPRT"，打开的文件实体如图 7-59 所示。

（2）选择菜单栏中的"插入"→"曲面"→"延伸曲面"命令，或者单击"曲面"选项卡中的"延伸曲面"按钮，系统弹出"延伸曲面"属性管理器。

（3）单击"所选面/边线"列表框，选择如图 7-59 所示的边线 1，选择"距离"单选钮，"距离"文本框设为 60mm；在"延伸类型"选项中选择"同一曲面"单选钮，如图 7-60 所示。

（4）单击"确定"按钮，生成的延伸曲面如图 7-61 所示。

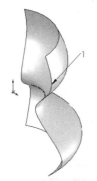

图 7-59 打开的文件实体　　　　图 7-60 "延伸曲面"属性管理器

延伸类型有两种：一种是同一曲面类型，是指沿曲面的几何体延伸曲面；另一种是线性类型，是指沿边线相切于原有曲面来延伸曲面。如图 7-62 所示是使用同一曲面类型生成的延伸曲面，如图 7-63 所示是使用线性类型生成的延伸曲面。

在"延伸曲面"属性管理器的"终止条件"选项中，各单选钮的意义如下。

- 距离：按照在"距离"文本框中指定的数值延伸曲面。
- 成形到某一面：将曲面延伸到"所选面/边线"列表框中选择的曲面或者面。
- 成形到某一点：将曲面延伸到"顶点"列表框中选择的顶点或者点。

图 7-61　延伸曲面　　　图 7-62　同一曲面类型生成的延伸曲面　　　图 7-63　线性类型生成的延伸曲面

7.2.3　剪裁曲面

剪裁曲面是指使用曲面、基准面或者草图作为剪裁工具来剪裁相交曲面，也可以将曲面和其他曲面联合使用作为相互的剪裁工具。

剪裁曲面有标准和相互两种类型。标准类型是指使用曲面、草图实体、曲线、基准面等来剪裁曲面；相互类型是指使用曲面本身来剪裁多个曲面。

下面结合实例介绍两种类型剪裁曲面的操作步骤。

1．标准类型剪裁曲面

【案例7-9】标准类型剪裁曲面

（1）打开源文件"\ch7\7.9.SLDPRT"，打开的文件实体如图7-64所示。

（2）选择菜单栏中的"插入"→"曲面"→"剪裁曲面"命令，或者单击"曲面"选项卡中的"剪裁曲面"按钮，系统弹出"剪裁曲面"属性管理器。

（3）在"剪裁类型"选项组中，选择"标准"单选钮；单击"剪裁工具"列表框，选择如图7-64所示的曲面1；选择"保留选择"单选钮，并在"保留的部分"列表框中，选择如图7-64所示的曲面2所标注处，其他设置如图7-65所示。

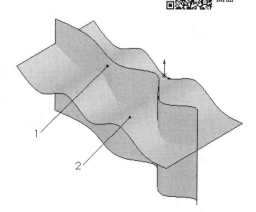

图 7-64　打开的文件实体

（4）单击"确定"按钮，生成剪裁曲面。保留选择的剪裁图形如图7-66所示。

如果在"剪裁曲面"属性管理器中选择"移除选择"单选钮，并在"要移除的部分"列表框中选择如图7-64所示的曲面2所标注处，则会移除曲面1前面的曲面2部分，移除选择的剪裁图形如图7-67所示。

图 7-65 "剪裁曲面"属性管理器
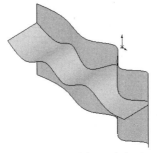
图 7-66 保留选择的剪裁图形
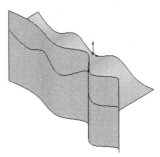
图 7-67 移除选择的剪裁图形

2．相互类型剪裁曲面

【案例 7-10】相互类型剪裁曲面

（1）打开源文件"\ch7\7.10.SLDPRT"，打开的文件实体如图 7-67 所示。

（2）选择菜单栏中的"插入"→"曲面"→"剪裁曲面"命令，或者单击"曲面"选项卡中的"剪裁曲面"按钮 ，系统弹出"剪裁曲面"属性管理器。

（3）在"剪裁类型"选项组中，选择"相互"单选钮；在"剪裁工具"列表框中，选择如图 7-64 所示的曲面 1 和曲面 2；选择"保留选择"单选钮，并在"保留的部分" 列表框中单击，选择如图 7-64 所示的曲面 1 和曲面 2 所标注处，其他设置如图 7-68 所示。

（4）单击"确定"按钮 ，生成剪裁曲面。保留选择的剪裁图形如图 7-69 所示。

如果在"剪裁曲面"属性管理器中选择"移除选择"单选钮，并在"要移除的部分" 列表框中，选择如图 7-64 所示的曲面 1 和曲面 2 所标注处，则会移除曲面 1 和曲面 2 的所选择部分。移除选择的剪裁图形如图 7-70 所示。

图 7-68 "剪裁曲面"属性管理器
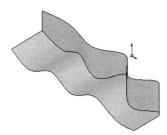
图 7-69 保留选择的剪裁图形

图 7-70 移除选择的剪裁图形

7.2.4 填充曲面

填充曲面是指在现有模型边线、草图或者曲线定义的边界内构成带任何边数的曲面修补。填充曲面通常用在以下几种情况中。

- 纠正没有正确输入到 SolidWorks 中的零件，如该零件有丢失的面。
- 填充型芯和型腔造型零件中的孔。
- 构建用于工业设计的曲面。
- 生成实体模型。
- 用于包括作为独立实体的特征或合并这些特征。

下面结合实例介绍填充曲面的操作步骤。

【案例 7-11】填充曲面

（1）打开源文件"\ch7\7.11.SLDPRT"，打开的文件实体如图 7-71 所示。

（2）选择菜单栏中的"插入"→"曲面"→"填充"命令，或者单击"曲面"选项卡中的"填充曲面"按钮◈，系统弹出"填充曲面"属性管理器。

（3）在"修补边界"选项组中，依次选择如图 7-71 所示的边线 1、边线 2、边线 3 和边线 4，其他设置如图 7-72 所示。

（4）单击"确定"按钮✓，生成的填充曲面如图 7-73 所示。

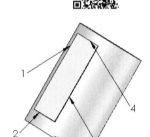

图 7-71 打开的文件实体

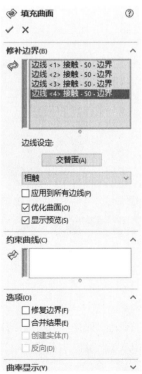

图 7-72 "填充曲面"属性管理器

图 7-73 填充曲面

7.2.5 中面

中面工具可让在实体上合适的双对面之间生成中面。合适的双对面应该处处等距,并且必须属于同一实体。

与所有在 SolidWorks 中生成的曲面相同,中面包括所有曲面的属性。中面通常有以下几种情况。

- 单个:从图形区中选择单个等距面生成中面。
- 多个:从图形区中选择多个等距面生成中面。
- 所有:单击"中面"属性管理器中的"查找双对面"按钮,让系统选择模型上所有合适的等距面,用于生成所有等距面的中面。

下面结合实例介绍中面的操作步骤。

【案例 7-12】中面

(1) 打开源文件"\ch7\7.12.SLDPRT",打开的文件实体如图 7-74 所示。

(2) 选择菜单栏中的"插入"→"曲面"→"中面"命令,或者单击"曲面"选项卡中的"中面"按钮,系统弹出"中面"属性管理器。

(3) 在"面 1"列表框中,选择如图 7-74 所示的面 1;在"面 2"列表框中,选择如图 7-74 所示的面 2;"定位"文本框中设为 50%,"中面"属性管理器设置如图 7-75 所示。

(4) 单击"确定"按钮,生成的中面如图 7-76 所示。

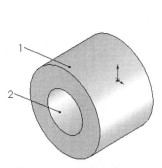
图 7-74 打开的文件实体

图 7-75 "中面"属性管理器

图 7-76 创建中面

技巧荟萃

生成中面的定位值,从面 1 的位置开始,位于面 1 和面 2 之间。

7.2.6 替换面

替换面是指以新曲面实体来替换曲面或者实体中的面。替换的曲面实体不必与旧的面具有相同的边界。在替换面时,原来实体中的相邻面自动延伸并剪裁到替换的曲面实体。

替换面通常有以下几种情况。

- 以一个曲面实体替换另一个或者一组相连的面。

- 在单一操作中，用一个相同的曲面实体替换一组以上相连的面。
- 在实体或曲面实体中替换面。

在上面的几种情况中，比较常用的是用一个曲面实体替换另一个曲面实体中的一个面。下面结合实例介绍该替换面的操作步骤。

【案例 7-13】替换面

（1）打开源文件 "\ch7\7.13.SLDPRT"，打开的文件实体如图 7-77 所示。

（2）选择菜单栏中的"插入"→"面"→"替换"命令，或者单击"曲面"选项卡中的"替换面"按钮 ，系统弹出"替换面"属性管理器。

（3）在"替换的目标面" 列表框中，选择如图 7-77 所示的面 2；在"替换曲面" 列表框中，选择如图 7-77 所示的曲面 1，如图 7-78 所示。

（4）单击"确定"按钮 ，生成的替换面如图 7-79 所示。

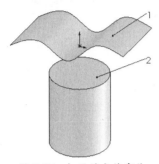

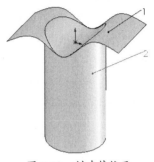

图 7-77　打开的文件实体　　　图 7-78　"替换面"属性管理器　　　图 7-79　创建替换面

（5）右击如图 7-77 所示的曲面 1，在系统弹出的快捷菜单中单击"隐藏"按钮 ，如图 7-80 所示。隐藏目标面后的实体如图 7-81 所示。

图 7-80　快捷菜单　　　图 7-81　隐藏目标面后的实体

在替换面中，替换的面有两个特点：一是必须替换，必须相连；二是不必相切。替换曲面实体可以是以下几种类型之一。

- 可以是任何类型的曲面特征，如拉伸、放样等。

- 可以是缝合曲面实体或者复杂的输入曲面实体。
- 通常比正替换的面要宽和长,但在某些情况下,当替换曲面实体比要替换的面小的时候,替换曲面实体会自动延伸以与相邻面相遇。

7.2.7 删除面

删除面通常有以下几种情况。
- 删除:从曲面实体删除面,或者从实体中删除一个或多个面来生成曲面。
- 删除并修补:从曲面实体或者实体中删除一个面,并自动对实体进行修补和剪裁。
- 删除并填充:删除面并生成单一面,将任何缝隙填补起来。

下面结合实例介绍删除面的操作步骤。

【案例 7-14】删除面

(1)打开源文件"\ch7\7.14.SLDPRT",打开的文件实体如图 7-82 所示。

(2)选择菜单栏中的"插入"→"面"→"删除"命令,或者单击"曲面"选项卡中的"删除面"按钮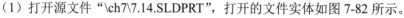,系统弹出"删除面"属性管理器。

(3)在"要删除的面"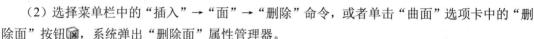列表框中,选择如图 7-82 所示的面 1;在"选项"选项组中选择"删除"单选钮,如图 7-83 所示。

图 7-82 打开的文件实体

图 7-83 "删除面"属性管理器

(4)单击"确定"按钮,将选择的面删除,删除面后的实体如图 7-84 所示。

执行删除面操作,可以将指定的面删除并修补。以如图 7-84 所示的实体为例,执行删除面操作时,在"删除面"属性管理器的"要删除的面"列表框中,选择如图 7-82 所示的面 1;在"选项"选项组中选择"删除并修补"单选钮,然后单击"确定"按钮,面 1 被删除并修补。删除并修补面后的实体如图 7-85 所示。

图 7-84 删除面后的实体

图 7-85 删除并修补面后的实体

执行删除面操作，可以将指定的面删除并填充删除面后的实体。以如图 7-82 所示的实体为例，执行删除面操作时，在"删除面"属性管理器的"要删除的面" 列表框中，选择如图 7-82 所示的面 1；在"选项"选项组中选择"删除并填补"单选钮，并勾选"相切填补"复选框，"删除面"属性管理器设置如图 7-86 所示。单击"确定"按钮 ，面 1 被删除并相切填补。删除和填补面后的实体如图 7-87 所示。

图 7-86　"删除面"属性管理器　　　　图 7-87　删除和填补面后的实体

7.2.8　移动/复制/旋转曲面

执行该命令，可以使用户像对拉伸特征、旋转特征那样对曲面特征进行移动、复制和旋转等操作。

1．移动曲面

下面结合实例介绍移动曲面的操作步骤。

【案例 7-15】移动曲面

（1）打开源文件"\ch7\7.15.SLDPRT"。

（2）选择菜单栏中的"插入"→"曲面"→"移动/复制"命令，或者单击"特征"选项卡中的"移动/复制实体"按钮 ，系统弹出"移动/复制实体"属性管理器。

（3）单击最下面的"平移/旋转"按钮，在"要移动/复制的实体"列表框中，选择待移动的曲面，在"平移"选项组中输入 X、Y 和 Z 的相对移动距离，"移动/复制实体"属性管理器的设置及预览效果如图 7-88 所示。

（4）单击"确定"按钮 ，完成曲面的移动。

2．复制曲面

下面结合实例介绍复制曲面的操作步骤。

【案例 7-16】复制曲面

（1）打开源文件"\ch7\7.16.SLDPRT"。

（2）选择菜单栏中的"插入"→"曲面"→"移动/复制"命令，或者单击"特征"选项卡中的"移动/复制实体"按钮 ，系统弹出"移动/复制实体"属性管理器。

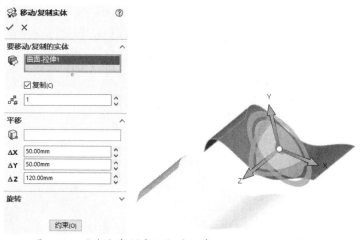

图 7-88 "移动/复制实体"属性管理器的设置及预览效果

（3）在"要移动/复制的实体"列表框中，选择待移动和复制的曲面；勾选"复制"复选框，并在"份数"文本框中输入 4；然后分别输入 X 相对复制距离、Y 相对复制距离和 Z 相对复制距离，"移动/复制实体"属性管理器的设置及预览效果如图 7-89 所示。

（4）单击"确定"按钮，复制的曲面如图 7-90 所示。

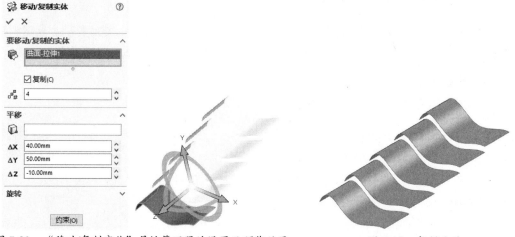

图 7-89 "移动/复制实体"属性管理器的设置及预览效果　　图 7-90 复制曲面

3．旋转曲面

下面结合实例介绍旋转曲面的操作步骤。

【案例 7-17】旋转曲面

（1）打开源文件"\ch7\7.17.SLDPRT"。

（2）选择菜单栏中的"插入"→"曲面"→"移动/复制"命令，或者单击"特征"选项卡中的"移动/复制"按钮，系统弹出"移动/复制实体"属性管理器。

（3）在"旋转"选项组中，分别输入 X 旋转原点、Y 旋转原点、Z 旋转原点、X 旋转角度、Y 旋转角度和 Z 旋转角度，"移动/复制实体"属性管理器的设置及预览效果如图 7-91 所示。

（4）单击"确定"按钮，旋转后的曲面如图 7-92 所示。

第 7 章 曲面

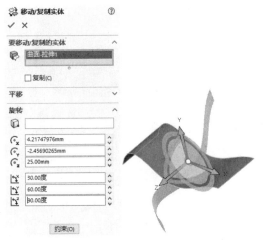

图 7-91 "移动/复制实体"属性管理器的设置及预览效果

图 7-92 旋转后的曲面

7.3 综合实例——绘制熨斗

本实例绘制的熨斗如图 7-93 所示。

【思路分析】

首先通过放样绘制熨斗模型的基础曲面，然后创建平面区域并将其与放样曲面进行缝合，拉伸曲面，剪裁修饰烫斗尾部；再切割曲面生成孔，并通过放样创建把手部位的曲面；最后拉伸底部的底板。绘制的流程图如图 7-94 所示。

图 7-93 熨斗

【绘制步骤】

1. 绘制熨斗主体

（1）新建文件。启动 SolidWorks 2020，单击"标准"工具栏中的"新建"按钮 ，在弹出的"新建 SOLIDWORKS 文件"对话框中，单击"零件"按钮 ，然后单击"确定"按钮，新建一个零件文件。

（2）设置基准面。在左侧 FeatureManager 设计树中选择"前视基准面"，然后单击"前导视图"工具栏中的"正视于"按钮 ，将该基准面作为绘制图形的基准面。单击"草图"选项卡中的"草图绘制"按钮 ，进入草图绘制状态。

（3）绘制草图 1。单击"草图"选项卡中的"样条曲线"按钮 ，绘制如图 7-95 所示的草图并标注尺寸。单击"退出草图"按钮 ，退出草图绘制状态。

（4）设置基准面。在左侧 FeatureManager 设计树中选择"前视基准面"，然后单击"前导视图"工具栏中的"正视于"按钮 ，将该基准面作为绘制图形的基准面。单击"草图"选项卡中的"草图绘制"按钮 ，进入草图绘制状态。

（5）绘制草图 2。单击"草图"选项卡中的"中心线"按钮 、"转换实体引用"按钮 和"镜像实体"按钮 ，将草图沿水平中心线进行镜像，如图 7-96 所示。单击"退出草图"按钮 ，退出草图绘制状态。

247

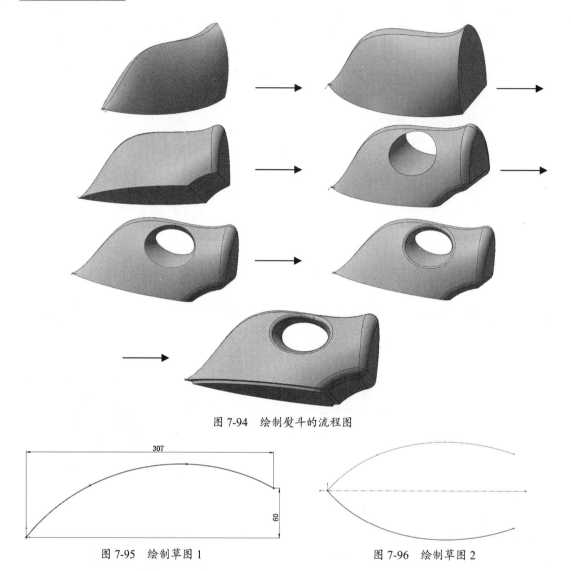

图 7-94 绘制熨斗的流程图

图 7-95 绘制草图 1　　　　　图 7-96 绘制草图 2

（6）设置基准面。在左侧 FeatureManager 设计树中选择"上视基准面",然后单击"前导视图"工具栏中的"正视于"按钮，将该基准面作为绘制图形的基准面。单击"草图"选项卡中的"草图绘制"按钮，进入草图绘制状态。

（7）绘制草图 3。单击"草图"选项卡中的"样条曲线"按钮，绘制如图 7-97 所示的草图并标注尺寸。单击"退出草图"按钮，退出草图绘制状态。

（8）创建基准面。单击"特征"选项卡中的"基准面"按钮，弹出如图 7-98 所示的"基准面"属性管理器。选择"右视基准面"为参考面，选择草图 3 的端点为第二参考，单击"确定"按钮，完成基准面 1 的创建，如图 7-99 所示。

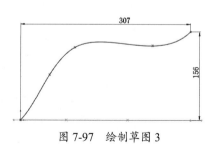

图 7-97 绘制草图 3

（9）设置基准面。在左侧 FeatureManager 设计树中选择基准面 1,然后单击"前导视图"工具栏中的"正视于"按钮，将该基准面作为绘制图形的基准面。单击"草图"选项卡中的"草图绘制"按钮，进入草图绘制状态。

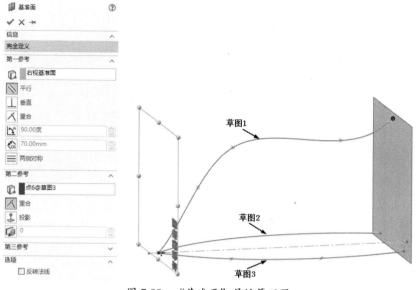

图 7-98 "基准面"属性管理器

（10）绘制草图 4。单击"草图"选项卡中的"中心线"按钮、"直线"按钮和"样条曲线"按钮，绘制如图 7-100 所示的草图。单击"退出草图"按钮，退出草图绘制状态。

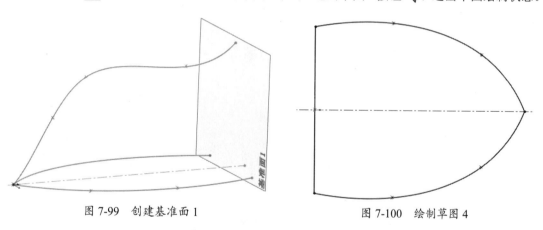

图 7-99 创建基准面 1　　　　　　　图 7-100 绘制草图 4

（11）放样曲面。单击"曲面"选项卡中的"放样曲面"按钮，系统弹出"曲面-放样"属性管理器，如图 7-101 所示。在"轮廓"列表框中，依次选择图 7-101 中的端点和草图 4，在"引导线"列表框中，依次选择图 7-98 中的草图 1、草图 2 和草图 3，单击"确定"按钮，生成放样曲面，效果如图 7-102 所示。

（12）曲面圆角。单击"曲面"选项卡中的"圆角"按钮，此时系统弹出如图 7-103 所示的"圆角"属性管理器。选择"变半径"圆角类型，选择如图 7-103 所示最上端边线，输入顶点半径为 0，中点和终点半径为 20mm，单击属性管理器中的"确定"按钮。结果如图 7-104 所示。

（13）设置基准面。在左侧 FeatureManager 设计树中选择基准面 1，然后单击"视图"工具栏中的"正视于"按钮，将该基准面作为绘制图形的基准面。单击"草图"选项卡中的"草图绘制"按钮，进入草图绘制状态。

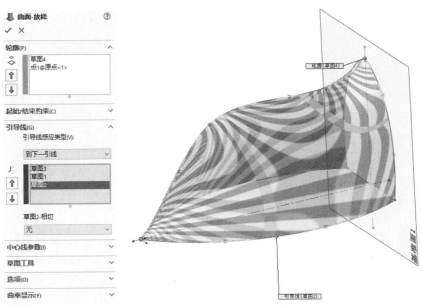

图 7-101 "曲面-放样"属性管理器

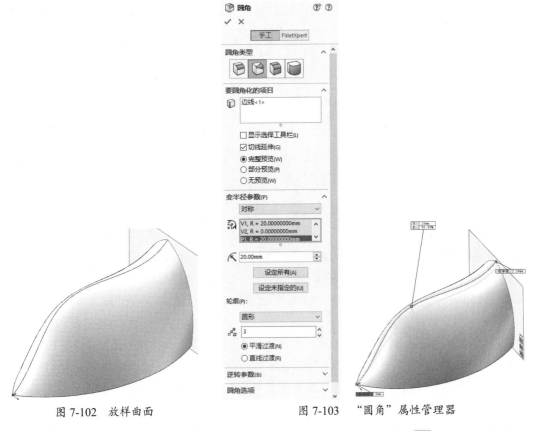

图 7-102 放样曲面　　　　图 7-103 "圆角"属性管理器

（14）绘制草图 5。单击"草图"选项卡中的"转换实体引用"按钮 ⬜，将放样曲面的边线转换为草图，如图 7-105 所示。

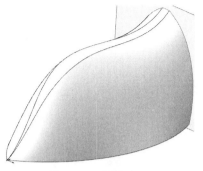
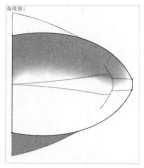

图 7-104　圆角处理　　　　　　图 7-105　绘制草图 5

（15）平面曲面。单击"曲面"选项卡中的"平面区域"按钮 ◨，此时系统弹出如图 7-106 所示的"平面"属性管理器。选择步骤（14）中创建的草图，以其为边界，单击属性管理器中的"确定"按钮 ✓，结果如图 7-107 所示。

（16）缝合曲面。单击"曲面"选项卡中的"缝合曲面"按钮 ⊞，此时系统弹出如图 7-108 所示的"缝合曲面"属性管理器。选择放样曲面和平面曲面，单击属性管理器中的"确定"按钮 ✓。

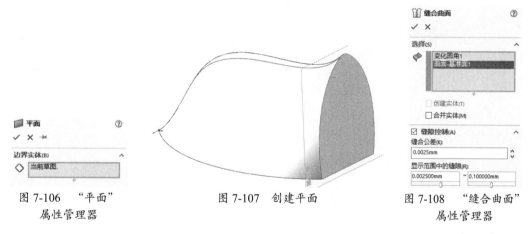

图 7-106　"平面"　　　　图 7-107　创建平面　　　　图 7-108　"缝合曲面"
　　　　属性管理器　　　　　　　　　　　　　　　　　　　　　属性管理器

（17）曲面圆角。单击"曲面"选项卡中的"圆角"按钮 ◐，此时系统弹出如图 7-109 所示的"圆角"属性管理器。选择"等半径"圆角类型，输入半径为 15mm，选择如图 7-109 所示边线，单击属性管理器中的"确定"按钮 ✓。结果如图 7-110 所示。

（18）设置基准面。在左侧 FeatureManager 设计树中选择"上视基准面"，然后单击"前导视图"工具栏中的"正视于"按钮 ↧，将该基准面作为绘制图形的基准面。单击"草图"选项卡中的"草图绘制"按钮 ▭，进入草图绘制状态。

（19）绘制草图 6。单击"草图"选项卡中的"3 点圆弧"按钮 ⌒，绘制如图 7-111 所示草图并标注尺寸。

（20）拉伸曲面。单击"曲面"选项卡中的"拉伸曲面"按钮 ◈，此时系统弹出如图 7-112 所示的"曲面-拉伸"属性管理器。选择步骤（19）中创建的草图，设置终止条件为"两侧对称"，输入拉伸距离为 200mm，单击属性管理器中的"确定"按钮 ✓，结果如图 7-113 所示。

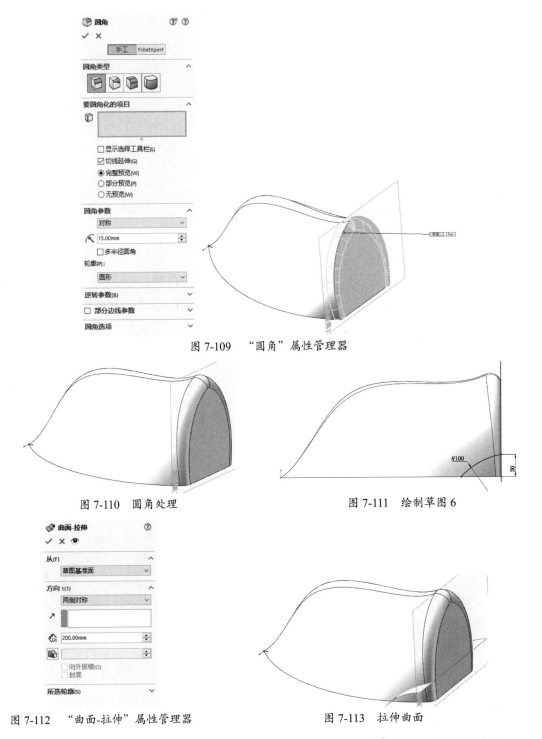

图 7-109 "圆角"属性管理器

图 7-110 圆角处理

图 7-111 绘制草图 6

图 7-112 "曲面-拉伸"属性管理器

图 7-113 拉伸曲面

(21) 剪裁曲面。单击"曲面"选项卡中的"剪裁曲面"按钮 ⊘，此时系统弹出如图 7-114 所示的"剪裁曲面"属性管理器。选择"相互"单选钮，选择拉伸曲面和缝合后的曲面为剪裁曲面，选择"移除选择"单选钮，选择如图 7-114 所示的两个曲面为要移除的面，单击属性管理器中的"确定"按钮 ✓，结果如图 7-115 所示。

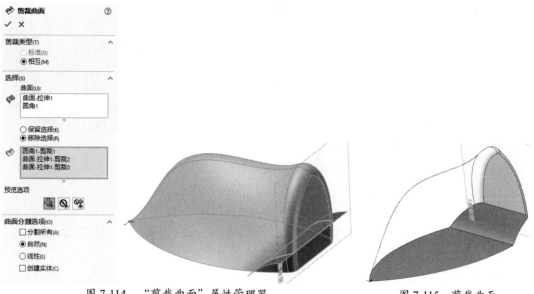

图 7-114 "剪裁曲面"属性管理器　　　　图 7-115 剪裁曲面

（22）曲面圆角。单击"曲面"选项卡中的"圆角"按钮，此时系统弹出如图 7-116 所示的"圆角"属性管理器。选择"等半径"圆角类型，输入半径为 15mm，选择如图所示边线，单击属性管理器中的"确定"按钮。结果如图 7-117 所示。

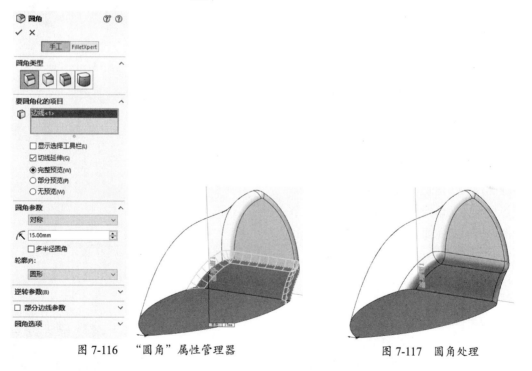

图 7-116 "圆角"属性管理器　　　　图 7-117 圆角处理

2.绘制熨斗把手

（1）设置基准面。在左侧 FeatureManager 设计树中选择"上视基准面"，然后单击"前导视图"工具栏中的"正视于"按钮，将该基准面作为绘制图形的基准面。单击"草图"选项卡中的"草图绘制"按钮，进入草图绘制状态。

（2）绘制草图 7。单击"草图"选项卡中的"椭圆"按钮⊙，绘制如图 7-118 所示草图并标注尺寸。单击"退出草图"按钮↪，退出草图绘制状态。

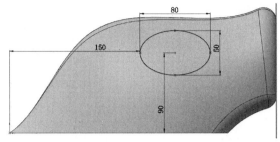

图 7-118　绘制草图 7

（3）设置基准面。在左侧 FeatureManager 设计树中选择"上视基准面"，然后单击"前导视图"工具栏中的"正视于"按钮↧，将该基准面作为绘制图形的基准面。单击"草图"选项卡中的"草图绘制"按钮，进入草图绘制状态。

（4）绘制草图 8。单击"草图"选项卡中的"转换实体引用"按钮，将草图 7 转换为图素，然后单击"草图"选项卡中的"等距实体"按钮，将转换后的图素向外偏移，偏移距离为 10mm，如图 7-119 所示。

（5）拉伸曲面。单击"曲面"选项卡中的"拉伸曲面"按钮，此时系统弹出"曲面-拉伸"属性管理器。选择步骤（4）中创建的草图，设置终止条件为"两侧对称"，输入拉伸距离为 200mm，单击属性管理器中的"确定"按钮✓，结果如图 7-120 所示。

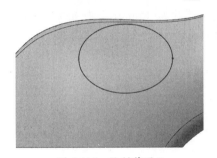

图 7-119　绘制草图 8

图 7-120　拉伸曲面

（6）剪裁曲面。单击"曲面"选项卡中的"剪裁曲面"按钮，此时系统弹出如图 7-121 所示的"剪裁曲面"属性管理器。选择"相互"单选钮，选择拉伸曲面和放样曲面为剪裁曲面，选择"移除选择"单选钮，选择如图 7-121 所示的 4 个曲面为要移除的面，单击属性管理器中的"确定"按钮✓，结果如图 7-122 所示。

（7）删除面。单击"曲面"选项卡中的"删除面"按钮，此时系统弹出如图 7-123 所示的"删除面"属性管理器。选择如图 7-122 所示的面 1 为要删除的面，选择"删除"单选钮，单击属性管理器中的"确定"按钮✓，结果如图 7-124 所示。

图 7-121　"剪裁曲面"属性管理器

图 7-122　剪裁曲面　　　　　　　图 7-123　"删除面"属性管理器

（8）放样曲面。单击"曲面"选项卡中的"放样曲面"按钮 ，系统弹出"曲面-放样"属性管理器；在"轮廓"列表框中，依次选择图 7-125 中的边线和椭圆草图，单击"确定"按钮 ，生成放样曲面，效果如图 7-126 所示。

图 7-124　删除面　　　　　　　　图 7-125　选择放样曲线

（9）缝合曲面。单击"曲面"选项卡中的"缝合曲面"按钮 ，此时系统弹出如图 7-127 所示的"缝合曲面"属性管理器。选择视图中的所有曲面，勾选"创建实体"和"合并实体"复选框，将曲面创建为实体，单击属性管理器中的"确定"按钮 ，如图 7-128 所示。

图 7-126　创建放样曲面　　　图 7-127　"缝合曲面"
　　　　　　　　　　　　　　　　属性管理器　　　　图 7-128　缝合曲面

（10）圆角处理。单击"曲面"选项卡中的"圆角"按钮 ，此时系统弹出如图 7-129 所示的"圆角"属性管理器。选择"等半径"圆角类型，输入半径为 5mm，选择如图 7-129 所示边线,单击属性管理器中的"确定"按钮✓。结果如图7-130所示。

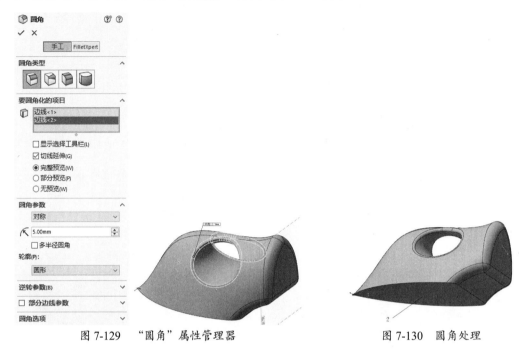

图7-129 "圆角"属性管理器　　　图7-130 圆角处理

3.绘制熨斗底板

(1) 设置基准面。在视图中选择如图7-130所示的面2作为草图基准面,然后单击"前导视图"工具栏中的"正视于"按钮↓,将该基准面作为绘制图形的基准面。单击"草图"选项卡中的"草图绘制"按钮□,进入草图绘制状态。

(2) 绘制草图9。单击"草图"选项卡中的"转换实体引用"按钮□,将草图绘制面转换为图素,然后单击"草图"选项卡中的"等距实体"按钮□,将转换后的图素向内偏移,偏移距离为10mm,如图7-131所示。

(3) 凸台拉伸实体。单击"特征"选项卡中的"拉伸凸台/基体"按钮⬚,系统弹出"凸台-拉伸"属性管理器,如图7-132所示。设置拉伸终止条件为"给定深度",输入拉伸距离为5mm,勾选"合并结果"复选框,单击"确定"按钮✓,完成凸台拉伸操作,效果如图7-133所示。

图7-131 绘制草图9　　　图7-132 "凸台-拉伸"属性管理器　　　图7-133 拉伸实体

第 8 章　钣金设计

> 钣金零件通常用来作为零部件的外壳，在产品设计中的作用越来越大。本章简要介绍 SolidWorks 钣金设计的基本特征，是用户进行钣金操作必须掌握的基础知识，主要目的是使读者了解钣金设计的概况，熟练钣金设计的操作练习。

8.1　概述

使用 SolidWorks 2020 软件进行钣金零件设计，常用的方法基本上可以分为两种。

（1）使用钣金特有的特征来生成钣金零件

这种设计方法将零件直接作为钣金零件来开始建模：从最初的基体法兰特征开始，利用钣金设计软件的所有功能和特殊工具、命令和选项。对于几乎所有的钣金零件而言，这是最佳的方法。因为用户从最初设计阶段开始就生成零件作为钣金零件，所以消除了多余步骤。

（2）将实体零件转换成钣金零件

在设计钣金零件过程中，也可以按照常见的设计方法设计零件实体，然后将其转换为钣金零件。也可以在设计过程中，先将零件展开，以便于应用钣金零件的特定特征。由此可见，将一个已有的零件实体转换成钣金零件是本方法的典型应用。

8.2　钣金特征工具与钣金菜单

8.2.1　启用钣金特征工具栏

启动 SolidWorks 2020 软件并新建零件后，选择菜单栏中"工具"→"自定义"命令，弹出如图 8-1 所示的"自定义"对话框。在对话框中，选择工具栏中"钣金"选项，然后单击"确定"按钮。在 SolidWorks 用户界面中将显示"钣金"工具栏，如图 8-2 所示。

图 8-1　"自定义"对话框　　　　图 8-2　"钣金"工具栏

8.2.2 "钣金"菜单

选择菜单栏中"插入"→"钣金"命令，可以找到"钣金"下拉菜单，如图 8-3 所示。

8.2.3 "钣金"选项卡

在 SolidWorks 选项卡处单击鼠标右键，弹出如图 8-4 所示的快捷菜单。然后用鼠标左键单击"钣金"选项，弹出"钣金"选项卡，如图 8-5 所示。

图 8-3 "钣金"下拉菜单

图 8-4 快捷菜单

图 8-5 "钣金"选项卡

8.3 钣金主壁特征

8.3.1 法兰特征

SolidWorks 具有 4 种不同的法兰特征工具可用来生成钣金零件，使用这些法兰特征可以按预定的厚度给零件增加材料。这 4 种法兰特征依次为基体法兰、薄片（凸起法兰）、边线法兰、斜线法兰。

1. 基体法兰

基体法兰是新钣金零件的第一个特征。基体法兰被添加到 SolidWorks 零件后，系统就会将该零件标记为钣金零件，折弯添加到适当位置，并且特定的钣金特征被添加到 FeatureManager 设计树中。

基体法兰特征是从草图生成的。草图可以是单一开环轮廓、单一闭环轮廓或多重封闭轮廓，如图 8-6 所示。

单一开环轮廓生成基体法兰

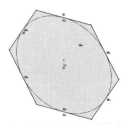
单一闭环轮廓生成基体法兰

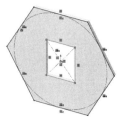
多重封闭轮廓生成基体法兰

图 8-6　基体法兰图例

- 单一开环轮廓：可用于拉伸、旋转、剖面、路径、引导线及钣金。典型的开环轮廓是以直线或其草图实体绘制的。
- 单一闭环轮廓：可用于拉伸、旋转、剖面、路径、引导线及钣金。典型的单一闭环轮廓是用圆、方形、闭环样条曲线及其他封闭的几何形状绘制的。
- 多重封闭轮廓：可用于拉伸、旋转及钣金。如果有一个以上的轮廓，其中一个轮廓必须包含其他轮廓。典型的多重封闭轮廓是用圆、矩形及其他封闭的几何形状绘制的。

> **技巧荟萃**
> 在一个 SolidWorks 零件中，只能有一个基体法兰特征，且样条曲线对于包含开环轮廓的钣金为无效的草图实体。

在基体法兰特征设计过程中，开环草图作为拉伸薄壁特征来处理，封闭的草图则作为展开的轮廓来处理。如果用户需要从钣金零件的展开状态开始设计钣金零件，可以使用封闭的草图来建立基体法兰特征。

【案例 8-1】基体法兰

（1）单击"钣金"选项卡中的"基体法兰/薄片"按钮，或选择菜单栏中"插入"→"钣金"→"基体法兰"命令，或者单击"钣金"工具栏中的"基体法兰/薄片"按钮，弹出如图 8-7 所示的"基本法兰"属性管理器。

（2）绘制草图。在左侧的 FeatureMannger 设计树中选择"前视基准面"作为绘图基准面，绘制草图，然后单击"退出草图"按钮 ，结果如图 8-7 所示。

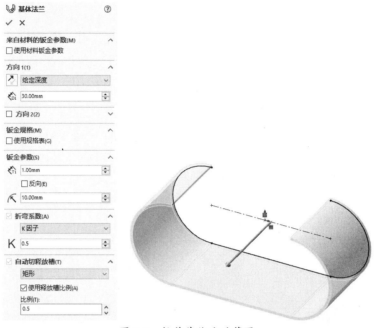

图 8-7　拉伸基体法兰草图

（3）修改基体法兰参数。在"基体法兰"属性管理器中，修改"深度"文本框中的数值为 30mm，"厚度"文本框中的数值为 1mm，"折弯半径"文本框中的数值为 10mm，然后单击"确定" 按钮。生成基体法兰实体如图 8-8 所示。

基体法兰在 FeatureMannger 设计树中显示为"基体-法兰"，注意同时添加了其他两种特征：钣金和平板型式，如图 8-9 所示。

图 8-8　生成的基体法兰实体

图 8-9　FeatureMannger 设计树

2．钣金特征

在生成基体法兰特征时，同时生成钣金特征，通过对钣金特征的编辑，可以设置钣金零件的参数。

在 FeatureMannger 设计树中右击钣金特征，在弹出的快捷菜单中单击"编辑特征"按钮 ，如图 8-8 所示，弹出"钣金"属性管理器，如图 8-11 所示。钣金特征中包含用来设计钣金零件的参数，这些参数可以在其他法兰特征生成的过程中设置，也可以在钣金特征中编辑定义来改变它们。

图 8-10　右击特征弹出快捷菜单

图 8-11　"钣金"属性管理器

（1）"折弯参数"选项组

- 固定的面或边线：被选中的面或边在展开时保持不变。在使用基体法兰特征建立钣金零件时，该选项不可选。
- 折弯半径：该选项定义了建立其他钣金特征时默认的折弯半径，也可以针对不同的折弯给定不同的半径值。

（2）"折弯系数"选项组

用户可以选择 4 种类型的折弯系数，如图 8-12 所示。

- 折弯系数表：折弯系数表是一种指定材料（如钢、铝等）的表格，它包含基于板厚和折弯半径的折弯运算，折弯系数表是 Excel 表格文件，其扩展名为 ".xls"。

选择菜单栏中"插入"→"钣金"→"折弯系数表"→"从文件"命令，在当前的钣金零件中添加折弯系数表，也可以在"钣金"属性管理器中的"折弯系数"选项组中选择"折弯系数表"，并选择指定的折弯系数表，或单击"浏览"按钮使用其他的折弯系数表，如图 8-13 所示。

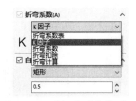

图 8-12　"折弯系数"类型

图 8-13　选择"折弯系数表"

- K 因子：K 因子在折弯计算中是一个常数，它是内表面到中性面的距离与材料厚度之比。
- 折弯系数和折弯扣除：可以根据用户的经验和工厂实际情况给定一个实际的数值。

（3）"自动切释放槽"选项组

用户可以选择 3 种不同的释放槽类型。

- 矩形：在需要进行折弯释放的边上生成一个矩形切除，如图 8-14（a）所示。
- 撕裂形：在需要撕裂的边和面之间生成一个撕裂口，而不是切除，如 8-14（b）所示。
- 矩圆形：在需要进行折弯释放的边上生成一个矩圆形切除，如图 8-14（c）所示。

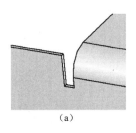 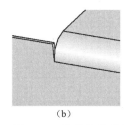 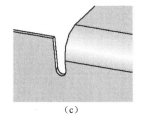

图 8-14　释放槽类型

3. 薄片

薄片特征可为钣金零件添加薄片。系统会自动将薄片特征的深度设置为钣金零件的厚度。至于深度的方向，系统会自动将其设置为与钣金零件重合，从而避免实体脱节。

在生成薄片特征时，需要注意的是，草图可以是单一闭环、多重闭环或多重封闭轮廓。草图必须位于垂直于钣金零件厚度方向的基准面或平面上。可以编辑草图，但不能编辑定义，其原因是已将深度、方向及其他参数设置为与钣金零件参数相匹配。

操作步骤如下。

【案例 8-2】薄片

（1）打开源文件"\ch8\8.2 原始文件.SLDPRT"。

（2）单击"钣金"选项卡中的"基体法兰/薄片"按钮，或选择菜单栏中"插入"→"钣金"→"基体法兰"命令，或者单击"钣金"工具栏中的"基体法兰/薄片"按钮，系统弹出"基体法兰"属性管理器，要求绘制草图或者选择已绘制好的草图。

（3）选择零件表面作为绘制草图基准面，如图 8-15 所示。

（4）在选择的基准面上绘制草图，如图 8-16 所示，然后单击"退出草图"按钮，生成薄片特征，如图 8-17 所示。

图 8-15　选择绘制草图基准面　　　图 8-16　绘制草图　　　图 8-17　生成薄片特征

> **技巧荟萃**
>
> 也可以先绘制草图，然后再单击"钣金"选项卡中的"基体法兰/薄片"按钮，生成薄片特征。

8.3.2 边线法兰

使用边线法兰特征工具可以将法兰添加到一条或多条边线上。添加边线法兰时，所选边线必须为线性的。系统自动将褶边厚度链接到钣金零件的厚度上。轮廓的一条草图直线必须位于所选边线上。

【案例 8-3】边线法兰

（1）打开源文件"\ch8\8.3 原始文件.SLDPRT"。

（2）单击"钣金"选项卡中的"边线法兰"按钮，或选择菜单栏中"插入"→"钣金"→"边线法兰"命令，或者单击"钣金"工具栏中的"边线法兰"按钮，弹出"边线法兰"属性管理器，选择钣金零件的一条边，在属性管理器的"选择边线"列表框中将显示所选择边线，如图 8-18 所示。

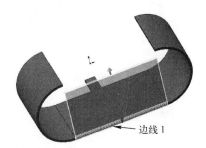

图 8-18 添加边线法兰

（3）设定法兰角度和长度。在"角度"文本框中输入角度值 60°，在"法兰长度"下拉列表中选择"给定深度"选项，同时输入值 27mm。确定法兰长度常用两种方式，即通过 （外部虚拟交点）、 （内部虚拟交点）来决定开始测量长度的位置，如图 8-19 和图 8-20 所示。

（4）设定法兰位置。法兰位置有 5 种选项可供选择，即 （材料在内）、 （材料在外）、 （折弯向外）、 （虚拟交点的折弯）和 （与折弯相切），不同的选项产生的法兰位置不同，部分示例如图 8-21～图 8-24 所示。在本实例中，选择"材料在外"选项，最后结果如图 8-25 所示。

 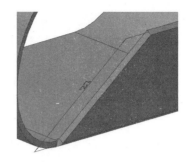

图 8-19 采用"外部虚拟交点"确定法兰长度　　图 8-20 采用"内部虚拟交点"确定法兰长度

  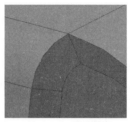 

图 8-21　材料在内　　图 8-22　材料在外　　图 8-23　折弯向外　　图 8-24　虚拟交点的折弯

在生成边线法兰时，如果要切除邻近折弯的多余材料，在属性管理器中勾选"剪裁侧边折弯"复选框，结果如图 8-26 所示。要从钣金实体等距法兰，则勾选"等距"复选框，然后设定等距终止条件及其相应参数，如图 8-27 所示。

图 8-25　生成边线法兰　　图 8-26　生成边线法兰时剪裁侧边折弯　　图 8-27　生成边线法兰时生成等距法兰

8.3.3　斜接法兰

斜接法兰特征可将一系列法兰添加到钣金零件的一条或多条边线上。生成斜接法兰特征之前首先要绘制法兰草图，斜接法兰的草图可以是直线或圆弧。使用圆弧绘制草图生成斜接法兰，圆弧不能与钣金零件厚度边线相切，如图 8-28 所示，此圆弧不能生成斜接法兰；圆弧可与长度边线相切，或通过在圆弧和厚度边线之间放置一小段的草图直线，如图 8-29 和图 8-30 所示，这样可以生成斜接法兰。

斜接法兰轮廓可以包括一条以上的连续直线。例如，它可以是 L 形轮廓。草图基准面必须垂直于生成斜接法兰的第一条边线。系统自动将褶边厚度链接到钣金零件的厚度上。可以在一系列相切或非相切边线上生成斜接法兰特征，可以指定法兰的等距，而不是在钣金零件的整条边线上生成斜接法兰。

图 8-28　圆弧与厚度边线相切　　　　　　图 8-29　圆弧与长度边线相切

【案例 8-4】斜接法兰

（1）打开源文件"\ch8\8.4 原始文件.SLDPRT"。

（2）选择如图 8-31 所示零件表面作为绘制草图基准面，绘制直线草图，直线长度为 10mm。

（3）单击"钣金"选项卡中的"斜接法兰"按钮，或选择菜单栏中"插入"→"钣金"→"斜接法兰"命令，或者单击"钣金"工具栏中的"斜接法兰"按钮，弹出"斜接法兰"属性管理器，如图 8-32 所示。系统随即会选定斜接法兰特征的第一条边线，且图形区域中出现斜接法兰的预览。

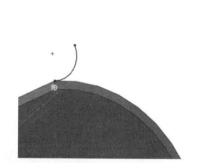

图 8-30　圆弧通过直线与厚度边线相切　　　　图 8-31　绘制直线草图

图 8-32　添加斜接法兰特征

（4）单击鼠标拾取钣金零件的其他边线，结果如图 8-33 所示，单击"确定"按钮✓，最后结果如图 8-34 所示。

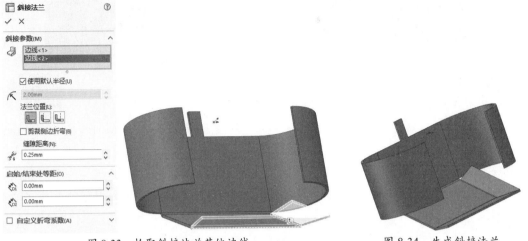

图 8-33　拾取斜接法兰其他边线　　　　图 8-34　生成斜接法兰

技巧荟萃

如有必要，可以为部分斜接法兰指定等距距离。在"斜接法兰"属性管理器的"启始/结束处等距"文本框中输入开始等距距离和结束等距距离（如果想使斜接法兰跨越模型的整个边线，则将这些数值设置为零）。其他参数设置可以参考前文中边线法兰的内容。

8.3.4　放样折弯

使用放样折弯特征工具可以在钣金零件中生成放样的折弯。放样折弯和零件实体设计中的放样特征相似，需要两个草图才可以进行放样操作。草图必须为开环轮廓，轮廓开口应同向对齐，草图不能有尖锐边线。

【案例 8-5】放样折弯

（1）首先绘制第 1 个草图。在左侧的 FeatureMannger 设计树中选择"上视基准面"作为绘图基准面，然后单击"草图"选项卡中的"中心矩形"按钮▣，或选择菜单栏中"工具"→"草图绘制实体"→"中心矩形"命令，绘制一个圆心在原点的矩形，标注矩形的长、宽分别为 50mm、50mm。将矩形直角进行圆角，半径为 10mm，如图 8-35 所示。绘制一条竖直的构造线，然后绘制两条与构造线平行的直线，单击"草图"选项卡"显示/删除几何关系"下拉列表中的"添加几何关系"按钮⊥，选择两条竖直直线和构造线添加对称几何关系，然后标注两条竖直直线的距离为 0.1 mm，如图 8-36 所示。

（2）单击"草图"选项卡中的"剪裁实体"按钮⊁，对竖直直线和四边形进行剪裁，最后使六边形具有 0.1 mm 宽的缺口，从而使草图为开环，如图 8-37 所示，然后单击"退出草图"按钮↵。

（3）绘制第 2 个草图。单击"特征"选项卡"参考几何体"下拉列表中的"基准面"按钮▥，弹出"基准面"属性管理器，在"选择参考实体"列表框中选择上视基准面，输入距离 40mm，生成与上视基准面平行的基准面，如图 8-38 所示。使用与上述相似的操作方法，在圆草图上绘制一个 0.1mm 宽的缺口，使圆草图为开环，如图 8-39 所示，然后单击"退出草图"按钮 。

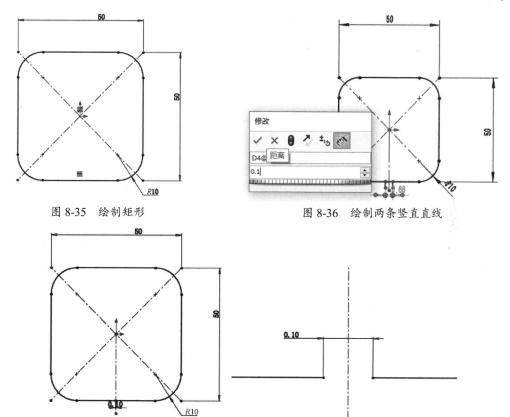

图 8-35　绘制矩形　　　　　　　　图 8-36　绘制两条竖直直线

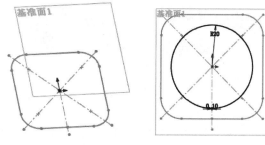

图 8-37　绘制缺口使草图为开环

图 8-38　生成基准面　　　　图 8-39　绘制开环的圆草图

（4）单击"钣金"选项卡中的"放样折弯"按钮，或选择菜单栏中"插入"→"钣金"→"放样的折弯"命令，或者单击"钣金"工具栏中的"放样折弯"按钮，弹出"放样折弯"属性管理器，在图形区域中选择两个草图，起点位置要对齐。输入厚度为 1mm，单击"确定"按钮，结果如图 8-40 所示。

图 8-40　生成的放样折弯特征

> **技巧荟萃**
>
> 基体法兰特征不与放样折弯特征一起使用。放样折弯使用 K 因子和折弯系数来计算。放样折弯不能被镜像。在选择两个草图时，起点位置要对齐，即要在草图的相同位置，否则将不能生成放样折弯。如图 8-41 所示，箭头所选起点错误则不能生成放样折弯。
>
>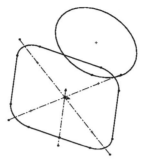
>
> 图 8-41　选择草图起点错误

8.3.5　实例——绘制 U 形槽

U 形槽模型如图 8-42 所示。

【思路分析】

通过设计 U 形槽，可以进一步熟练掌握钣金的边线法兰等钣金工具的使用方法，尤其是在曲线边线上生成边线法兰的方法，如图 8-43 所示。

图 8-42　U 形槽

图 8-43　U 形槽绘制流程图

【绘制步骤】

（1）启动 SolidWorks 2020，单击"快速访问"工具栏中的"新建"按钮 ，或选择菜单栏中的"文件"→"新建"命令，创建一个新的零件文件。

（2）绘制草图。

① 在左侧的 FeatureMannger 设计树中选择"前视基准面"作为绘图基准面，然后单击"草图"选项卡中的"边角矩形"按钮 ，绘制一个矩形，标注矩形的尺寸如图 8-44 所示。

② 单击"草图"选项卡中的"绘制圆角"按钮 ，绘制圆角，如图 8-45 所示。

图 8-44　绘制矩形

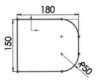

图 8-45　绘制圆角

③单击"草图"选项卡中的"等距实体"按钮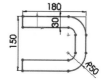,在"等距实体"属性管理器中取消勾选"选择链"复选框,然后选择如图 8-45 所示草图的线条,输入等距距离 30mm,生成等距 30 mm 的草图,如图 8-46 所示。剪裁竖直的一条边线,结果如图 8-47 所示。

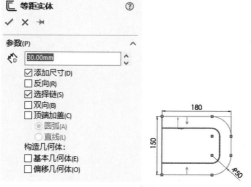

图 8-46　生成等距实体　　　　　　　　图 8-47　剪裁竖直边线

(3)生成基体法兰特征。单击"钣金"选项卡中的"基体法兰/薄片"按钮,或选择菜单栏中"插入"→"钣金"→"基体法兰"命令,在弹出的属性管理器中"钣金参数"的"厚度"设为 1mm;其他设置如图 8-48 所示,最后单击"确定"按钮。

(4)生成边线法兰特征。单击"钣金"选项卡中的"边线法兰"按钮,或选择菜单栏中"插入"→"钣金"→"边线法兰"命令,在"边线法兰"属性管理器中"法兰长度"设为 8mm;其他设置如图 8-49 所示,单击钣金零件的外边线,再单击"确定"按钮。

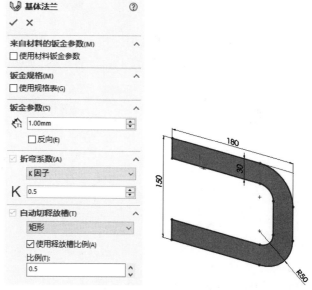

图 8-48　生成基体法兰

(5)生成边线法兰特征。重复上述操作,单击拾取钣金零件的其他边线,生成边线法兰,法兰长度为 8 mm,其他设置与图 8-49 相同,结果如图 8-50 所示。

(6)生成端面边线法兰。单击"钣金"选项卡中的"边线法兰"按钮,或选择菜单栏中"插入"→"钣金"→"边线法兰"命令,在"边线法兰"属性管理器中"法兰长度"设为 8mm;勾选"剪裁侧边折弯"复选框,其他设置如图 8-51 所示,单击钣金零件端面的一条边线,如图 8-52 所示,生成边线法兰如图 8-53 所示。

(7)生成另一侧端面的边线法兰。单击"钣金"选项卡中的"边线法兰"按钮,或选择菜单栏中"插入"→"钣金"→"边线法兰"命令,设置参数与上述相同,生成另一侧端面的边线法兰,最终结果如图 8-54 所示。

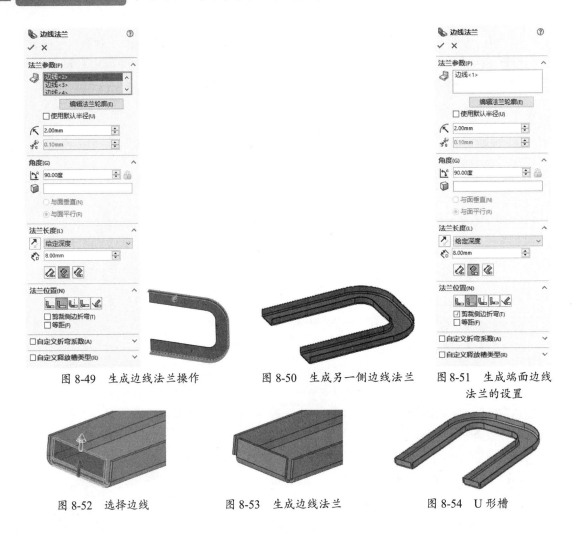

图 8-49 生成边线法兰操作　　图 8-50 生成另一侧边线法兰　　图 8-51 生成端面边线法兰的设置

图 8-52 选择边线　　图 8-53 生成边线法兰　　图 8-54 U形槽

8.4 钣金细节特征

8.4.1 切口特征

使用切口特征工具可以在钣金零件或者其他任意的实体零件上生成切口特征。能够生成切口特征的零件，应该具有一个相邻平面且厚度一致，这些相邻平面形成一条或多条线性边线或一组连续的线性边线，而且是通过平面的单一线性实体。

在零件上生成切口特征时，可以沿所选内部或外部模型边线生成，或者从线性草图实体生成，也可以通过组合模型边线和单一线性草图实体生成。下面在一个壳体零件（见图 8-55）上生成切口特征。

【案例 8-6】切口特征

（1）打开源文件 "\ch8\8.6 原始文件.SLDPRT"。

（2）选择壳体零件的上表面作为绘图基准面，然后单击"前导视图"工具栏中的"正视于"按钮，单击"草图"选项卡中的"直线"按钮，绘制一条直线，如图 8-56 所示。

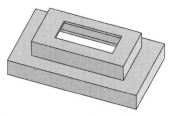
图 8-55　壳体零件

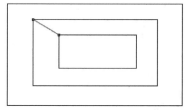
图 8-56　绘制直线

（3）单击"钣金"选项卡中的"切口"按钮，或选择菜单栏中"插入"→"钣金"→"切口"命令，或者单击"钣金"工具栏中的"切口"按钮，弹出"切口"属性管理器，选择绘制的直线和一条边线来生成切口，如图 8-57 所示。

（4）在"切口缝隙"文本框中，输入数值 0.1mm。单击"改变方向"按钮，可以改变切口的方向，每单击一次，切口切换一个方向，接着是另外一个方向，然后返回到两个方向。单击"确定"按钮，结果如图 8-58 所示。

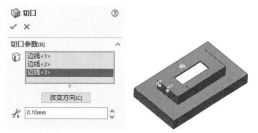
图 8-57　"切口"属性管理器

图 8-58　生成切口特征

技巧荟萃

在钣金零件上生成切口特征，操作方法与上文中的讲解相同。

8.4.2　通风口

使用通风口特征工具可以在钣金零件上添加通风口。生成通风口特征之前，与生成其他钣金特征相似，也要先绘制生成通风口的草图，然后在"通风口"属性管理器中设定各种选项，从而生成通风口。

通风口

【案例 8-7】通风口

（1）首先在钣金零件的表面绘制如图 8-59 所示的通风口草图。为了使草图清晰，可以选择菜单栏中"视图"→"隐藏/显示"→"草图几何关系"命令（见图 8-60），使草图几何关系不显示，结果如图 8-61 所示，然后单击"退出草图"按钮。

（2）单击"钣金"选项卡中的"通风口"按钮，或选择菜单栏中"插入"→"扣合特征"→"通风口"命令，或者单击"钣金"工具栏中的"通风口"按钮，弹出"通风口"属性管理器，首先选择草图的最大直径的圆作为通风口的边界轮廓，如图 8-62 所示。同时，在"几何体属性"的"放置面"列表框中自动选择绘制草图的基准面作为放置通风口的表面。

（3）在"圆角半径"文本框中输入相应的圆角半径数值，本实例中输入 5mm。这些值将应用于边界、筋、翼梁和填充边界之间的所有相交处产生圆角，如图 8-63 所示。

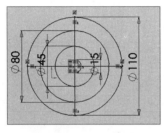

图 8-59 通风口草图

图 8-60 菜单命令

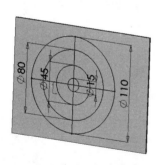

图 8-61 使草图几何关系不显示

图 8-62 选择通风口的边界

（4）在"筋"列表框中选择通风口草图中的两个互相垂直的直线作为筋轮廓，"筋宽度"设为 5mm，如图 8-64 所示。

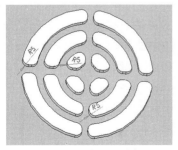

图 8-63 通风口圆角

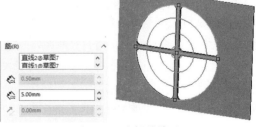

图 8-64 选择筋草图

（5）在"翼梁"列表框中选择通风口草图中的两个同心圆作为翼梁轮廓，"翼梁宽度"设为5mm，如图8-65所示。

（6）在"填充边界"列表框中选择通风口草图中的最小圆作为填充边界轮廓，如图8-66所示，最后单击"确定"按钮，结果如图8-67所示。

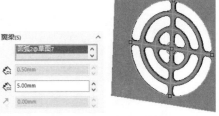

图8-65　选择翼梁草图

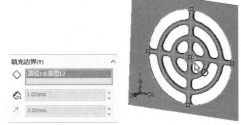

图8-66　选择填充边界草图

图8-67　生成通风口特征

> **技巧荟萃**
>
> 如果在"钣金"选项卡中找不到"通风口"按钮，可以选择菜单栏中"视图"→"工具栏"→"扣合特征"命令，使"扣合特征"选项卡在操作界面中显示出来，在此选项卡中可以找到"通风口"按钮，如图8-68所示。
>
>
>
> 图8-68　"扣合特征"选项卡

8.4.3　褶边特征

褶边特征工具可将褶边添加到钣金零件的所选边线上，生成褶边特征时所选边线必须为直线，斜接边角被自动添加到交叉褶边上。如果选择多个要添加褶边的边线，则这些边线必须在同一个面上。

【案例8-8】褶边特征

（1）打开源文件"\ch8\8.8原始文件.SLDPRT"。

（2）单击"钣金"选项卡中的"褶边"按钮，或选择菜单栏中"插入"→"钣金"→"褶边"命令，或者单击"钣金"工具栏中的"褶边"按钮，弹出"褶边"属性管理器。在图形区域中选择想添加褶边的边线，如图8-69所示。

（3）在"褶边"属性管理器中，选择"材料在内"，在"类型和大小"选项组中，选择"开环"，然后单击"确定"按钮，最后结果如图8-70所示。

褶边类型共有4种，分别是（闭合），如图8-71所示；（开环），如图8-72所示；（撕裂形），如图8-73所示；（滚轧），如图8-74所示。每种类型褶边都有其对应的尺寸设置参数。长度参数只应用于闭合和开环褶边，间隙距离参数只应用于"开环"褶边，角度参数只应用于"撕裂形"和"滚轧"褶边，半径参数只应用于"撕裂形"和"滚轧"褶边。

图 8-69　选择添加褶边的边线　　　　　图 8-70　生成褶边

图 8-71　"闭合"类型褶边　　图 8-72　"开环"类型褶边　　图 8-73　"撕裂形"类型褶边

选择多条边线添加褶边时，在属性管理器中可以通过设置"斜接缝隙"的"切口缝隙"数值来设定这些褶边之间的缝隙，斜接边角被自动添加到交叉褶边上。例如，斜轧角度设为250°，更改后如图 8-75 所示。

图 8-74　"滚轧"类型褶边　　　　　　图 8-75　更改褶边之间的角度

8.4.4　转折特征

使用转折特征工具可以在钣金零件上从草图直线生成两个折弯。生成转折特征的草图必须只包含一条直线，不一定是水平和竖直直线。折弯线长度不一定与正折弯的面的长度相同。

【案例 8-9】转折特征

（1）打开源文件"\ch8\8.9 原始文件.SLDPRT"。

（2）在生成转折特征之前要先绘制草图，选择钣金零件的上表面作为绘图基准面，然后绘制一条直线，如图 8-76 所示。

（3）在绘制的草图处于打开状态下，单击"钣金"选项卡中的"转折"按钮，或选择菜单栏中"插入"→"钣金"→"转折"命令，或者单击"钣金"工具栏中的"转折"按钮，弹出"转折"属性管理器，选择箭头所指的面作为固定面，如图 8-77 所示。

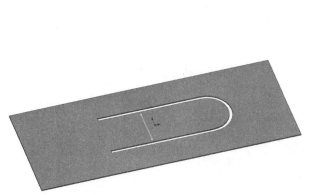

图 8-76　绘制直线草图　　　　　　　　图 8-77　"转折"属性管理器

（4）勾选"使用默认半径"复选框，"转折等距"设为 30mm。选择"尺寸位置"中的"外部等距"，并且勾选"固定投影长度"复选框。在"转折位置"中选择"折弯中心线"。其他设置为默认值，单击"确定"按钮，结果如图 8-78 所示。

图 8-78　生成转折特征

生成转折特征时，在"转折"属性管理器中选择不同的"尺寸位置"选项、是否勾选"固定投影长度"复选框都将生成不同的转折特征。例如，上述实例中使用"外部等距"选项生成的转折特征如图 8-79 所示。使用"内部等距"选项生成的转折特征如图 8-80 所示。使用"总尺寸"选项生成的转折特征如图 8-81 所示。取消勾选"固定投影长度"复选框生成的转折投影长度将减小，如图 8-82 所示。

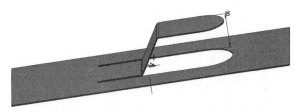

图 8-79　使用"外部等距"选项生成的转折特征

图 8-80　使用"内部等距"选项生成的转折特征

图 8-81　使用"总尺寸"选项生成的转折特征

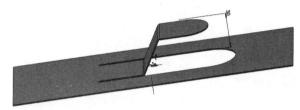

图 8-82　取消勾选"固定投影长度"复选框生成的转折特征

在"转折位置"中还有不同的选项可供选择，在前面的特征工具中已经讲解过，这里不再重复。

8.4.5　绘制的折弯特征

绘制的折弯特征可以在钣金零件处于折叠状态时绘制草图，将折弯线添加到零件。草图中只允许使用直线，可为每个草图添加多条直线。折弯线长度不一定非得与被折弯的面的长度相同。

【案例 8-10】折弯特征

（1）单击"钣金"选项卡中的"绘制的折弯"按钮 ，或选择菜单栏中的"插入"→"钣金"→"绘制的折弯"命令，或者单击"钣金"工具栏中的"绘制的折弯"按钮 。系统提示选择平面来生成折弯线或选择现有草图为特征所用。如果没有绘制好草图，可以首先选择基准面绘制一条直线；如果已经绘制好了草图，可以选择绘制好的直线，弹出"绘制的折弯"属性管理器，如图 8-83 所示。

（2）在图形区中选择如图 8-84 所示的面作为固定面，选择"折弯位置"选项中的"折弯中心线" ，输入角度 120°，输入折弯半径 5mm，单击"确定"按钮 。

（3）右击 FeatureMannger 设计树中绘制的折弯特征的草图，单击"显示"按钮 ，如图 8-85 所示，绘制的直线将显示出来，直观观察到以"折弯中心线" 选项生成的折弯特征效果，如图 8-86 所示。其他选项生成的折弯特征效果可以参考前文中的讲解。

图 8-83 "绘制的折弯"属性管理器

图 8-84 选择面

图 8-85 显示草图

图 8-86 生成绘制的折弯特征

8.4.6 闭合角特征

使用闭合角特征工具可以在钣金法兰之间添加闭合角，即在钣金特征之间添加材料。通过闭合角特征工具可以完成以下功能：通过选择面来为钣金零件同时闭合多个边角；关闭非垂直边角；将闭合边角应用到带有 90°以外折弯的法兰；调整缝隙距离，即由边界角特征所添加的两个材料截面之间的距离；重叠/欠重叠比率指重叠的材料与欠重叠材料之间的比率。

【案例 8-11】闭合角特征

（1）打开源文件"\ch8\8.11 原始文件.SLDPRT"。

（2）单击"钣金"选项卡中的"闭合角"按钮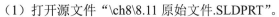，或选择菜单栏中的"插入"→"钣金"→"闭合角"命令，或者单击"钣金"工具栏中的"闭合角"按钮，弹出"闭合角"属性管理器，选择需要延伸的面，如图 8-87 所示。

（3）在"边角类型"中选择"重叠"，单击"确定"按钮。在"缝隙距离"文本框中输入的数值过小时，系统会提示错误，不能生成闭合角，如图 8-88 所示。

（4）在"缝隙距离"文本框中更改缝隙距离数值为 0.5mm，单击"确定"按钮，生成重叠闭合角，结果如图 8-89 所示。

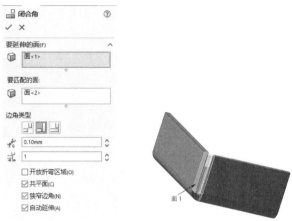

图 8-87 选择需要延伸的面

图 8-88 错误提示　　　　　图 8-89 生成重叠闭合角

使用其他"边角类型"选项可以生成不同形式的闭合角。图 8-90 是使用"边角类型"中"对接"选项生成的闭合角；图 8-91 是使用"边角类型"中"欠重叠"选项生成的闭合角。

图 8-90 对接闭合角　　　　　图 8-91 欠重叠闭合角

8.4.7 断开边角/边角剪裁特征

使用断开边角特征工具可以从折叠的钣金零件的边线或面中切除材料。使用边角剪裁特征工具可以从展开的钣金零件的边线或面中切除材料。

1. 断开边角

断开边角操作只能在折叠的钣金零件中操作。

【案例 8-12】断开边角

（1）打开源文件"\ch8\8.12 原始文件.SLDPRT"。

（2）单击"钣金"选项卡中的"断开边角/边角剪裁"按钮，或者选择菜单栏中"插入"→"钣金"→"断裂边角"命令，或者单击"钣金"工具栏中的"断开边角/边角剪裁"

按钮 ，弹出"断开边角"属性管理器。在图形区域中选择要断开的边角边线和面，如图 8-92 所示。

（3）"折断类型"选择"倒角" ，输入距离值5mm，单击"确定"按钮 ，结果如图 8-93 所示。

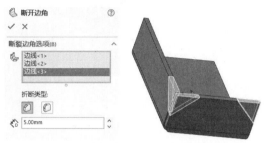

图 8-92　选择要断开的边角边线和面　　　　图 8-93　生成断开边角特征

2．边角剪裁

边角剪裁只能在展开的钣金零件中操作，在零件被折叠时边角剪裁特征将被压缩。

【案例 8-13】边角剪裁

（1）打开源文件"\ch8\8.13 原始文件.SLDPRT"。

（2）单击"钣金"选项卡中的"展开"按钮 ，或者单击"钣金"选项卡中的"展开"按钮 ，或选择菜单栏中"插入"→"钣金"→"展开"命令，将钣金零件整个展开，如图 8-94 所示。

（3）单击"钣金"选项卡中的"断开边角/边角剪裁"按钮 ，或者单击"钣金"选项卡中的"断开边角/边角剪裁"按钮 ，或者选择菜单栏中"插入"→"钣金"→"断开边角/边角剪裁"命令，在图形区域中选择要折断边角的边线或面，如图 8-95 所示。

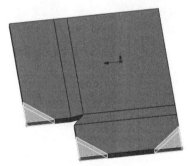

图 8-94　展开钣金零件　　　　图 8-95　选择要折断边角的边线和面

（4）"折断类型"选择"倒角" ，输入距离值 5mm，单击"确定"按钮 ，结果如图 8-96 所示。

（5）右击钣金零件 FeatureMannger 设计树中的平板型式特征，在弹出的快捷菜单中单击"压缩"按钮，或者单击"钣金"选项卡中的"折叠"按钮 ，使此图标弹起，将钣金零件进行折叠，边角剪裁特征将被压缩，如图 8-97 所示。

图 8-96　生成边角剪裁特征

图 8-97　折叠钣金零件

8.4.8　实例——绘制六角盒

绘制如图 8-98 所示的六角盒。

绘制六角盒

图 8-98　六角盒及展开图

本例绘制六角盒，主要利用实体建模绘制基体模型，拉伸实体，再利用抽壳命令抽空腔体，最后利用钣金工具，使用褶边命令绘制六角盒边角，绘制流程图如图 8-99 所示。

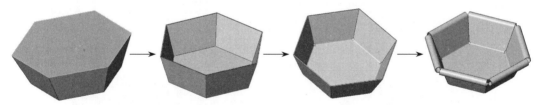

图 8-99　六角盒绘制流程图

六角盒的设计步骤如下。

（1）启动 SolidWorks 2020，选择菜单栏中的"文件"→"新建"命令，或者单击"快速访问"工具栏中的"新建"按钮 ，在弹出的"新建 SOLIDWORKS 文件"对话框中单击"零件"按钮 ，然后单击"确定"按钮，创建一个新的零件文件。

（2）绘制草图。在左侧的 FeatureMannger 设计树中选择"前视基准面"作为绘图基准面，然后单击"草图"选项卡中的"多边形"按钮 ，绘制一个六边形，标注六边形的内接圆的直径，如图 8-100 所示。

（3）生成拉伸特征。选择菜单栏中的"插入"→"凸台/基体"→"拉伸"命令，或者单击"特征"选项卡中的"拉伸凸台/基体"按钮 ，系统弹出"凸台-拉伸"属性管理器，"方向 1"的"终止条件"选择"给定深度"，"深度"设为 50mm，"拔模斜度"设为 20mm，如图 8-101 所示，然后单击"确定"按钮 。

(4) 生成抽壳特征。选择菜单栏中的"插入"→"特征"→"抽壳"命令,或者单击"特征"选项卡中的"抽壳"按钮,系统弹出"抽壳"属性管理器,"厚度"设为1mm,单击实体表面作为要移除的面,如图 8-102 所示,然后单击"确定"按钮,结果如图 8-103 所示。

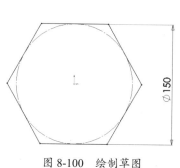
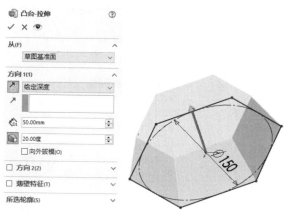

图 8-100　绘制草图　　　　　　　　　图 8-101　进行拉伸操作

图 8-102　进行抽壳操作　　　　　　　图 8-103　抽壳后的实体

(5) 生成切口特征。选择菜单栏中的"插入"→"钣金"→"切口"命令,或者单击"钣金"选项卡中的"切口"按钮,系统弹出"切口"属性管理器,"切口缝隙"设为 0.1mm,单击实体表面的各棱线作为要生成切口的边线,如图 8-104 所示,然后单击"确定"按钮,结果如图 8-105 所示。

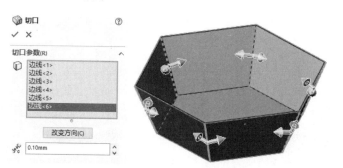

图 8-104　进行切口操作　　　　　　　图 8-105　生成切口特征

(6)插入折弯。选择菜单栏中的"插入"→"钣金"→"折弯"命令,或者单击"钣金"选项卡中的"插入折弯"按钮,系统弹出"折弯"属性管理器,单击如图 8-106 所示的面作为固定表面,"折弯半径"设为 2mm,其他设置如图 8-106 所示。单击"确定"按钮,弹出如图 8-107 所示对话框,单击"确定"按钮,插入的折弯如图 8-108 所示。

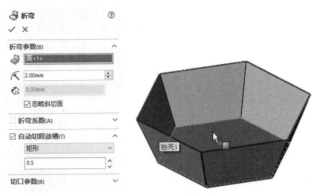

图 8-106 插入折弯

图 8-107 切释放槽提示

图 8-108 插入的折弯

(7)生成褶边特征。选择菜单栏中的"插入"→"钣金"→"褶边"命令,或者单击"钣金"选项卡中的"褶边"按钮,系统弹出"褶边"属性管理器,单击如图 8-109 所示的边作为添加褶边的边线,选择"材料在内""滚轧",输入如图 8-109 所示的角度和半径,其他设置为默认值,单击"确定"按钮,生成的褶边如图 8-110 所示。

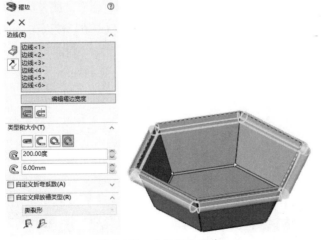

图 8-109 生成褶边操作

图 8-110 生成的褶边

8.5 展开钣金

8.5.1 将整个钣金零件展开

要展开整个零件，如果钣金零件的 FeatureMannger 设计树中的平板型式特征存在，可以右击平板型式特征，在弹出的快捷菜单中单击"解除压缩"按钮，如图 8-111 所示，或者单击"钣金"选项卡中的"展开"按钮，可以将钣金零件整个展开，如图 8-112 所示。

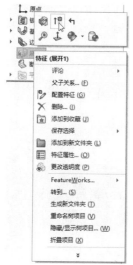

图 8-111 解除平板型式特征的压缩

图 8-112 展开整个钣金零件

技巧荟萃

使用此方法展开整个零件时，应用边角处理以生成干净、展开的钣金零件，使其在制造过程中不会出错。如果不想应用边角处理，可以右击平板型式，在弹出的菜单中单击"编辑特征"按钮，在"平板型式"属性管理器中取消勾选"边角处理"复选框，如图 8-113 所示。

图 8-113 取消勾选"边角处理"复选框

要将整个钣金零件折叠，可以右击钣金零件 FeatureMannger 设计树中的平板型式特征，在弹出的快捷菜单中单击"压缩"按钮，或者单击"钣金"选项卡中的"折叠"按钮，使此图标弹起，即可以将钣金零件进行折叠。

8.5.2 将钣金零件部分展开

要展开或折叠钣金零件的一个、多个或所有折弯，可使用展开（ ）和折叠（ ）特征工具。使用此展开特征工具可以沿折弯上添加切除特征。首先添加一个展开特征来展开折弯，然后添加切除特征，最后添加一个折叠特征将折弯返回到其折叠状态。

【案例 8-14】将钣金零件部分展开

（1）打开源文件"\ch8\8.14 原始文件.SLDPRT"。

（2）单击"钣金"选项卡中的"展开"按钮 ，或选择菜单栏中"插入"→"钣金"→"展开"命令，弹出"展开"属性管理器，如图 8-114 所示。

（3）在图形区中选择箭头所指的面作为固定面，选择箭头所指的折弯作为要展开的折弯，如图 8-115 所示。单击"确定"按钮 ，结果如图 8-116 所示。

图 8-114 "展开"属性管理器

图 8-115 选择固定面和要展开的折弯

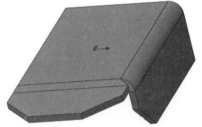

图 8-116 展开一个折弯

（4）选择钣金零件上箭头所指表面作为绘图基准面，如图 8-117 所示。然后单击"前导视图"工具栏中的"正视于"按钮 ，单击"草图"选项卡中的"边角矩形"按钮 ，绘制矩形草图，如图 8-118 所示。单击"特征"选项卡中的"拉伸切除"按钮 ，在弹出的"切除-拉伸"属性管理器中"终止条件"选择"完全贯穿"，然后单击"确定"按钮 ，生成切除拉伸特征，如图 8-119 所示。

图 8-117 设置基准面

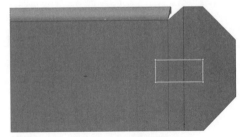

图 8-118 绘制矩形草图

（5）单击"钣金"选项卡中的"折叠"按钮 ，或选择菜单栏中"插入"→"钣金"→"折叠"命令，弹出"展开"属性管理器。

（6）在图形区中选择在展开操作中选择的面作为固定面，选择展开的折弯作为要折叠的折弯，单击"确定"按钮 ，结果如图 8-120 所示。

图 8-119　生成切除拉伸特征　　　　　　图 8-120　将钣金零件重新折叠

> **技巧荟萃**
> 在设计过程中，为使系统运行更快，一般只展开和折叠正在操作项目的折弯。在"展开"属性管理器和"折叠"属性管理器中，单击"收集所有折弯"按钮，可以把钣金零件所有折弯展开或折叠。

8.6　钣金成形

利用 SolidWorks 软件中的钣金成形工具可以生成各种钣金成形特征，软件系统中已有的成形工具有 5 种：embosses（凸起）、extruded flanges（冲孔）、louvers（百叶窗板）、ribs（筋）、lances（切开）。

用户可以在设计过程中创建新的成形工具或者对已有的成形工具进行修改。

8.6.1　使用成形工具

【案例 8-15】使用成形工具

使用成形工具的操作步骤如下。

（1）打开源文件"\ch8\8.15 原始文件.SLDPRT"。单击"设计库"按钮 ⑩，弹出"设计库"属性管理器，在属性管理器中按照路径"Design Library\forming tools\"可以找到 5 种成形工具的文件夹，在每个文件夹中都有若干种成形工具，如图 8-121 所示。

（2）选择"embosses"（凸起）工具中的"counter sink emboss"图标，将其拖入钣金零件需要放置成形特征的表面，如图 8-122 所示。

（3）随意拖放的成形特征可能位置并不一定合适，在系统弹出的"成形工具特征"属性管理器中，单击"位置"选项卡进行重新设置，如图 8-123 所示。用户还可以单击"草图"选项卡中的"智能尺寸"按钮 ❖，标注如图 8-124 所示的尺寸，然后单击"完成"按钮，结果如图 8-125 所示。

> **技巧荟萃**
> 使用成形工具时，成形默认情况下是向下行进的，即形成的特征方向为"凹"，如果要使其方向变为"凸"，需要在拖入成形特征的同时按下〈Tab〉键。

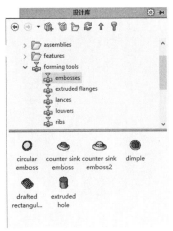

图 8-121 成形工具

图 8-122 将成形工具拖入要放置的表面

图 8-124 标注成形特征位置尺寸

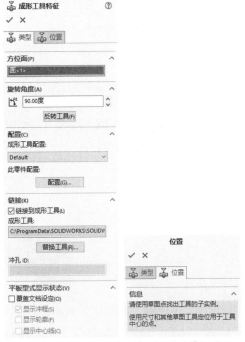

图 8-123 "成形工具特征"属性管理器

图 8-125 生成的成形特征

8.6.2 修改成形工具

SolidWorks 软件自带的成形工具形成的特征，在尺寸上不能满足用户使用要求时，用户可以自行进行修改。

【案例 8-16】修改成形工具

修改成形工具的操作步骤如下。

（1）单击"设计库"按钮 ，在弹出的"设计库"属性管理器中按照路径"Design Library\forming tools\"找到需要修改的成形工具，双击成形工具图标，例如：双击"embosses"（凸起）工具中的"dimple"图标，如图 8-126 所示，系统将会进入"dimple"成形特征的设计界面。

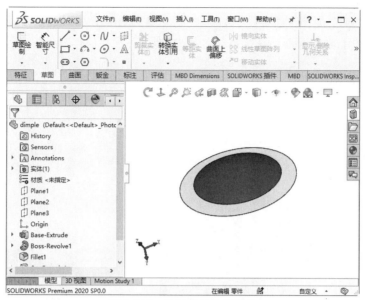

图 8-126　成形图标设计界面

（2）在左侧的 FeatureMannger 设计树中右击"Boss-Extrude"，在弹出的快捷菜单中单击"编辑草图"按钮，如图 8-127 所示。

（3）双击草图中的圆弧直径尺寸，将其更改为 70mm，然后单击"退出草图"按钮，成形特征的尺寸将变大。

（4）在左侧的 FeatureMannger 设计树中右击"Fillet1"，在弹出的快捷菜单中单击"编辑特征"按钮，如图 8-128 所示。

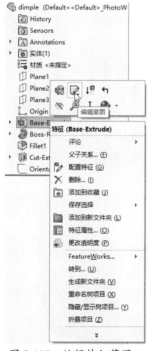

图 8-127　编辑特征草图 1

图 8-128　编辑特征草图 2

（5）在"Fillet1"属性管理器中更改圆角半径数值为 8mm，如图 8-129 所示。单击"确定"按钮，结果如图 8-130 所示，选择菜单栏中"文件"→"另保存"命令保存成形工具。

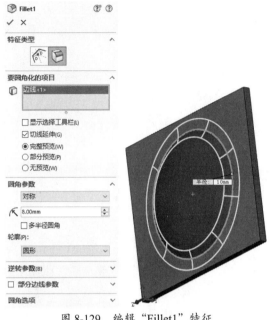

图 8-129　编辑"Fillet1"特征　　　　图 8-130　修改后的特征

8.6.3　创建新成形工具

用户可以创建新的成形工具，然后将其添加到设计库中以备后用。创建新的成形工具和创建其他实体零件的方法一样，操作步骤如下。

创建新成形工具

【案例 8-17】创建新成形工具

（1）创建一个新的文件，在操作界面左侧的 FeatureMannger 设计树中选择"前视基准面"作为绘图基准面，然后单击"草图"选项卡中的"边角矩形"按钮，绘制一个矩形，如图 8-131 所示。

（2）单击"特征"选项卡中的"拉伸凸台/基体"按钮，或选择菜单栏中的"插入"→"凸台/基体"→"拉伸"命令，"深度"设为 50mm，然后单击"确定"按钮，结果如图 8-132 所示。

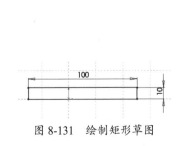

图 8-131　绘制矩形草图　　　　图 8-132　生成拉伸特征

(3）选择图 8-132 中的上表面，然后单击"前导视图"工具栏中的"正视于"按钮，将该表面作为绘制图形的基准面。在此表面上绘制一个草图，如图 8-133 所示。

(4）单击"特征"选项卡中的"旋转凸台/基体"按钮，或选择菜单栏中"插入"→"凸台/基体"→"旋转"命令，"角度"设为180°，生成旋转特征如图 8-134 所示。

图 8-133　绘制矩形草图　　　　　　　　图 8-134　生成旋转特征

(5）单击"特征"选项卡中的"圆角"按钮，或选择菜单栏中"插入"→"特征"→"圆角"命令，输入圆角半径值 6mm，按住〈Shift〉键，选择旋转特征的边线，如图 8-135 所示，然后单击"确定"按钮，结果如图 8-136 所示。

图 8-135　选择圆角边线　　　　　　　　图 8-136　生成圆角特征

(6）选择图 8-136 中矩形实体的一个侧面，然后单击"草图"选项卡中的"草图绘制"按钮，然后单击"草图"选项卡中的"转换实体引用"按钮，生成矩形草图，如图 8-137 所示。

(7）单击"特征"选项卡中的"拉伸切除"按钮，在弹出的"切除-拉伸"属性管理器中"终止条件"选择"完全贯通"，如图 8-138 所示，然后单击"确定"按钮。

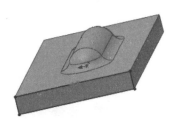

图 8-137　转换实体引用　　　　　　　　图 8-138　完全贯通切除

(8)选择图 8-139 中的底面，然后单击"前导视图"工具栏中的"正视于"按钮，将该表面作为绘制图形的基准面。单击"草图"选项卡中的"圆"按钮和"直线"按钮，以基准面的中心为圆心绘制一个圆和两条互相垂直的直线，如图 8-140 所示，单击"退出草图"按钮。

图 8-139　选择草图基准面　　　　　　　　图 8-140　绘制定位草图

技巧荟萃

步骤（8）中绘制的草图是成形工具的定位草图，必须要绘制，否则成形工具将不能放置到钣金零件上。

(9)保存零件文件，单击"设计库"按钮，在弹出的"设计库"属性管理器中单击"添加到库"按钮，如图 8-141 所示，系统弹出"添加到库"属性管理器，在属性管理器中选择保存路径"design library\forming tools\embosses\"，如图 8-142 所示。将此成形工具命名为"弧形凸台"，单击"确定"按钮，可以把新生成的成形工具保存在设计库中，如图 8-143 所示。

图 8-141　添加到库　　　　图 8-142　保存新成形工具到设计库　　　　图 8-143　添加到设计库

8.7 综合实例——绘制电气箱

绘制如图 8-144 所示的电气箱。

图 8-144 电气箱

【思路分析】

本例以电气箱装配体为例，练习钣金件的关联设计。电气箱装配体包括 3 个零件，分别是电气箱的下箱体、上箱体和连接板。首先设计下箱体，在装配体环境中进行关联设计，然后生成连接板及上箱体。在设计过程中，要注意零件之间及特征之间的相互位置关系。本例用到了斜接法兰、边线法兰、绘制的折弯、通风口、断开边角/边角剪裁、简单直孔等工具。电气箱创建过程如图 8-145 所示。

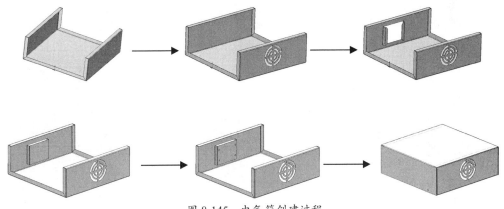

图 8-145 电气箱创建过程

【绘制步骤】

（1）新建文件。启动 SolidWorks 2020，选择菜单栏中的"文件"→"新建"命令，或单击"快速访问"工具栏中的"新建"按钮，在弹出的"新建 SOLIDWORKS 文件"对话框中，先单击"零件"按钮，再单击"确定"按钮，创建一个新的零件文件。

（2）绘制草图。在 FeatureManager 设计树中选择"前视基准面"作为绘图基准面，然后单击"草图"工具栏中的"直线"按钮，过原点绘制一条水平直线和两条竖直直线并标注尺寸。

（3）添加几何关系。单击"尺寸/几何关系"工具栏中的"添加几何关系"按钮，添加水平直线和原点的中点约束关系，如图 8-146 所示。

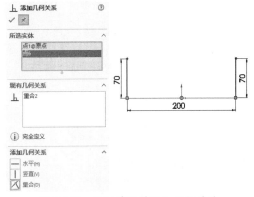

图 8-146 绘制草图并添加几何关系

（4）创建基体法兰特征 1。选择菜单栏中的"插入"→"钣金"→"基体法兰"命令，或单击"钣金"选项卡中的"基体法兰/薄片"按钮，在弹出的"基体法兰"属性管理器中，设置钣金厚度为 0.5mm、折弯半径为 1mm，其他选项保持系统默认设置，如图 8-147 所示，然后单击"确定"按钮，生成基体法兰特征 1。

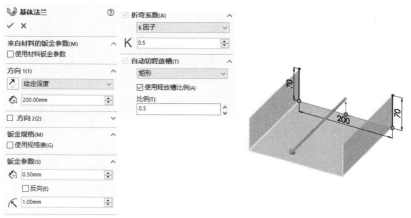

图 8-147 创建基体法兰特征 1

（5）绘制斜接法兰 1 草图。选择如图 8-148 所示的平面作为绘图基准面，绘制一条直线并标注尺寸，如图 8-149 所示。

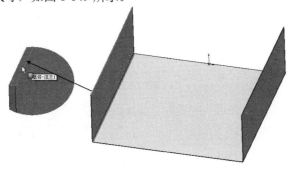

图 8-148 选择斜接法兰 1 草图基准面　　　　图 8-149 绘制斜接法兰 1 草图

（6）创建斜接法兰特征 1。选择菜单栏中的"插入"→"钣金"→"斜接法兰"命令，或单击"钣金"选项卡中的"斜接法兰"按钮 ，在弹出的"斜接法兰"属性管理器中，进行如图 8-150 所示的设置，在钣金件上选择边线，然后单击"确定"按钮 ，生成斜接法兰特征 1。

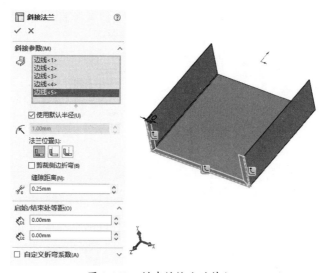

图 8-150 创建斜接法兰特征 1

(7) 创建斜接法兰特征 2。重复步骤（6）的操作，在钣金件的另一侧生成斜接法兰特征 2，如图 8-151 所示。

(8) 创建边线法兰特征 1。选择菜单栏中的"插入"→"钣金"→"边线法兰"命令，或单击"钣金"选项卡中的"边线法兰"按钮，在弹出的"边线法兰"属性管理器中，设置法兰长度为 10mm，选择"内部虚拟交点"和"材料在内"，勾选"剪裁侧边折弯"复选框，其他选项设置如图 8-152 所示；在钣金件上选择边线，如图 8-153 所示，然后单击"确定"按钮，生成边线法兰特征 1，如图 8-154 所示。

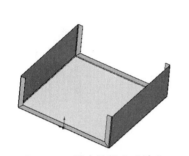

图 8-151 创建斜接法兰特征 2

图 8-152 "边线法兰"属性管理器

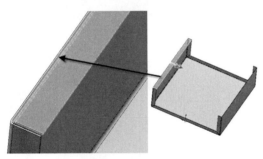

图 8-153 选择边线

图 8-154 创建边线法兰特征 1

(9) 创建边线法兰特征 2。重复步骤（8）的操作，在钣金件的另一侧生成边线法兰特征 2，如图 8-155 所示。

(10) 设置视图方向。选择钣金件的一个侧面，如图 8-156 所示，单击"前导视图"工具栏中的"正视于"按钮，将该基准面转为正视方向。

图 8-155 创建边线法兰特征 2

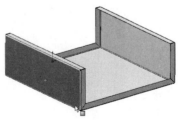

图 8-156 设置视图方向

（11）绘制通风口草图。单击"草图"工具栏中的"圆"按钮⊙，绘制一个小圆，标注其直径尺寸和相对于钣金件边线的位置尺寸，如图 8-157 所示；继续绘制圆，绘制的圆与小圆同心，并标注直径尺寸，如图 8-158 所示。

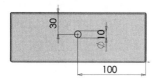
图 8-157　绘制通风口草图

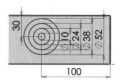
图 8-158　绘制同心圆

（12）绘制通风口筋草图。单击"草图"工具栏中的"直线"按钮✏，过圆心绘制两条互相垂直的直线，如图 8-159 所示，单击"退出草图"按钮↩，退出草图绘制状态。

（13）设置通风口参数。选择菜单栏中的"插入"→"扣合特征"→"通风口"命令，或单击"钣金"选项卡中的"通风口"按钮▦，弹出"通风口"属性管理器；选择通风口草图中直径最大的圆作为边界，设置圆角半径为 1mm，如图 8-160 所示。

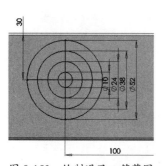
图 8-159　绘制通风口筋草图

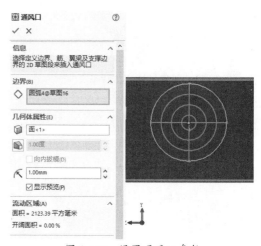
图 8-160　设置通风口参数

（14）创建通风口特征。选择两条互相垂直的直线作为通风口的筋，设置筋的宽度为 4mm，如图 8-161 所示；选择中间的两个圆作为通风口的翼梁，设置翼梁的宽度为 3mm，如图 8-162 所示；选择最小直径的圆作为通风口的填充边界，如图 8-163 所示，单击"确定"按钮✔，生成的通风口如图 8-164 所示。

图 8-161　选择通风口筋

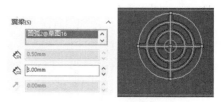
图 8-162　选择通风口翼梁

（15）绘制切除草图。选择如图 8-165 所示的面，将该基准面作为草图绘制基准面。单击"草图"工具栏中的"草图绘制"按钮▱，绘制草图并标注尺寸，如图 8-166 所示。

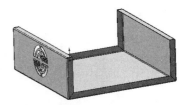

图 8-163 选择填充边界　　　　图 8-164 创建通风口

（16）创建切除特征。选择菜单栏中的"插入"→"切除"→"拉伸"命令，或单击"特征"选项卡中的"拉伸切除"按钮，在弹出的属性管理器中设置切除深度为 8mm，然后单击"确定"按钮，生成的切除特征如图 8-167 所示。

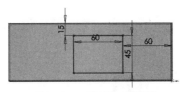
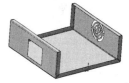

图 8-165 选择基准面　　　图 8-166 绘图切除草图　　　图 8-167 创建切除特征

（17）创建边线法兰特征 3。选择菜单栏中的"插入"→"钣金"→"边线法兰"命令，或单击"钣金"选项卡中的"边线法兰"按钮，在弹出的"边线法兰"属性管理器中，设置法兰长度为 15mm，选择"外部虚拟交点"和"材料在内"，其他选项设置如图 8-168 所示；在钣金件上选择两条竖直边线，单击"确定"按钮，生成边线法兰特征 3。

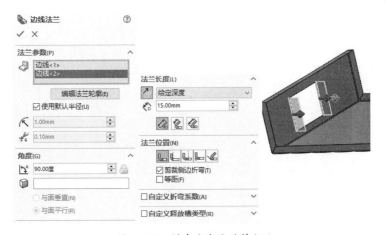

图 8-168 创建边线法兰特征 3

（18）创建边角剪裁特征。选择菜单栏中的"插入"→"钣金"→"断裂边角"命令，或单击"钣金"选项卡中的"断开边角/边角剪裁"按钮，在弹出的"断开边角"属性管理器中，单击"倒角"按钮，设置倒角距离为 5mm，选择如图 8-169 所示的两个面，单击"确定"按钮，生成边角剪裁特征。

（19）创建折弯特征 1。在如图 8-170 所示的面上绘制一条折弯直线，标注直线的位置尺寸；选择菜单栏中的"插入"→"钣金"→"绘制的折弯"命令，或单击"钣金"选项卡中的"绘制的折弯"按钮，在弹出的"绘制的折弯"属性管理器中，选择"折弯中心线"，选择如

图 8-171 所示的面作为固定表面，其他选项设置如图 8-171 所示，单击"确定"按钮✓，生成折弯特征，如图 8-172 所示。

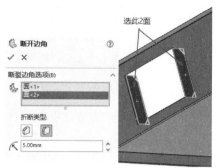

图 8-169 创建边角剪裁特征

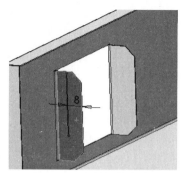

图 8-170 绘制折弯直线 1

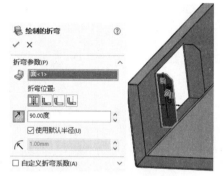

图 8-171 设置折弯参数

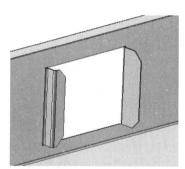

图 8-172 创建折弯特征 1

（20）创建折弯特征 2。在如图 8-173 所示的面上绘制一条直线，然后选择菜单栏中的"插入"→"钣金"→"绘制的折弯"命令，生成另一个折弯特征，如图 8-174 所示，生成的两个折弯特征如图 8-175 所示。

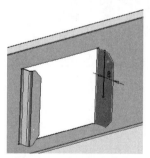

图 8-173 绘制折弯直线 2

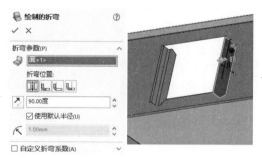

图 8-174 创建折弯特征 2

（21）保存文件。单击"快速访问"工具栏中的"保存"按钮📄，将文件保存为"电气箱下箱体.sldprt"。

（22）创建钣金装配体文件。选择菜单栏中的"文件"→"新建"命令，在弹出的"新建 SOLIDWORKS 文件"对话框中，先单击"装配体"按钮，再单击"确定"按钮，弹出"开始装配体"属性管理器，如图 8-176 所示，选择"电气箱下箱体"零件，将其插入装配体中；单击"保存"按钮，将装配体文件命名为"电气箱.SLDASM"进行保存，如图 8-177 所示。

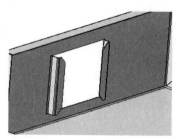

图 8-175 生成的两个折弯特征

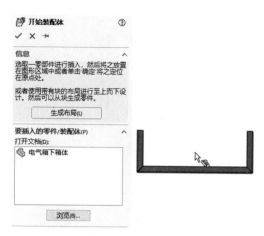

图 8-176 插入零件

（23）插入新零件。选择菜单栏中的"插入"→"零部件"→"新零件"命令，系统将添加一个新零件到 FeatureManager 设计树中，如图 8-178 所示。

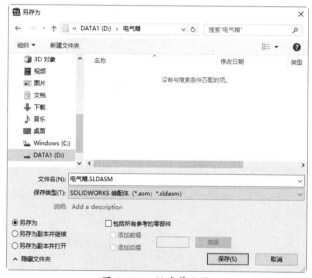

图 8-177 保存装配体

图 8-178 插入新零件

（24）选择放置零件的基准面。系统要求先选择一个面作为放置零件的基准面，如图 8-179 所示，选择光标所指的面作为放置零件的基准面。

（25）绘制矩形。在草图绘制状态下，单击"草图"工具栏中的"直线"按钮 ，以两个边线法兰的 4 个端点作为关键点，绘制一个矩形，如图 8-180 所示。

（26）创建基体法兰特征 2。选择菜单栏中的"插入"→"钣金"→"基体法兰"命令，或单击"钣金"选项卡中的"基体法兰/薄片"按钮 ，在弹出的"基体法兰"属性管理器中，设置钣金厚度为 0.5mm，其他选项保持系统默认设置，如图 8-181 所示，然后单击"确定"按钮 ，生成基体法兰特征 2。

（27）绘制切除草图。选择如图 8-182 所示的平面，将该平面作为切除草图基准面。单击"草图"工具栏中的"圆"按钮 ，绘制 4 个圆并标注其尺寸，如图 8-183 所示。

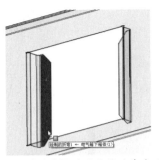

图 8-179 选择放置零件的基准面

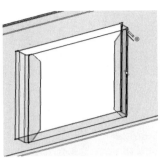

图 8-180 绘制矩形

图 8-181 创建基体法兰特征 2

图 8-182 选择切除草图基准面

（28）创建切除特征。选择菜单栏中的"插入"→"切除"→"拉伸"命令，或单击"特征"选项卡中的"拉伸切除"按钮，在弹出的属性管理器中设置切除深度为8mm，单击"确定"按钮，生成的切除特征如图 8-184 所示。

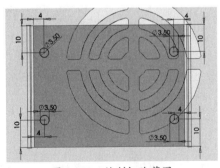

图 8-183 绘制切除草图

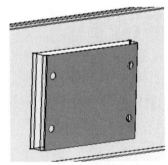

图 8-184 创建切除特征

（29）重命名新零件。在 FeatureManager 设计树中右击新生成的零件，在弹出的快捷菜单中选择"重新命名零件"命令，将零件重命名为"连接板.sldprt"。

（30）编辑电气箱下箱体。选择"装配体"选项卡中的"编辑零部件"按钮，在 FeatureManager 设计树中选择如图 8-185 所示的电气箱下箱体。

（31）绘制切除孔草图。选择如图 8-186 所示的面作为绘制孔草图的基准面，单击"草图"工具栏中的"绘制草图"按钮🖉，进入草图绘制状态；在 FeatureManager 设计树中选择连接板零件中切除生成孔的草图，如图 8-187 所示，再单击"草图"工具栏中的"转换实体引用"按钮🔘，将连接板零件上的草图转换为电气箱下箱体零件的草图，如图 8-188 所示。

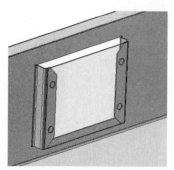

图 8-185　电气箱下箱体

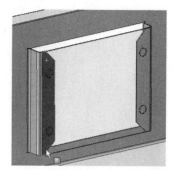

图 8-186　选择绘图切除孔草图基准面

图 8-187　选择切除孔草图

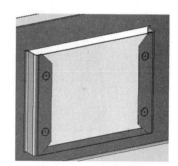

图 8-188　转换实体引用

（32）创建孔。选择菜单栏中的"插入"→"切除"→"拉伸"命令，或单击"特征"选项卡中的"拉伸切除"按钮🔘，设置切除深度为8mm，单击"确定"按钮✓，在电气箱下箱体零件上生成 4 个孔，如图 8-189 所示。

（33）切除钣金件的多余部分。选择如图 8-190 所示的面作为绘图基准面，单击"草图"工具栏中的"直线"按钮╱，绘制一条直线；单击"特征"选项卡中的"拉伸切除"按钮🔘，弹出"切除-拉伸"属性管理器；在"方向 1"中设置切除终止条件为"完全贯穿"，勾选"正交切除"和"方向 2"复选框，设置其终止条件为"完全贯穿"，如图 8-191 所示，单击"确定"按钮✓，切除钣金件中如图 8-192 所示的斜接法兰的多余部分。

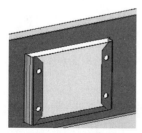

图 8-189　创建孔

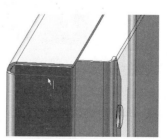

图 8-190　绘制直线 1

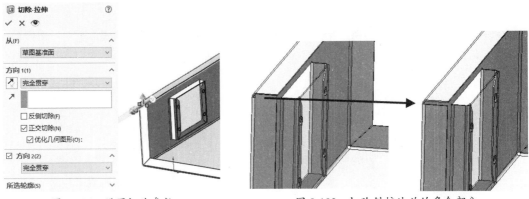

图 8-191 设置切除参数　　　图 8-192 切除斜接法兰的多余部分

（34）切除另一侧斜接法兰的多余部分。仿照步骤（33）的操作，在另一侧的斜接法兰上绘制一条直线，如图 8-193 所示，进行切除操作，切除的结果如图 8-194 所示。

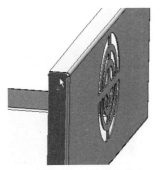 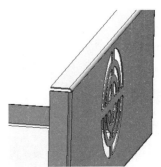

图 8-193 绘制直线 2　　　图 8-194 切除另一侧斜接法兰的多余部分

（35）退出电气箱下箱体零件的编辑状态。单击"装配体"工具栏中的"编辑零部件"按钮 ，退出此零件的编辑状态。

（36）插入新零件。选择菜单栏中的"插入"→"零部件"→"新零件"命令，在装配体中插入一个新零件。

（37）选择放置零件的基准面。选择光标所指的面作为放置零件的基准面，如图 8-195 所示。

（38）绘制基体法兰草图。在草图绘制状态下，单击"草图"工具栏中的"直线"按钮 ，沿电气箱下箱体的外轮廓绘制一条水平直线和两条竖直直线，如图 8-196 所示。

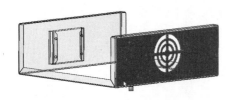 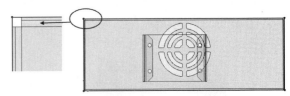

图 8-195 选择放置零件的基准面　　　图 8-196 绘制基体法兰草图

（39）创建基体法兰特征。选择菜单栏中的"插入"→"钣金"→"基体法兰"命令，或单击"钣金"选项卡中的"基体法兰/薄片"按钮 ，在弹出的"基体法兰"属性管理器的"方向1"中设置终止条件为"成形到一面"，选择钣金件的前侧表面作为拉伸终止面，如图 8-197 所示，设置钣金厚度为 0.5mm、折弯半径为 1mm，根据实际情况判断是否勾选"反向"复选框，使材料在直线外侧,如图8-198所示,其他选项设置如图8-199所示,最后单击"确定"按钮✓。

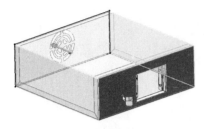

图 8-197　选择拉伸终止面

图 8-198　使基体法兰材料在外　　　　图 8-199　"基体法兰"属性管理器

（40）创建简单直孔特征。选择菜单栏中的"插入"→"特征"→"孔"→"简单直孔"命令,或单击"特征"选项卡中的"简单直孔"按钮,在如图8-200所示的面上创建孔特征,在"孔"属性管理器中设置终止条件为"完全贯穿",编辑其直径尺寸,如图8-201所示。

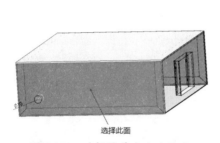

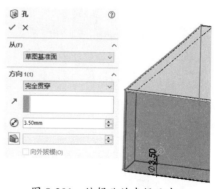

图 8-200　选择简单直孔放置面　　　　图 8-201　编辑孔的直径尺寸

（41）编辑定位尺寸。在 FeatureManager 设计树中右击"孔1",在弹出的快捷菜单中单击"编辑草图"按钮,添加孔的位置尺寸,如图8-202所示,单击绘图区右上角的"退出草图"按钮,退出草图绘制状态。

（42）创建其他孔特征。重复步骤（40）、（41）,在电气箱上箱体上继续添加其他简单孔特征,如图8-203所示。

（43）重命名新零件。在 FeatureManager 设计树中右击新插入的零件,在弹出的快捷菜单中选择"重新命名零件"命令,重新命名零件为"电气箱上箱体.sldprt"。

图 8-202 编辑定位尺寸

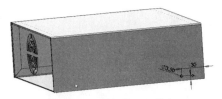
图 8-203 创建其他孔特征

（44）切换到电气箱下箱体零件的编辑状态。单击"装配体"工具栏中的"编辑零部件"按钮，退出电气箱上箱体零件的编辑状态；在 FeatureManager 设计树中右击电气箱下箱体零件，单击"装配体"工具栏中的"编辑零部件"按钮，切换到电气箱下箱体零件的编辑状态。

（45）绘制切除拉伸草图。选择如图 8-204 所示的面作为绘图基准面，单击"草图"工具栏中的"绘制草图"按钮，进入草图绘制状态。然后按住<Ctrl>键，在 FeatureManager 设计树中选择电气箱上箱体零件中"孔1"和"孔2"的草图，如图 8-205 所示，再单击"草图"工具栏中的"转换实体引用"按钮，将草图转换为切除拉伸草图，如图 8-206 所示。

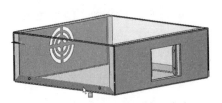
图 8-204 选择切除拉伸草图基准面

图 8-205 选择草图

（46）创建切除拉伸特征。选择菜单栏中的"插入"→"切除"→"拉伸"命令，或单击"特征"选项卡中的"拉伸切除"按钮，在弹出的属性管理器中设置切除终止条件为"完全贯穿"，单击"确定"按钮，完成切除拉伸特征，在电气箱下箱体零件上生成 4 个孔特征，如图 8-207 所示。

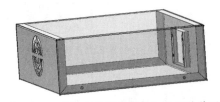
图 8-206 转换实体引用生成切除拉伸草图

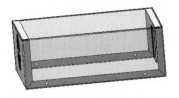
图 8-207 创建切除拉伸特征

（47）保存零件文件。在 FeatureManager 设计树中右击连接板零件，在弹出的快捷菜单中选择"保存零件（在外部文件中）"命令，弹出"另存为"对话框，在该对话框中选择连接板零件，单击"与装配体相同"按钮，再单击"确定"按钮，完成连接板零件的保存；重复上述操作，完成电气箱上箱体零件的保存，保存路径与装配体相同。

（48）保存装配体文件。单击"快速访问"工具栏中的"保存"按钮，保存装配体文件。

第 9 章 装配体设计

对于机械设计而言,单个的零件没有实际意义,一个运动机构和一个整体才有意义。将已经设计完成的各个独立的零件,根据实际需要装配成一个完整的实体,在此基础上对装配体进行运动测试,检查是否能完成整机的设计功能,才是整个设计的关键,这也是 SolidWorks 的优点之一。

本章将介绍装配体基本操作、装配体配合方式、运动测试、装配体文件中零件的阵列和镜像,以及爆炸视图等。

9.1 装配体基本操作

要对零部件进行装配,必须先创建一个装配体文件。本节将介绍创建装配体的基本操作,包括创建装配体文件、插入装配零件与删除装配零件。

9.1.1 创建装配体文件

下面介绍创建装配体文件的操作步骤。

【案例 9-1】创建装配体

(1)单击"快速访问"工具栏中的"新建"按钮 ,弹出"新建 SOLIDWORKS 文件"对话框,如图 9-1 所示。

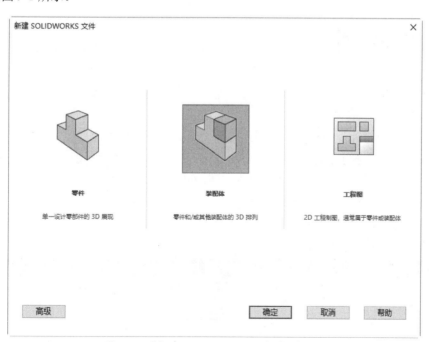

图 9-1 "新建 SOLIDWORKS 文件"对话框

（2）单击"装配体" → "确定"按钮，进入装配体制作界面，如图9-2所示。

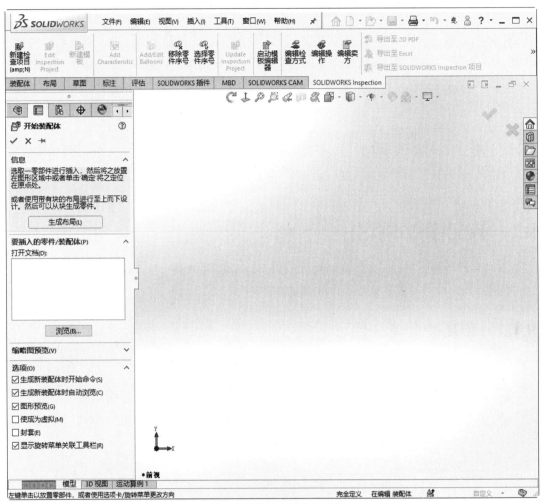

图9-2 装配体制作界面

（3）在"开始装配体"属性管理器中，单击"要插入的零件/装配体"选项组中的"浏览"按钮，弹出"打开"对话框。

（4）选择一个零件作为装配体的基准零件，单击"打开"按钮，然后在图形区合适位置单击以放置零件，调整视图以等轴测方向显示，即可得到导入零件后的界面，如图9-3所示。

装配体制作界面与零件的制作界面基本相同，在装配体制作界面中出现如图9-4所示的"装配体"选项卡，对"装配体"选项卡的操作同前边介绍的工具栏的操作相同。

（5）将一个零件（单个零件或子装配体）放入装配体中时，这个零件文件会与装配体文件链接。此时零件出现在装配体中，零件的数据还保存在原零件文件中。

技巧荟萃

对零件文件进行任何改变都会更新装配体。装配体文件的扩展名为".sldasm"，其文件名前的图标也与零件的不同。

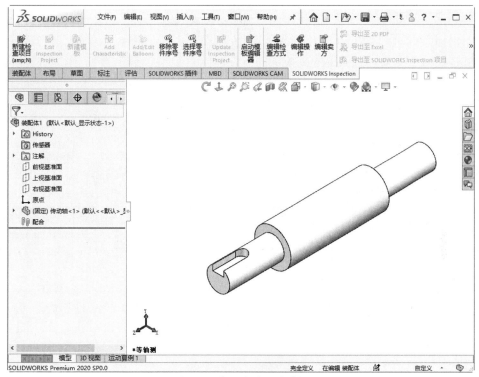

图 9-3 导入零件后的界面

图 9-4 "装配体"选项卡

9.1.2 插入装配零件

制作装配体需要按照装配的过程,依次插入相关零件,有多种方法可以将零件添加到一个新的或现有的装配体中:

(1)使用"插入零部件"属性管理器。
(2)从任何窗格中的文件探索器中拖动。
(3)从一个打开的文件窗口中拖动。
(4)从资源管理器中拖动。
(5)从 Internet Explorer 中拖动超文本链接。
(6)在装配体中拖动以增加现有零件的实例。
(7)从任何窗格的设计库中拖动。
(8)使用插入智能扣件来添加螺栓、螺钉、螺母、销钉及垫圈。

9.1.3 删除装配零件

下面介绍删除装配零件的操作步骤。

【案例 9-2】删除装配体

（1）打开源文件"\ch9\9.1.3 删除装配零件.SLDASM"。在图形区或 FeatureManager 设计树中单击零件。

图 9-5 "确认删除"对话框

（2）按<Delete>键，或选择菜单栏中的"编辑"→"删除"命令，或右击，在弹出的快捷菜单中选择"删除"命令，此时会弹出如图 9-5 所示的"确认删除"对话框。

（3）单击"是"按钮，此零件及其所有相关项目（配合、零件阵列、爆炸步骤等）都会被删除。

技巧荟萃

（1）第一个插入的零件在装配图中默认状态是固定的，即不能移动和旋转，在 FeatureManager 设计树中显示为"固定"。如果不是第一个零件，则是浮动的，在 FeatureManager 设计树中显示为（-），固定和浮动显示如图 9-6 所示。

（2）系统默认第一个插入的零件是固定的，也可以将其设置为浮动状态，右击 FeatureManager 设计树中固定的文件，在弹出的快捷菜单中选择"浮动"命令。反之，也可以将其设置为固定状态。

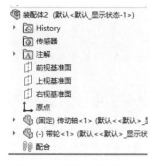

图 9-6 固定和浮动显示

9.2 定位零部件

在将零部件放入装配体中后，用户可以移动、旋转零部件或固定它的位置，用这些方法可以大致确定零部件的位置，再使用配合关系来精确定位零部件。

9.2.1 固定零部件

当一个零部件被固定之后，它就不能相对于装配体原点移动了。默认情况下，装配体中的第一个零部件是固定的。如果装配体中有一个零部件被固定下来，它就可以为其余零部件提供参考，防止其他零部件在添加配合关系时意外移动。

要固定零部件，只要在 FeatureManager 设计树或图形区中右击要固定的零部件，在弹出的快捷菜单中选择"固定"命令即可。如果要解除固定关系，只要在快捷菜单中选择"浮动"命令即可。

当一个零部件被固定之后，在 FeatureManager 设计树中，该零部件名称的左侧出现文字"固定"，表明该零部件已被固定。

9.2.2 移动零部件

在 FeatureManager 设计树中，只要前面有"(-)"符号，该零件即可被移动。

下面介绍移动零部件的操作步骤。

移动零部件

【案例 9-3】移动零部件

（1）打开源文件"\ch9\9.2.2 移动零部件.SLDASM"。选择菜单栏中的"工具"→"零部件"→"移动"命令，或者单击"装配体"选项卡中的"移动零部件"按钮，系统弹出的"移动零部件"属性管理器如图 9-7 所示。

（2）选择需要移动的类型，然后拖动到需要的位置。

（3）单击"确定"按钮，或者按<Esc>键取消操作。

在"移动零部件"属性管理器中，移动零部件的类型有自由拖动、沿装配体 XYZ、沿实体、由 Delta XYZ、到 XYZ 位置 5 种，如图 9-8 所示，下面分别介绍。

- 自由拖动：系统默认选项，可以在视图中把选中的文件拖动到任意位置。
- 沿装配体 XYZ：选择零部件并沿装配体的 X、Y 或 Z 方向拖动。视图中显示的装配体坐标系可以确定移动的方向，移动前要在欲移动方向的轴附近单击。
- 沿实体：首先选择实体，然后选择零部件并沿该实体拖动。如果选择的实体是一条直线、边线或轴，所移动的零部件具有一个自由度。如果选择的实体是一个基准面或平面，所移动的零部件具有两个自由度。
- 由 Delta XYZ：在属性管理器中输入移动 Delta X、Y、Z 的范围，如图 9-9 所示，然后单击"应用"按钮，零部件按照指定的数值移动。
- 到 XYZ 位置：选择零部件的一点，在属性管理器中输入 X、Y 或 Z 坐标，如图 9-10 所示，然后单击"应用"按钮，所选零部件的点移动到指定的坐标位置。如果选择的项目不是顶点或点，则零部件的原点会移动到指定的坐标处。

图 9-7 "移动零部件"属性管理器

图 9-8 移动零部件的类型

图 9-9 "由 Delta XYZ"设置

图 9-10 "到 XYZ 位置"设置

9.2.3 旋转零部件

在FeatureManager设计树中，只要前面有"(-)"符号，该零件即可被旋转。

下面介绍旋转零部件的操作步骤。

旋转零部件

【案例9-4】旋转零部件

（1）打开源文件"\ch9\9.2.3 旋转零部件.SLDASM"。选择菜单栏中的"工具"→"零部件"→"旋转"命令，或者单击"装配体"选项卡中的"旋转零部件"按钮，系统弹出的"旋转零部件"属性管理器如图9-11所示。

（2）选择需要旋转的类型，然后根据需要确定零部件的旋转角度。

（3）单击"确定"按钮，或者按<Esc>键取消操作。

在"旋转零部件"属性管理器中，移动零部件的类型有3种，即自由拖动、对于实体、由Delta XYZ，如图9-12所示，下面分别介绍。

- 自由拖动：选择零部件并沿任何方向旋转拖动。
- 对于实体：选择一条直线、边线或轴，然后围绕所选实体旋转零部件。
- 由Delta XYZ：在属性管理器中输入旋转Delta X、Y、Z的范围，然后单击"应用"按钮，零部件按照指定的数值进行旋转。

图9-11 "旋转零部件"属性管理器

图9-12 旋转零部件的类型

技巧荟萃

（1）不能移动或者旋转一个已经固定或者完全定义的零部件。
（2）只能在配合关系允许的自由度范围内移动和选择该零部件。

9.2.4 添加配合关系

使用配合关系，可相对于其他零部件来精确地定位零部件，还可定义零部件如何相对于其他的零部件移动和旋转。只有添加了完整的配合关系，才算完成了装配体模型。

下面结合实例介绍为零部件添加配合关系的操作步骤。

添加配合关系

【案例9-5】添加配合关系

（1）打开源文件"\ch9\9.5 添加配合关系.SLDASM"。

（2）选择菜单栏中的"插入"→"配合"命令，或者单击"装配体"选项卡中的"配合"按钮，系统弹出"配合"属性管理器中，如图9-13所示。

（3）在图形区中的零部件上选择要配合的实体，所选实体会显示在"要配合实体"列表框。

（4）选择所需的对齐条件。

- "同向对齐"：以所选面的法向或轴向的相同方向来放置零部件。
- "反向对齐"：以所选面的法向或轴向的相反方向来放置零部件。

（5）系统会根据所选的实体，列出有效的配合类型。单击对应的配合类型按钮，选择配合类型。

- "重合"：面与面、面与直线（轴）、直线与直线（轴）、点与面、点与直线之间重合。
- "平行"：面与面、面与直线（轴）、直线与直线（轴）、曲线与曲线之间平行。
- "垂直"：面与面、直线（轴）与面之间垂直。
- "同轴心"：圆柱与圆柱、圆柱与圆锥、圆形与圆弧边线之间具有相同的轴。

图 9-13　"配合"属性管理器

（6）图形区中的零部件将根据指定的配合关系移动，如果配合不正确，单击"撤销"按钮，然后根据需要修改选项。

（7）单击"确定"按钮，应用配合。

当在装配体中建立配合关系后，配合关系会在 FeatureManager 设计树中以按钮表示。

9.2.5　删除配合关系

如果装配体中的某个配合关系有错误，用户可以随时将它从装配体中删除。下面结合实例介绍删除配合关系的操作步骤。

【案例 9-6】删除配合关系

（1）打开源文件 "\ch9\9.2.5 删除配合关系.SLDASM"。在 FeatureManager 设计树中，右击想要删除的配合关系。

（2）在弹出的快捷菜单中选择"删除"命令，或按<Delete>键。

（3）弹出"确认删除"对话框，如图 9-14 所示，单击"是"按钮，以确认删除。

图 9-14　"确认删除"对话框

9.2.6　修改配合关系

用户可以像重新定义特征一样，对已经存在的配合关系进行修改。

下面介绍修改配合关系的操作步骤。

【案例 9-7】修改配合关系

（1）打开源文件"\ch9\9.2.6 修改配合关系.SLDASM"。在 FeatureManager 设计树中，右击要修改的配合关系。

（2）在弹出的快捷菜单中单击"编辑特征"按钮。

（3）在弹出的属性管理器中改变所需选项。

（4）如果要替换配合实体，在"要配合的实体"列表框中删除原来的实体后，重新选择实体。

（5）单击"确定"按钮，完成配合关系的重新定义。

9.2.7 SmartMates 配合方式

SmartMates 是 SolidWorks 提供的一种智能装配方式，是一种快速装配方式。利用该装配方式，只要选择需配合的两个对象，系统就会自动配合定位。

在向装配体文件中插入零部件时，也可以直接添加装配关系。

下面结合实例介绍智能装配的操作步骤。

【案例 9-8】智能装配

（1）单击"快速访问"工具栏中的"新建"按钮，创建一个装配体文件。

（2）选择菜单栏中的"插入"→"零部件"→"现有零件/装配体"命令，或者单击"装配体"选项卡中的"插入零部件"按钮，插入已绘制的名为"底座"的零件，并调节视图中零件的方向。

（3）单击"快速访问"工具栏中的"打开"按钮，打开已绘制的名为"圆柱"的零件，并调节视图中零件的方向。

（4）选择菜单栏中的"窗口"→"横向平铺"命令，将窗口设置为横向平铺方式，两个文件的横向平铺窗口如图 9-15 所示。

（5）在"圆柱"零件窗口中，单击如图 9-15 所示的边线 1，然后按住鼠标左键拖动零件到装配体文件中。装配体的预览模式如图 9-16 所示。

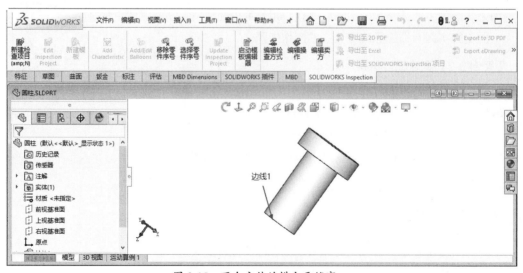

图 9-15 两个文件的横向平铺窗口

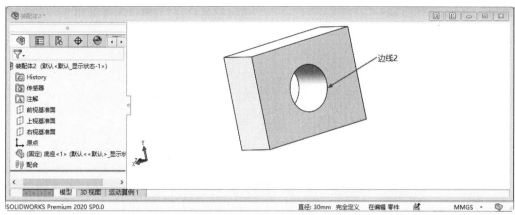

图 9-15 两个文件的横向平铺窗口（续）

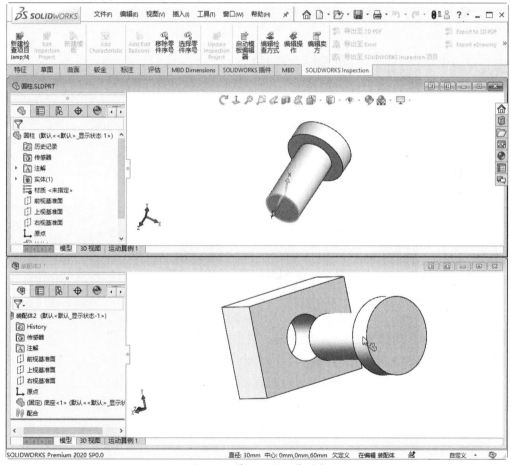

图 9-16 装配体的预览模式

（6）在如图 9-15 所示的边线 2 附近移动光标，当指针变为 时，智能装配完成，然后松开鼠标。装配后的图形如图 9-17 所示。

（7）双击装配体文件 FeatureManager 设计树中的"配合"选项，可以看到添加的配合关系，装配体文件的 FeatureManager 设计树如图 9-18 所示。

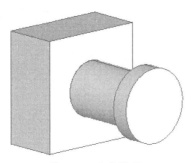
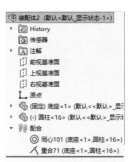

图 9-17 配合图形　　　　图 9-18 装配体文件的 FeatureManager 设计树

> **技巧荟萃**
>
> 在拖动零件到装配体文件中时，可能有几个装配位置，此时需要移动光标选择需要的装配位置。
> 使用 SmartMates 工具进行智能装配时，系统需要安装 SolidWorks Toolbox 工具箱，如果安装系统时没有安装该工具箱，则不能使用 SmartMates 工具。

9.3 零件的复制、阵列与镜向

在同一个装配体中可能存在多个相同的零件，在装配时用户可以不必重复插入零件，而是利用复制、阵列或者镜向的方法，快速完成具有规律性的零件的插入和装配。

9.3.1 零件的复制

SolidWorks 可以复制已经在装配体文件中存在的零件，下面结合实例介绍复制零件的操作步骤。

【案例 9-9】复制零件

（1）打开源文件"\ch9\9.9 复制零件.SLDASM"，打开的文件实体如图 9-19 所示。

（2）按住<Ctrl>键，在 FeatureManager 设计树中选择需要复制的零件，然后将其拖动到视图中合适的位置，复制后的装配体如图 9-20 所示，复制后的 FeatureManager 设计树如图 9-21 所示。

（3）添加相应的配合关系，配合后的装配体如图 9-22 所示。

图 9-19 打开的文件实体

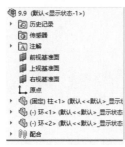

图 9-20 复制后的装配体　　图 9-21 复制后的 FeatureManager 设计树　　图 9-22 配合后的装配体

9.3.2 零件的阵列

零件的阵列分为线性阵列和圆周阵列。如果装配体中具有相同的零件，并且这些零件按照线性或者圆周的方式排列，可以使用线性阵列和圆周阵列工具进行操作。下面结合实例介绍线性阵列的操作步骤，圆周阵列操作与此类似，读者可自行练习。

线性阵列可以同时阵列一个或者多个零件，并且阵列出来的零件不需要再添加配合关系即可完成配合。

【案例 9-10】阵列零件

（1）单击"快速访问"工具栏中的"新建"按钮，创建一个装配体文件。

（2）单击"装配体"选项卡中的"插入零部件"按钮，插入已绘制的名为"底座"的零件，并调节视图中零件的方向，底座零件的尺寸如图 9-23 所示。

（3）单击"装配体"选项卡中的"插入零部件"按钮，插入已绘制的名为"圆柱"的零件，圆柱零件的尺寸如图 9-24 所示。调节视图中各零件的方向，插入零件后的装配体如图 9-25 所示。

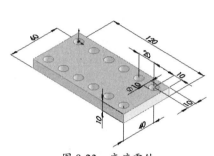

图 9-23 底座零件

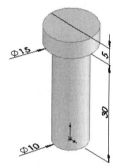

图 9-24 圆柱零件

（4）单击"装配体"选项卡中的"配合"按钮，系统弹出"配合"属性管理器。

（5）将如图 9-25 所示的平面 1 和平面 4 添加为"重合"配合关系，将圆柱面 2 和圆柱面 3 添加为"同轴心"配合关系，注意配合的方向。

（6）单击"确定"按钮，配合关系添加完毕。

（7）单击"前导视图"工具栏中的"等轴测"按钮，将视图以等轴测方向显示。配合后的等轴测视图如图 9-26 所示。

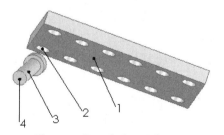

图 9-25 插入零件后的装配体

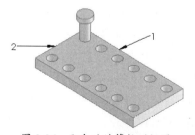

图 9-26 配合后的等轴测视图

（8）单击"装配体"选项卡中的"线性阵列零部件"按钮，系统弹出"线性阵列"属性管理器。

（9）在"要阵列的零部件"列表框中，选择如图 9-26 所示的圆柱；在"方向 1"选项组的"阵列方向"列表框中，选择如图 9-26 所示的边线 1，注意设置阵列的方向；在"方向 2"选项组的"阵列方向"列表框中，选择如图 9-26 所示的边线 2，注意设置阵列的方向，其他设置如图 9-27 所示。

（10）单击"确定"按钮，完成零件的线性阵列。线性阵列后的图形如图 9-28 所示，此时装配体的 FeatureManager 设计树如图 9-29 所示。

图 9-27 "线性阵列"属性管理器

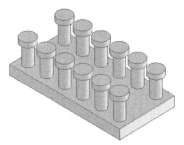

图 9-28 线性阵列

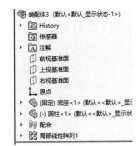

图 9-29 FeatureManager 设计树

9.3.3 零件的镜向

装配体环境中的镜向操作与零件设计环境中的镜向操作类似。在装配体环境中，有相同且对称的零件时，可以使用镜向操作来完成。

【案例 9-11】镜向零件

（1）单击"快速访问"工具栏中的"新建"按钮，创建一个装配体文件。

（2）单击"装配体"选项卡中的"插入零部件"按钮，插入已绘制的名为"底盘"的零件，并调节视图中零件的方向，底座平板零件的尺寸如图 9-30 所示。

（3）单击"装配体"选项卡中的"插入零部件"按钮，插入已绘制的名为"圆柱"的零件，圆柱零件的尺寸如图 9-31 所示。调节视图中各零件的方向，插入零件后的装配体如图 9-32 所示。

（4）单击"装配体"选项卡中的"配合"按钮，系统弹出"配合"属性管理器。

（5）将如图 9-32 所示的平面 1 和平面 3 添加为"重合"配合关系，将圆柱面 2 和圆柱面 4 添加为"同轴心"配合关系，注意配合的方向。

（6）单击"确定"按钮，配合关系添加完毕。

（7）单击"前导视图"工具栏中的"等轴测"按钮，将视图以等轴测方向显示。配合后的等轴测视图如图 9-33 所示。

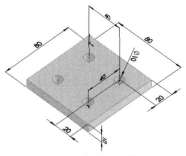

图 9-30 底座平板零件

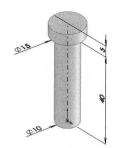

图 9-31 圆柱零件

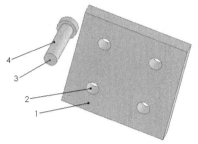

图 9-32 插入零件后的装配体

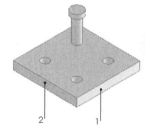

图 9-33 配合后的等轴测视图

（8）单击"装配体"选项卡中的"基准面"按钮，系统弹出"基准面"属性管理器。

（9）在"参考实体"列表框中，选择如图 9-33 所示的面 1；"距离"文本框设为 40mm，注意添加基准面的方向，其他设置如图 9-34 所示，添加如图 9-35 所示的基准面 1。重复该操作，添加如图 9-35 所示的基准面 2。

（10）单击"装配体"选项卡中的"镜向零部件"按钮，系统弹出"镜向零部件"属性管理器。

（11）在"镜向基准面"列表框中，选择如图 9-35 所示的基准面 1；在"要镜向的零部件"列表框中，选择如图 9-35 所示的圆柱，如图 9-36 所示。单击"下一步"按钮，"镜向零部件"属性管理器如图 9-37 所示。

图 9-34 "基准面"属性管理器

图 9-35 添加基准面

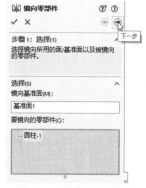

图 9-36 选择后的结果

(12)单击"确定"按钮✓,零件镜向完毕,镜向后的图形如图9-38所示。

(13)单击"装配体"选项卡中的"镜向零部件"按钮,系统弹出"镜向零部件"属性管理器。

(14)在"镜向基准面"列表框中,选择如图9-38所示的基准面2;在"要镜向的零部件"列表框中,选择如图9-38所示的两个圆柱,单击"下一步"按钮。选择"圆柱-1",然后单击"重新定向零部件"按钮,如图9-39所示。

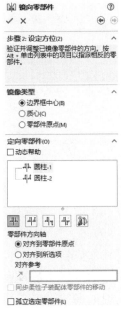

图9-37 "镜向零部件"属性管理器　　图9-38 镜向零件　　图9-39 选择后的结果

(15)单击"确定"按钮✓,零件镜向完毕,镜向后的装配体图形如图9-40所示,此时装配体文件的FeatureManager设计树如图9-41所示。

技巧荟萃

从上面的案例操作步骤可以看出,不但可以对称地镜向原零件,而且还可以反方向镜向零件,要灵活应用该命令。

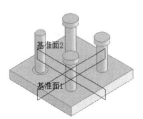

图9-40 镜向后的装配体图形　　图9-41 FeatureManager设计树

9.4 装配体检查

装配体检查主要包括碰撞测试、动态间隙、体积干涉检查和装配体统计等，用来检查装配体各个零部件装配后的正确性、装配信息等。

9.4.1 碰撞测试

在 SolidWorks 装配体环境中，移动或者旋转零部件时，提供了检查其与其他零部件的碰撞情况。在进行碰撞测试时，零件必须做适当的配合，但是不能完全限制配合，否则零件无法移动。

物理动力学是碰撞检查中的一个选项，勾选"物理动力学"复选框时，等同于向被撞零部件施加一个碰撞力。

下面结合实例介绍碰撞测试的操作步骤。

【案例 9-12】碰撞测试

（1）打开源文件"\ch9\9.12 碰撞测试.SLDASM"，打开的文件实体如图 9-42 所示，两个零件与基座的凹槽为"同轴心"配合方式。

（2）单击"装配体"选项卡中的"移动零部件"按钮 或者"旋转零部件"按钮 ，系统弹出"移动零部件"属性管理器或者"旋转零部件"属性管理器。

（3）在"选项"选项组中选择"碰撞检查"和"所有零部件之间"单选钮，勾选"碰撞时停止"复选框，则碰撞时零件会停止运动；在"高级选项"选项组中勾选"高亮显示面"复选框和"声音"复选框，则碰撞时零件会亮显并且计算机会发出碰撞的声音。碰撞设置如图 9-43 所示。

（4）拖动如图 9-42 所示的零件 2 向零件 1 移动，在碰撞零件 1 时，零件 2 会停止运动，并且零件 2 会亮显，进行碰撞检查时的装配体如图 9-44 所示。

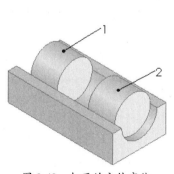 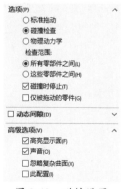 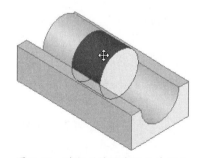

图 9-42 打开的文件实体　　图 9-43 碰撞设置　　图 9-44 进行碰撞检查时的装配体

（5）在"移动零部件"属性管理器或者"旋转零部件"属性管理器的"选项"选项组中选择"物理动力学"和"所有零部件之间"单选钮，用"敏感度"工具条可以调节施加的力；在"高级选项"选项组中勾选"高亮显示面"和"声音"复选框，则碰撞时零件会亮显并且计算机会发出碰撞的声音。物理动力学设置如图 9-45 所示。

（6）拖动如图 9-42 所示的零件 2 向零件 1 移动，在碰撞零件 1 时，零件 1 和 2 会以给定的力一起向前运动。进行物理动力学检查时的装配体如图 9-46 所示。

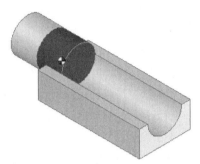

图 9-45　物理动力学设置　　　　　　　图 9-46　进行物理动力学检查时的装配体

9.4.2　动态间隙

动态间隙用于在零部件的移动过程中，动态显示两个零部件间的距离。

下面结合实例介绍动态间隙的操作步骤。

【案例 9-13】动态间隙

（1）打开源文件"\ch9\9.13 动态间隙.SLDASM"，打开的文件实体如图 9-42 所示。两个零件与基座的凹槽为"同轴心"配合方式。

（2）单击"装配体"选项卡中的"移动零部件"按钮，系统弹出"移动零部件"属性管理器。

（3）勾选"动态间隙"复选框，在"所选零部件"列表框中选择如图 9-42 所示的零件 1 和零件 2，然后单击"恢复拖动"按钮。动态间隙设置如图 9-47 所示。

（4）拖动如图 9-42 所示的零件 2 移动，则两个零件之间的距离会实时改变，动态间隙图形如图 9-48 所示。

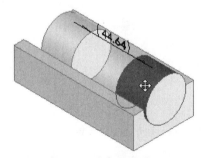

图 9-47　动态间隙设置　　　　　　　　图 9-48　动态间隙图形

技巧荟萃

设置动态间隙时，在"指定间隙停止"文本框中输入的值，用于确定使两零件停止运动的距离。当两零件之间的距离为该值时，零件就会停止运动。

9.4.3 体积干涉检查

在一个复杂的装配体文件中，直接判别零部件是否发生干涉是件比较困难的事情。SolidWorks 提供了体积干涉检查工具，利用该工具可以比较容易地在零部件之间进行干涉检查，并且可以查看发生干涉的体积。

下面结合实例介绍体积干涉检查的操作步骤。

【案例 9-14】干涉检查

（1）打开源文件"\ch9\9.14 干涉检查.SLDASM"，两个零件与基座的凹槽为"同轴心"配合方式，调节两个零件使其相互重合，体积干涉检查装配体文件如图 9-49 所示。

（2）选择菜单栏中的"工具"→"评估"→"干涉检查"命令，单击"评估"工具栏中的"干涉检查"按钮，系统弹出"干涉检查"属性管理器。

（3）勾选"视重合为干涉"复选框，单击"计算"按钮，如图 9-50 所示。

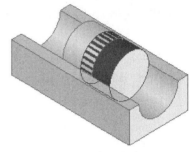

图 9-49 体积干涉检查装配体文件

（4）干涉检查结果出现在"结果"列表框中，如图 9-51 所示。在"结果"列表框中，不但显示干涉的体积，而且还显示干涉的数量及干涉的个数等信息。

图 9-50 "干涉检查"属性管理器

图 9-51 干涉检查结果

9.4.4 装配体统计

SolidWorks 提供了对装配体进行统计报告的功能，即装配体统计。通过装配体统计，可以生成一个装配体文件的统计资料。

下面结合实例介绍装配体统计的操作步骤。

【案例 9-15】装配统计

图 9-52 打开的文件实体

（1）打开源文件"\ch9\9.15 装配统计\移动轮装配体.SLDASM"，打开的文件实体如图 9-52 所示，装配体的 FeatureManager 设计树如图 9-53 所示。

（2）选择菜单栏中的"工具"→"评估"→"性能评估"命令，系统弹出"性能评估"对话框如图 9-54 所示。

图 9-53 FeatureManager 设计树

图 9-54 "性能评估"对话框

（3）单击"性能评估"对话框中的"关闭"按钮，关闭该对话框。

在"性能评估"对话框中可以查看装配体文件的统计资料，对话框中各项的意义如下。

- 零部件：统计的零部件数包括装配体中所有的零部件，无论是否被压缩，但是被压缩的子装配体中的零部件不包括在统计中。
- 子装配体零部件：统计装配体文件中包含的子装配体个数。
- 还原零部件：统计装配体文件中处于还原状态的零部件个数。
- 压缩零部件：统计装配体文件中处于压缩状态的零部件个数。
- 顶层配合：统计顶层装配体文件中所包含的配合关系个数。

9.5 爆炸视图

在零部件装配体完成后，为了在制造、维修及销售中直观地分析各个零部件之间的相互关系，我们将装配图按照零部件的配合条件来产生爆炸视图（简称"爆炸"）。装配体爆炸以后，用户不可以对装配体添加新的配合关系。

9.5.1 生成爆炸视图

爆炸视图可以很形象地显示装配体中各个零部件的配合关系，常称为系统立体图。爆炸视图通常用于介绍零件的组装流程、仪器的操作手册及产品使用说明书中。

下面结合实例介绍爆炸视图的操作步骤。

爆炸视图

【案例 9-16】爆炸视图

（1）打开源文件"\ch9\9.16 爆炸视图\移动轮装配体.SLDASM"，打开的文件实体如图 9-55 所示。

（2）选择菜单栏中的"插入"→"爆炸视图"命令，或者单击"装配体"选项卡中的"爆炸视图"按钮 ，系统弹出"爆炸"属性管理器。

（3）在"添加阶梯"选项组的"爆炸步骤零部件" 列表框中，单击如图 9-55 所示的"底座"零件，此时装配体中被选中的零件会亮显，并且出现设置移动方向的坐标方向，选择零件后的装配体如图 9-56 所示。

（4）单击如图 9-56 所示的坐标的某一方向，确定要爆炸的方向，然后在"添加阶梯"选项组的"爆炸距离" 文本框中输入爆炸的距离值，如图 9-57 所示。

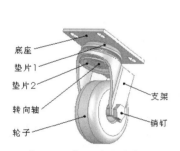
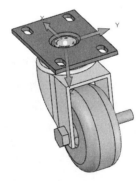

图 9-55　打开的文件实体　　图 9-56　选择零件后的装配体　　图 9-57　"添加阶梯"设置

（5）在"添加阶梯"选项组中单击"反向"按钮 ，调整爆炸视图，单击"添加阶梯"按钮，观测视图中预览的爆炸效果。第一个零件爆炸完成，第一个爆炸零件视图如图 9-58 所示，并且在"爆炸步骤"列表框中生成"爆炸步骤 1"，如图 9-59 所示。

（6）重复步骤（3）～（5），将其他零件爆炸，最终生成的爆炸视图如图 9-60 所示，共有 9 个爆炸步骤。

> **技巧荟萃**
> 在生成爆炸视图时，建议对每个零件在每个方向上的爆炸设置为一个爆炸步骤。如果一个零件需要在 3 个方向上爆炸，建议使用 3 个爆炸步骤，这样可以很方便地修改爆炸视图。

图 9-58　第一个爆炸零件视图　　　图 9-59　生成的爆炸步骤 1　　　图 9-60　最终爆炸视图

9.5.2　编辑爆炸视图

装配体爆炸后，可以利用"爆炸"属性管理器进行编辑，也可以添加新的爆炸步骤。下面结合实例介绍编辑爆炸视图的操作步骤。

【案例 9-17】编辑爆炸视图

（1）打开案例 9-16 中爆炸后的装配体文件，如图 9-60 所示。

（2）选择菜单栏中的"插入"→"爆炸视图"命令，系统弹出"爆炸"属性管理器。

（3）右击"爆炸步骤"列表框中的"爆炸步骤 1"，在弹出的快捷菜单中选择"编辑步骤"命令，此时"爆炸步骤 1"的爆炸设置显示在"添加阶梯"选项组中。

（4）修改"添加阶梯"选项组中的距离参数，或者拖动视图中要爆炸的零部件，然后单击"完成"按钮，即可完成对爆炸视图的修改。

（5）在"爆炸步骤 1"的右键快捷菜单中选择"删除"命令，该爆炸步骤就会被删除，零件恢复爆炸前的配合状态，删除"爆炸步骤 1"后的视图如图 9-61 所示。

图 9-61　删除"爆炸步骤 1"后的视图

9.6　装配体的简化

在实际设计过程中，一个完整的机械产品的总装配图是很复杂的，其通常由许多零件组成。SolidWorks 提供了多种简化的手段，通常使用的是改变零部件的显示属性及改变零部件的压缩状态来简化复杂的装配体。SolidWorks 中的零部件有 4 种显示状态。

- "还原"：零部件以正常方式显示，装入零部件所有的设计信息。
- "隐藏"：仅隐藏所选零部件在装配图中的显示。
- "压缩"：装配体中的零部件不显示，可以减少工作时装入和计算的数据量。
- "轻化"：装配体中的零部件处于轻化状态，只占用部分内存资源。

9.6.1 零部件显示状态的切换

零部件有显示和隐藏两种状态。通过设置装配体文件中零部件的显示状态，可以将装配体文件中暂时不需要修改的零部件隐藏起来。零部件的显示和隐藏不影响零部件的本身，只是改变其在装配体中的显示状态。

切换零部件显示状态常用的方法有 3 种，下面分别介绍。

（1）快捷菜单方式。在 FeatureManager 设计树或者图形区中选择要隐藏的零部件，在弹出的快捷菜单中单击"隐藏零部件"按钮，如图 9-62 所示。如果要显示隐藏的零部件，则右击图形区，在弹出的右键快捷菜单中选择"显示隐藏的零部件"命令，如图 9-63 所示。

图 9-62　快捷菜单

图 9-63　右键快捷菜单

（2）工具栏方式。在 FeatureManager 设计树或者图形区中选择需要隐藏或者显示的零部件，然后单击"装配体"选项卡中的"隐藏/显示零部件"按钮，即可实现零部件的隐藏和显示状态的切换。

（3）菜单方式。在 FeatureManager 设计树或者图形区中选择需要隐藏的零部件，然后选择菜单栏中的"编辑"→"隐藏"→"当前显示状态"命令，将所选零部件切换到隐藏状态。选择需要显示的零部件，然后选择菜单栏中的"编辑"→"显示"→"当前显示状态"命令，将所选的零部件切换到显示状态。

如图 9-64 所示为脚轮装配体图形，如图 9-65 所示为脚轮的 FeatureManager 设计树，如图 9-66 所示为隐藏支架（移动轮 4）零件后的装配体图形，如图 9-67 所示为隐藏零件后的 FeatureManager 设计树（"移动轮 4"前的图标变为灰色）。

图 9-64　脚轮装配体图形

图 9-65　脚轮的 FeatureManager 设计树

图 9-66　隐藏支架后的装配体图形　　　图 9-67　隐藏零件后的 FeatureManager 设计树

9.6.2　零部件压缩状态的切换

在某段设计时间内，可以将某些零部件设置为压缩状态，这样可以减少工作时装入和计算的数据量。装配体的显示和重建会更快，可以更有效地利用系统资源。

装配体零部件共有还原、压缩和轻化 3 种压缩状态，下面分别介绍。

1. 还原

还原状态是指装配体中的零部件处于正常显示状态，还原的零部件会完全装入内存，可以使用所有功能并可以完全访问。

常用设置还原状态的操作是使用快捷菜单，具体操作步骤如下。

（1）在 FeatureManager 设计树中选择被轻化或者压缩的零件，系统弹出快捷菜单，单击"解除压缩"按钮↑⁰。

（2）在 FeatureManager 设计树中右击被轻化的零件，在系统弹出的右键快捷菜单中选择"设定为还原"命令，则所选的零部件将处于正常的显示状态。

2. 压缩

压缩操作可以使零件暂时从装配体中消失。处于压缩状态的零件不再装入内存，所以装配体的装入速度、重建模型速度及显示性能均有提高，减少了装配体的复杂程度，提高了计算机的运行速度。

被压缩的零部件不等同于该零部件被删除，它的相关数据仍然保存在内存中，只是不参与运算而已，它可以通过设置很方便地调入装配体中。

被压缩零部件包含的配合关系也被压缩。因此，装配体中的零部件位置可能变为欠定义。当恢复零部件显示时，配合关系可能会发生矛盾，因此在生成模型时，要小心使用压缩操作。

常用设置压缩状态的操作步骤是使用快捷菜单，在 FeatureManager 设计树或者图形区中选择需要压缩的零部件，在系统弹出的快捷菜单中单击"压缩"按钮↓⁰，则所选的零部件将处于压缩状态。

3. 轻化

当零部件为轻化状态时，只有部分零部件模型数据装入内存，其余的模型数据根据需要装入，这样可以显著提高大型装配体的性能。使用轻化的零部件装入装配体比使用完全还原的零部件装入同一装配体速度更快，因为需要计算的数据比较少，包含轻化零部件的装配体重建速度也更快。

常用设置轻化状态的操作步骤是使用右键快捷菜单，在 FeatureManager 设计树或者图形区中右击需要轻化的零部件，在系统弹出的右键快捷菜单中选择"设定为轻化"命令，则所选的零部件将处于轻化的显示状态。

如图 9-68 所示是将如图 9-64 所示的支架（移动轮 4）零件设置为轻化状态后的装配体图形，如图 9-69 所示为轻化后的 FeatureManager 设计树。

图 9-68　轻化后的装配体图形　　　　图 9-69　轻化后的 FeatureManager 设计树

对比图 9-64 和图 9-68 可以得知，轻化后的零件并不从装配图中消失，只是减少了该零件装入内存中的模型数据。

9.7　综合实例——绘制传动装配体

本节将利用几个已有的零件模型，组装一个传动装配体，如图 9-70 所示。

 绘制传动装配体

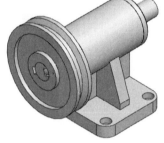

图 9-70　传动装配体

【思路分析】

本节是本章知识的综合运用。装配体设计就是按照各零部件的配合关系完成组装图，需要运用装配体模块的"装配体"选项卡中的相关命令。下面将介绍传动装配体设计实例的操作过程，其装配流程如图 9-71 所示。

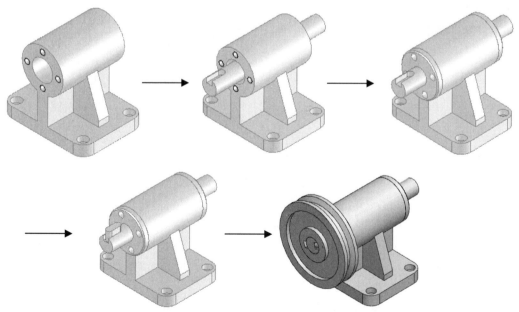

图 9-71　传动装配体的装配流程

1．创建装配体文件

（1）启动软件。选择"开始"→"所有程序"→"SoildWorks 2020"命令，或者单击桌面图标，启动 SoildWorks 2020。

（2）创建装配体文件。单击"快速访问"工具栏中的"新建"按钮，创建一个新的装配体文件。

（3）保存文件。单击"快速访问"工具栏中的"保存"按钮，创建一个文件名为"传动装配体.SLDASM"的装配体文件。

2．插入基座

（1）选择零件。单击"装配体"选项卡中的"插入零部件"按钮，系统弹出"插入零部件"属性管理器。单击"浏览"按钮，选择需要的零件，即"基座"。选择零件后的视图如图 9-72 所示。

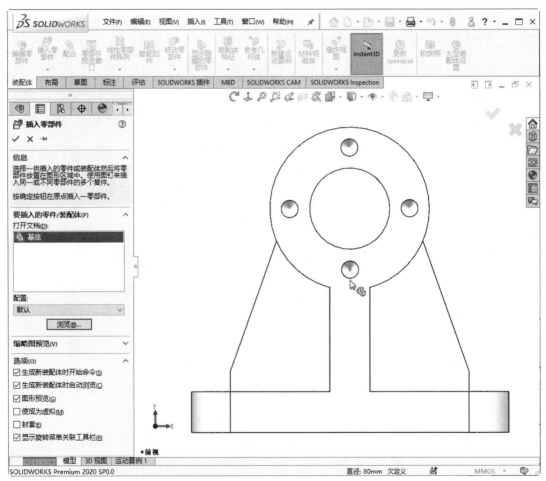

图 9-72　选择零件后的视图

（2）确定插入零件位置。在图形区中合适的位置单击，放置该零件。

（3）设置视图方向。单击"前导视图"工具栏中的"等轴测"按钮，将视图以等轴测方向显示。插入的基座如图 9-73 所示。

3. 插入传动轴

（1）插入零件。单击"装配体"选项卡中的"插入零部件"按钮，插入传动轴。将传动轴插入到图中合适的位置，如图 9-74 所示。

（2）添加配合关系。单击"装配体"选项卡中的"配合"按钮，系统弹出"配合"属性管理器。单击选择如图 9-74 所示的面 1 和面 4，单击"同轴心"按钮，将面 1 和面 4 添加为"同轴心"配合关系，如图 9-75 所示，然后单击"确定"按钮。重复该命令，将如图 9-74 所示的面 2 和面 3 添加为距离为 5mm 的配合关系，注意轴在轴套的内侧。基座与传动轴配合后的视图如图 9-76 所示。

图 9-73 插入基座

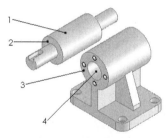

图 9-74 插入传动轴

图 9-75 设置的配合关系

图 9-76 基座与传动轴配合

4. 插入法兰盘

（1）插入零件。单击"装配体"选项卡中的"插入零部件"按钮，插入法兰盘。将法兰盘插入到合适的位置，如图 9-77 所示。

（2）添加配合关系。单击"装配体"选项卡中的"配合"按钮，将图 9-77 中的面 1 和面 2 添加为"重合"配合关系，注意配合方向为"反向对齐"。重复该命令，为图 9-77 中的面 3 和面 4 添加为"同轴心"配合关系，将法兰盘同轴心配合后的视图如图 9-78 所示。

（3）插入另一个法兰盘。重复步骤（1）、（2），插入另一个法兰盘，如图 9-79 所示。

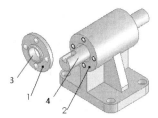
图 9-77 插入法兰盘

图 9-78 同轴心配合法兰盘

图 9-79 插入另一个法兰盘

5. 插入键

（1）插入零件。单击"装配体"选项卡中的"插入零部件"按钮，插入键。将键插入到图中合适的位置，如图 9-80 所示。

（2）添加配合关系。单击"装配体"选项卡中的"配合"按钮，将图 9-80 中的面 1 和面 2、面 3 和面 4 添加为"重合"配合关系，如图 9-81 所示。

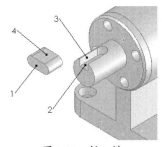
图 9-80 插入键

图 9-81 重合配合键

（3）设置视图方向。单击"视图"工具栏中的"旋转视图"按钮，将视图以合适的方向显示，如图 9-82 所示。

（4）添加配合关系。单击"装配体"选项卡中的"配合"按钮，将图 9-82 中的面 1 和面 2 添加为"同轴心"配合关系。

（5）设置视图方向。单击"前导视图"工具栏中的"等轴测"按钮，将视图以等轴测方向显示，如图 9-83 所示。

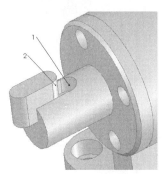
图 9-82 设置视图方向

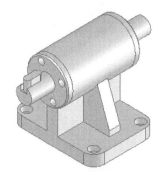
图 9-83 等轴测视图

6. 插入带轮

（1）插入零件。单击"装配体"选项卡中的"插入零部件"按钮，插入带轮。将带轮插入到图中合适的位置，插入带轮后的视图如图 9-84 所示。

(2)添加配合关系。单击"装配体"选项卡中的"配合"按钮，将图 9-84 中的面 1 和面 2 添加为"重合"配合关系，注意配合方向为"反向对齐"，重合配合后的视图如图 9-85 所示。重复该命令，将图 9-85 中的面 1 和面 2 添加为"重合"配合关系，注意配合方向为"反向对齐"。重合配合后的视图如图 9-86 所示。

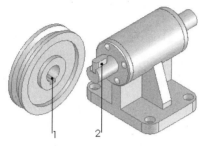

图 9-84 插入带轮

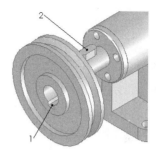

图 9-85 重合配合带轮 1

(3)设置视图方向。单击"视图"工具栏中的"旋转视图"按钮，将视图以合适的方向显示，如图 9-87 所示。

图 9-86 重合配合带轮 2

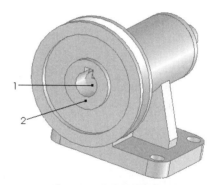

图 9-87 设置视图方向

(4)添加配合关系。单击"装配体"选项卡中的"配合"按钮，将图 9-87 中的面 1 和面 2 添加为"重合"配合关系。

(5)设置视图方向。单击"前导视图"工具栏中的"等轴测"按钮，将视图以等轴测方向显示。完整的装配体如图 9-88 所示，装配体的 FeatureManager 设计树如图 9-89 所示，装配体配合列表如图 9-90 所示。

图 9-88 装配体

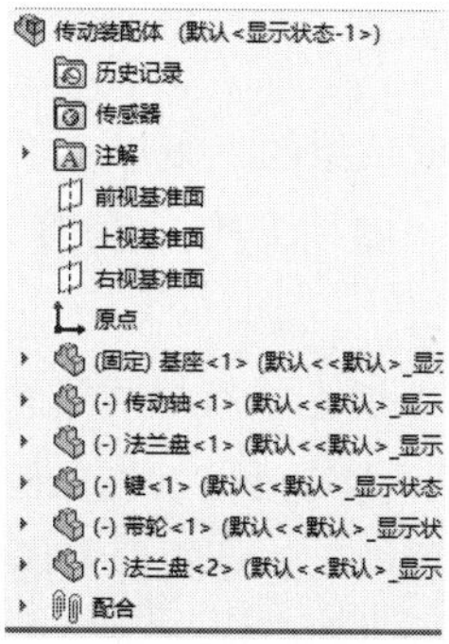

图 9-89 FeatureManager 设计树

图 9-90 装配体配合列表

7. 装配体统计

选择菜单栏中的"工具"→"评估"→"性能评估"命令，系统弹出"性能评估"对话框，如图 9-91 所示，对话框中显示了该装配体的统计信息。单击"关闭"按钮，关闭该对话框。

8. 爆炸视图

（1）执行爆炸命令。单击"装配体"选项卡中的"爆炸视图"按钮 ，系统弹出"爆炸"属性管理器。

（2）爆炸带轮。单击"添加阶梯"选项组的"爆炸步骤的零部件" 列表框，选择图形区或者装配体 FeatureManager 设计树中的"带轮"零件，按照如图 9-92 所示进行爆炸设置，此时装配体中被选中的零件亮显并且预览显示爆炸效果，如图 9-93 所示。单击"添加阶梯"按钮，对带轮零件的爆炸完成，并形成"爆炸步骤 1"。

图 9-91　"性能评估"对话框　　　　　图 9-92　爆炸设置

（3）爆炸键。单击"添加阶梯"选项组的"爆炸步骤的零部件" 列表框，选择图形区或者装配体 FeatureManager 设计树中的"键"零件，在图形区中调整显示爆炸方向的坐标，使其竖直向上，爆炸方向设置如图 9-94 所示。

（4）生成爆炸步骤。按照如图 9-95 所示进行爆炸设置，然后单击"添加阶梯"按钮，完成键零件的爆炸，并形成"爆炸步骤 2"，爆炸后的视图如图 9-96 所示。

（5）爆炸法兰盘 1。单击"添加阶梯"选项组的"爆炸步骤的零部件" 列表框，选择图形区或者装配体 FeatureManager 设计树中的"法兰盘 1"零件，在图形区中调整显示爆炸方向的坐标，使其指向左侧，爆炸方向设置如图 9-97 所示。

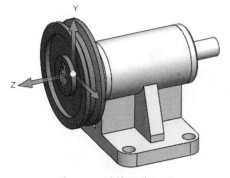

图 9-93 爆炸预览视图

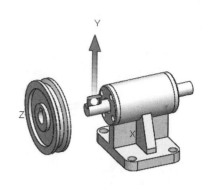

图 9-94 爆炸方向设置

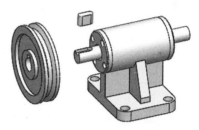

图 9-96 爆炸视图 1

图 9-95 爆炸设置

图 9-97 爆炸方向设置

（6）生成爆炸步骤。按照如图 9-98 所示进行爆炸设置，然后单击"添加阶梯"按钮，完成法兰盘 1 零件的爆炸，并形成"爆炸步骤 3"，爆炸后的视图如图 9-99 所示。

（7）设置爆炸方向。单击"添加阶梯"选项组的"爆炸步骤的零部件"列表框，选择步骤（6）中爆炸的法兰盘 1，在图形区中调整显示爆炸方向的坐标，使其竖直向上，爆炸方向设置如图 9-100 所示。

（8）生成爆炸步骤。按照如图 9-101 所示进行爆炸设置，然后单击"添加阶梯"按钮，完成法兰盘 1 零件的爆炸，并形成"爆炸步骤 4"，爆炸后的视图如图 9-102 所示。

（9）爆炸法兰盘 2。单击"添加阶梯"选项组的"爆炸步骤的零部件"列表框，选择图形区或者装配体 FeatureManager 设计树中的"法兰盘 2"零件，在图形区中调整显示爆炸方向的坐标，使其竖直向上，爆炸方向设置如图 9-103 所示。

图 9-98 爆炸设置

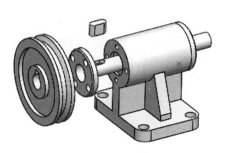

图 9-99 爆炸视图

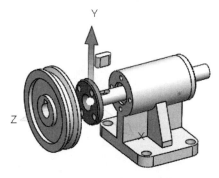

图 9-100 爆炸方向设置

图 9-101 爆炸设置

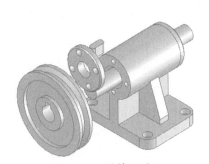

图 9-102 爆炸视图 3

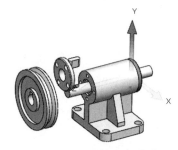

图 9-103 爆炸方向设置

（10）生成爆炸步骤。按照如图 9-104 所示进行爆炸设置后，单击"添加阶梯"按钮，完成法兰盘 2 零件的爆炸，并形成"爆炸步骤 5"，爆炸后的视图如图 9-105 所示。

（11）爆炸传动轴。单击"添加阶梯"选项组的"爆炸步骤的零部件" 列表框，选择图形区或者装配体 FeatureManager 设计树中的"传动轴"零件，在图形区中调整显示爆炸方向的坐标，使其指向左侧，爆炸方向设置如图 9-106 所示，并单击"反向"按钮 ，调整爆炸方向。

 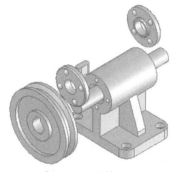 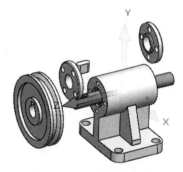

图 9-104　爆炸设置　　　　图 9-105　爆炸视图　　　　图 9-106　设置爆炸方向

（12）生成爆炸步骤。按照如图 9-107 所示进行爆炸设置，然后单击"添加阶梯"按钮，完成传动轴零件的爆炸，并形成"爆炸步骤 6"，爆炸后的视图如图 9-108 所示。

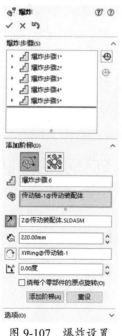 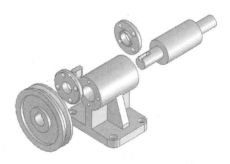

图 9-107　爆炸设置　　　　　　　　　　图 9-108　爆炸视图

第 10 章 工程图的绘制

> 工程图在产品设计中很重要，它一方面体现了设计结果，另一方面也是指导生产的重要依据。在许多应用场合，工程图起到了方便设计人员之间的交流、提高工作效率的作用。在工程图方面，SolidWorks 系统提供了强大的功能，用户可以很方便地借助于零件或三维模型创建所需的各个视图，包括剖面视图、局部放大视图等。

10.1 工程图的绘制方法

在默认情况下，SolidWorks 软件在工程图和零件或装配体三维模型之间提供全相关的功能，全相关意味着无论什么时候修改零件或装配体的三维模型，所有相关的工程视图将自动更新，以反映零件或装配体的形状和尺寸变化；反之，当在一个工程图中修改一个零件或装配体尺寸时，系统也将自动将相关的其他工程视图及三维零件或装配体中的相应尺寸加以更新。

在安装 SolidWorks 软件时，可以设定工程图与三维模型间的单向链接关系，这样当在工程图中对尺寸进行修改时，三维模型并不更新。如果要改变此选项的话，只有再重新安装一次软件。

此外，SolidWorks 系统提供多种类型的图形文件输出格式，包括最常用的".DWG"和".DXF"格式及其他几种常用的格式。

工程图包含一个或多个由零件或装配体生成的视图。在生成工程图之前，必须先保存与它有关的零件或装配体的三维模型。

下面介绍创建工程图的操作步骤。

（1）单击"快速访问"工具栏中的"新建"按钮 。

（2）在弹出的"新建 SOLIDWORKS 文件"对话框中单击"工程图"按钮，如图 10-1 所示。

（3）单击"高级"按钮。

（4）在"模板"选项卡中，选择图纸格式，如图 10-2 所示。

（5）单击"确定"按钮，进入工程图编辑状态。

工程图窗口也包括 FeatureManager 设计树，它与零件和装配体窗口中的 FeatureManager 设计树相似，包括项目层次关系的清单。每张图纸有一个图标，每张图纸下有图纸格式和每个视图的图标。项目图标旁边的符号 表示它包含相关的项目，单击此符号将展开所有的项目并显示其内容。工程图窗口如图 10-3 所示。

标准视图包含视图中显示的零件和装配体的特征清单。派生的视图（如局部或剖面视图）包含不同的特定视图项目（如局部视图图标、剖切线等）。

工程图窗口的顶部和左侧有标尺，标尺会报告图纸中光标指针的位置。选择菜单栏中的"视图"→"标尺"命令，可以打开或关闭标尺。

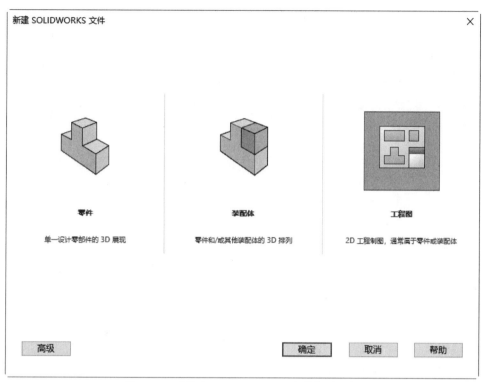

图 10-1 "新建 SOLIDWORKS 文件"对话框

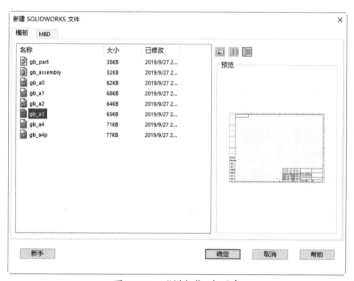

图 10-2 "模板"选项卡

如果要放大到视图，可右击 FeatureManager 设计树中的视图名称，只要在弹出的快捷菜单中选择"放大所选范围"命令。

用户可以在 FeatureManager 设计树中重新排列工程图文件的顺序，在图形区拖动工程图到指定的位置即可。

工程图文件的扩展名为".slddrw"。新工程图使用所插入的第一个模型的名称。保存工程图时，模型名称作为默认文件名出现在"另存为"对话框中，并带有扩展名".slddrw"。

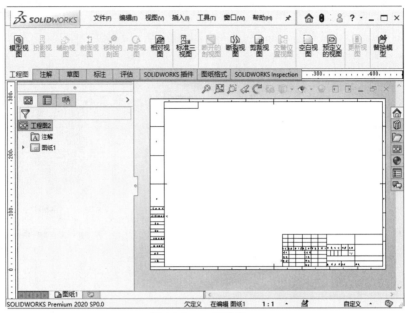

图 10-3　工程图窗口

10.2　定义图纸格式

SolidWorks 提供的图纸格式不可能符合所有标准，用户可以自定义图纸格式以符合本单位的要求。

1．定义图纸格式

下面介绍定义图纸格式的操作步骤。

（1）右击图纸上的空白区域，或者右击 FeatureManager 设计树中的"图纸格式"按钮 。

（2）在弹出的快捷菜单中选择"编辑图纸格式"命令。

（3）双击标题栏中的文字，即可修改文字。在"注释"属性管理器的"文字格式"选项组中可以修改对齐方式、文字旋转角度和字体等属性，如图 10-4 所示。

（4）如果要移动线条或文字，单击该项目后将其拖动到新的位置。

（5）如果要添加线条，则单击"草图"选项卡中的"直线"按钮 ，然后绘制线条。

（6）在 FeatureManager 设计树中右击"图纸" 按钮，在弹出的快捷菜单中选择"属性"命令。

（7）系统弹出的"图纸属性"对话框如图 10-5 所示，具体设置如下。

① 在"名称"文本框中输入图纸的标题。

② 在"比例"文本框中指定图纸上所有视图的默认比例。

③ 在"标准图纸大小"列表框中选择一种标准纸张（如 A4、B5 等）。如果选择"自定义图纸大小"单选钮，则在下面的"宽度"和"高度"文本框中指定纸张的大小。

④ 单击"浏览"按钮，可以使用其他图纸格式。

⑤ 在"投影类型"选项组中选择"第一视角"或"第三视角"单选钮。

第 10 章 工程图的绘制

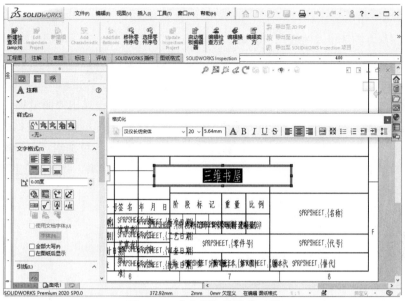

图 10-4 "注释"属性管理器

⑥ 在"下一视图标号"文本框中指定下一个视图要使用的英文字母代号。

⑦ 在"下一基准标号"文本框中指定下一个基准标号要使用的英文字母代号。

⑧ 如果图纸上显示了多个三维模型文件,在"使用模型中此处显示的自定义属性值"下拉列表框中选择一个视图,工程图将使用该视图包含模型的自定义属性。

(8) 单击"应用更改"按钮,关闭"图纸属性"对话框。

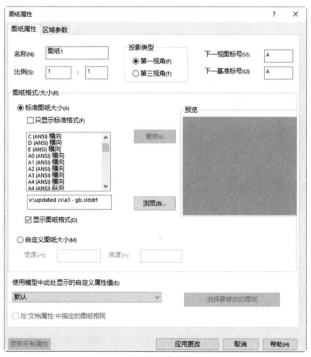

图 10-5 "图纸属性"对话框

2. 保存图纸格式

下面介绍保存图纸格式的操作步骤。

（1）选择菜单栏中的"文件"→"保存图纸格式"命令，系统弹出"保存图纸格式"对话框。

（2）如果要替换 SolidWorks 提供的标准图纸格式，则右击 FeatureManager 设计树中的"图纸" 按钮，在弹出的快捷菜单中选择"属性"命令，系统弹出"图纸属性"对话框。在"标准图纸大小"列表框中选择一种图纸格式，单击"确定"按钮，图纸格式将被保存。

（3）如果要使用新的图纸格式，可以选择"自定义图纸大小"单选钮，自行输入图纸的高度和宽度；或者单击"浏览"按钮，选择图纸格式保存的目录并打开，然后输入图纸格式名称，最后单击"确定"按钮。

（4）单击"保存"按钮，关闭对话框。

10.3 标准三视图的绘制

在创建工程图前，应根据零件的三维模型考虑和规划零件视图，如工程图由几个视图组成，是否需要剖视图等。考虑清楚后，再进行零件视图的创建工作，否则如同用手工绘图一样，可能创建的视图不能很好地表达零件的空间关系，给其他用户的识图、看图造成困难。

标准三视图是指从三维模型的主视、左视、俯视 3 个正交角度投影生成 3 个正交视图，如图 10-6 所示。

在标准三视图中，主视图与俯视图及侧视图有固定的对齐关系。俯视图可以竖直移动，侧视图可以水平移动。SolidWorks 生成标准三视图的方法有多种，这里只介绍常用的两种。

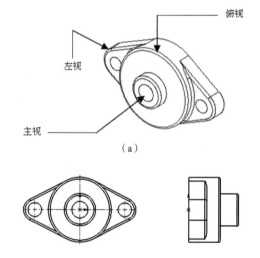

1. 用标准方法生成标准三视图

下面结合实例介绍用标准方法生成标准三视图的操作步骤。

【案例 10-1】用标准方法生成标准三视图

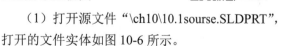

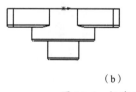

图 10-6 标准三视图

（1）打开源文件"\ch10\10.1sourse.SLDPRT"，打开的文件实体如图 10-6 所示。

（2）新建一张工程图。

（3）选择菜单栏中的"插入"→"工程图视图"→"标准三视图"命令，或者单击"工程图"选项卡中的"标准三视图"按钮 ，弹出"标准三视图"属性管理器，此时光标指针变为 形状。

（4）"标准三视图"属性管理器中提供了 3 种选择模型的方法。

- 选择一个包含模型的视图。

- 从另一窗口的 FeatureManager 设计树中选择模型。
- 从另一窗口的图形区中选择模型。

（5）选择菜单栏中的"窗口"→"文件"命令，进入到零件或装配体文件中。

（6）利用步骤（4）中的一种方法选择模型，系统会自动回到工程图文件中，并将三视图放置在工程图中。

如果不打开零件或装配体模型文件，用标准方法生成标准三视图的操作步骤如下。

（1）新建一张工程图。

（2）选择菜单栏中的"插入"→"工程图视图"→"标准三视图"命令，或者单击"工程图"选项卡中的"标准三视图"按钮 。

（3）在弹出的"标准三视图"属性管理器中，单击"浏览"按钮。

（4）在弹出的"打开"对话框中浏览所需的模型文件，单击"打开"按钮，标准三视图便会放置在图形区中。

2．利用 Internet Explorer 中的超文本链接生成标准三视图

利用 Internet Explorer 中的超文本链接生成标准三视图的操作步骤如下。

（1）新建一张工程图。

（2）在 Internet Explorer（4.0 或更高版本）浏览器中，导航到包含 SolidWorks 零件文件超文本链接的位置。

（3）将超文本链接从 Internet Explorer 浏览器窗口拖动到工程图窗口中。

（4）在弹出的"另存为"对话框中保存零件模型，同时零件的标准三视图也被添加到工程图中。

10.4 模型视图的绘制

标准三视图是最基本也是最常用的工程图，但是它所提供的视角十分固定，有时不能很好地描述模型的实际情况，SolidWorks 提供的模型视图解决了这个问题。通过在标准三视图中插入模型视图，可以从不同的角度生成工程图。

下面结合实例介绍插入模型视图的操作步骤。

【案例 10-2】模型视图的绘制

（1）选择菜单栏中的"插入"→"工程图视图"→"模型视图"命令，或者单击"工程图"选项卡中的"模型视图"按钮 ，弹出"模型视图"属性管理器。

（2）和生成标准三视图中选择模型的方法一样，在零件或装配体文件中选择一个模型（打开源文件"\ch10\10.2sourse.SLDPRT"，打开的工程图如图 10-6（a）所示）。

（3）当回到工程图文件中时，光标指针变为 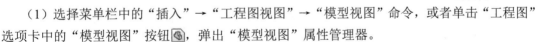 形状，用光标拖动视图方框，表示模型视图的大小。

（4）在"模型视图"属性管理器的"方向"选项组中选择视图的投影方向。

（5）单击鼠标从而在工程图中放置模型视图，如图 10-7 所示。

（6）如果要更改模型视图的投影方向，则双击"方向"选项组中的视图方向。

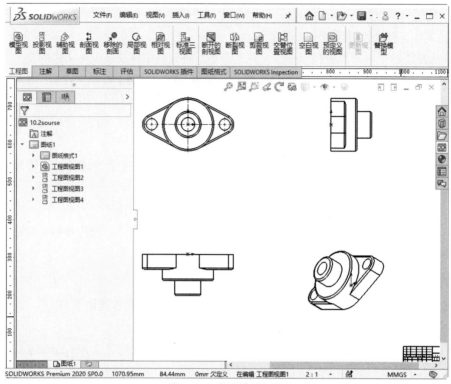

图 10-7　放置模型视图

（7）如果要更改模型视图的显示比例，则选择"使用自定义比例"单选钮，然后输入显示比例。

（8）单击"确定"按钮✓，完成模型视图的插入。

10.5　派生视图的绘制

派生视图是指从标准三视图、模型视图或其他派生视图中派生出来的视图，包括剖面视图、旋转剖视图、投影视图、辅助视图、局部视图、断裂视图等。

10.5.1　剖面视图

剖面视图是指用一条剖切线分割工程图中的一个视图，然后从垂直于剖面方向投影得到的视图，如图 10-8 所示。

下面结合实例介绍绘制剖面视图的操作步骤。

【案例 10-3】剖面视图

（1）打开源文件"\ch10\10.3sourse.SLDDRW"，打开的工程图如图 10-6（b）所示。

（2）选择菜单栏中的"插入"→"工程图视图"→"剖面视图"命令，或者单击"工程图"选项卡中的"剖面视图"按钮♫。

（3）系统弹出"剖面视图"属性管理器，在"切除线"选项组中选择剖切线类型，光标显示为♫样式。

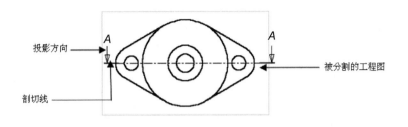

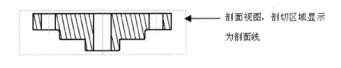

图 10-8　剖面视图举例

（4）在工程图上绘制剖切线。绘制完剖切线之后，系统会在垂直于剖切线的方向出现一个方框，表示剖面视图的大小。拖动这个方框到适当的位置，则剖面视图被放置在工程图中。

（5）在属性管理器中设置相关选项，如图 10-9（a）所示。

① 如果单击"反转方向"按钮，则会反转切除的方向。

② 在"标号"文本框中指定与剖面线或剖面视图相关的字母。

③ 如果剖面线没有完全穿过视图，勾选"部分剖面"复选框将会生成局部剖面视图。

④ 如果勾选"横截剖面"复选框，则只有被剖面线切除的曲面才会出现在剖面视图上。

⑤ 如果选择"使用图纸比例"单选钮，则剖面视图上的剖面线将会随着图纸比例的改变而改变。

⑥ 如果选择"使用自定义比例"单选钮，则可定义剖面视图在工程图纸中的显示比例。

（6）单击"确定"按钮，完成剖面视图的插入，如图 10-9（b）所示。

新剖面是由原实体模型计算得来的，如果模型更改，此视图将随之更新。

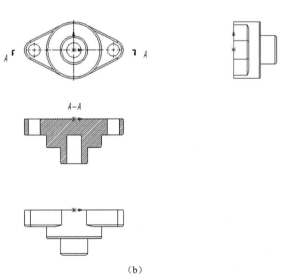

图 10-9　绘制剖面视图

10.5.2 旋转剖视图

旋转剖视图中的剖切线是由两条具有一定角度的线段组成的。系统从垂直于剖切方向投影生成剖视图，如图 10-10 所示。

下面结合实例介绍生成旋转剖视图的操作步骤。

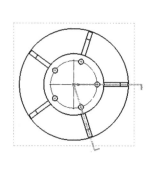

图 10-10 旋转剖视图举例

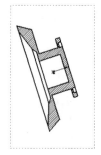
旋转剖视图

【案例 10-4】旋转剖视图

（1）打开源文件"\ch10\10.4sourse.SLDDRW"，打开的工程图如图 10-10 所示。

（2）选择菜单栏中的"插入"→"工程图视图"→"剖面视图"命令，或者单击"工程图"选项卡中的"剖面视图"按钮。

（3）系统会在沿第一条剖切线的方向出现一个方框，表示剖视图的大小，单击"反转方向"按钮和"切换对齐"按钮将调整剖视图的显示方式。拖动这个方框到适当的位置，则旋转剖视图被放置在工程图中。

（4）在"剖面视图"属性管理器中设置相关选项，如图 10-11（a）所示。

① 如果单击"反转方向"按钮，则会反转切除的方向。

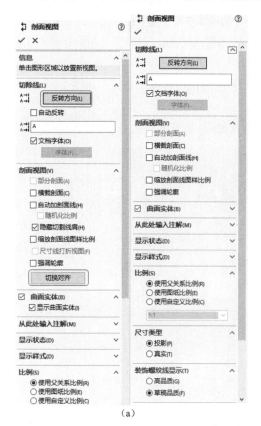

(a)　　　　　　　　　　　　　　(b)

图 10-11 绘制旋转剖视图

② 如果勾选"使用父关系比例"复选框，则剖视图上的剖面线将会随着模型尺寸比例的改变而改变。

③ 在"标号" 文本框中指定与剖面线或剖视图相关的字母。

④ 如果剖面线没有完全穿过视图，勾选"部分剖面"复选框将会生成局部剖视图。

⑤ 如果勾选"横截剖面"复选框，则只有被剖面线切除的曲面才会出现在剖视图上。

⑥ 选择"使用自定义比例"单选钮后，用户可以自己定义剖视图在工程图纸中的显示比例。

（5）单击"确定"按钮 ✓，完成旋转剖视图的插入，如图 10-11（b）所示。

10.5.3　投影视图

投影视图是指从正交方向对现有视图投影生成的视图，如图 10-12 所示。

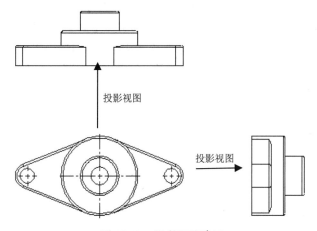

图 10-12　投影视图举例

下面结合实例介绍生成投影视图的操作步骤。

【案例 10-5】投影视图

（1）在工程图中选择一个要投影的工程视图（打开源文件"\ch10\10.5sourse.SLDDRW"，打开的工程图如图 10-12 所示）。

（2）选择菜单栏中的"插入"→"工程图视图"→"投影视图"命令，或者单击"工程图"选项卡中的"投影视图"按钮 。

（3）系统将根据光标指针在所选视图中的位置决定投影方向，可以从所选视图的上、下、左、右 4 个方向生成投影视图。

（4）系统会在投影方向出现一个方框，表示投影视图的大小，拖动这个方框到适当的位置，则投影视图被放置在工程图中。

（5）单击"确定"按钮 ✓，生成投影视图。

10.5.4　辅助视图

辅助视图类似于投影视图，它的投影方向垂直于所选视图的参考边线，如图 10-13 所示。

下面结合实例介绍插入辅助视图的操作步骤。

【案例 10-6】辅助视图

（1）打开源文件"\ch10\10.6sourse.SLDDRW"，打开的工程图如图 10-13 所示。

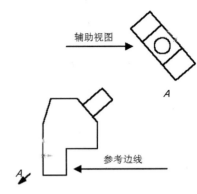

图 10-13 辅助视图举例

（2）选择菜单栏中的"插入"→"工程图视图"→"辅助视图"命令，或者单击"工程图"选项卡中的"辅助视图"按钮 。

（3）选择要生成辅助视图的工程视图中的一条直线作为参考边线，参考边线可以是零件的边线、侧影轮廓线、轴线或所绘制的直线。

（4）系统会在与参考边线垂直的方向出现一个方框，表示辅助视图的大小，拖动这个方框到适当的位置，则辅助视图被放置在工程图中。

（5）在"辅助视图"属性管理器中设置相关选项，如图 10-14（a）所示。

① 在"标号" 文本框中指定与剖面线或剖面视图相关的字母。

② 如果勾选"反转方向"复选框，则会反转切除的方向。

（6）单击"确定"按钮 ，生成辅助视图，如图 10-14（b）所示。

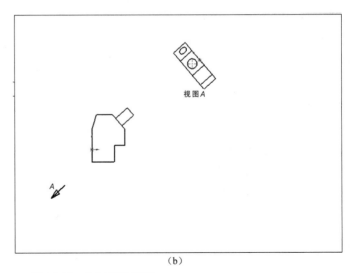

(a)   (b)

图 10-14 绘制辅助视图

10.5.5 局部视图

可以在工程图中生成一个局部视图来放大显示视图中的某个部分，如图 10-15 所示。局部视图可以是正交视图、三维视图或剖面视图。

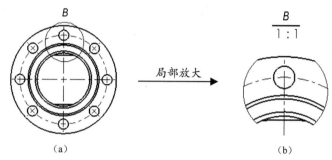

图 10-15 局部视图举例

下面结合实例介绍绘制局部视图的操作步骤。

【案例 10-7】局部视图

（1）打开源文件 "\ch10\10.7sourse.SLDDRW"，打开的工程图如图 10-15（a）所示。

（2）选择菜单栏中的"插入"→"工程图视图"→"局部视图"命令，或者单击"工程图"选项卡中的"局部视图"按钮 。

（3）此时，"草图"选项卡中的"圆"按钮 被激活，利用它在要放大的区域绘制一个圆。

（4）系统会弹出一个方框，表示局部视图的大小，拖动这个方框到适当的位置，则局部视图被放置在工程图中。

（5）在"局部视图"属性管理器中设置相关选项，如图 10-16（a）所示。

① "样式" 下拉列表框：在下拉列表框中选择局部视图图标的样式，有"依照标准""断裂圆""带引线""无引线""相连"5 种样式。

② "标号" 文本框：在文本框中输入与局部视图相关的字母。

③ 如果在"局部视图"选项组中勾选了"完整外形"复选框，则系统会显示局部视图中的轮廓外形。

④ 如果在"局部视图"选项组中勾选了"钉住位置"复选框，在改变派生局部视图的大小时，局部视图的大小将不会改变。

⑤ 如果在"局部视图"选项组中勾选了"缩放剖面线图样比例"复选框，将根据局部视图的比例来缩放剖面线图样。

（6）单击"确定"按钮 ，生成局部视图，如图 10-16（b）所示。

此外，局部视图中的放大区域还可以是其他任何的闭合图形。其方法是首先绘制用来作为放大区域的闭合图形，然后单击"局部视图"按钮 ，其余的步骤相同。

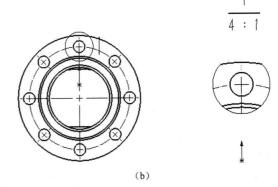

（a） （b）

图 10-16 绘制局部视图

10.5.6 断裂视图

工程图中有一些截面相同的长杆件（如长轴、螺纹杆等），这些零件在某个方向的尺寸比其他方向的尺寸大很多，而且截面没有变化。因此可以利用断裂视图将零件用较大比例显示在工程图上，如图 10-17 所示。

下面结合实例介绍绘制断裂视图的操作步骤。

【案例 10-8】断裂视图

（1）打开源文件"\ch10\10.8sourse.SLDDRW"，打开的工程图如图 10-17（a）所示。

（2）选择菜单栏中的"插入"→"工程图视图"→"断裂视图"命令，此时折断线出现在视图中，可以添加多组折断线到一个视图中，但所有折断线必须为同一个方向。

（3）将折断线拖动到希望生成断裂视图的位置。

（4）在视图边界内部右击，在弹出的快捷菜单中选择"断裂视图"命令，生成断裂视图，如图 10-17（b）所示。

此时，折断线之间的工程图都被删除，折断线之间的尺寸变为悬空状态。如果要修改折断线的形状，则右击折断线，在弹出的快捷菜单中选择一种折断线样式（直线、曲线、锯齿线和小锯齿线）。

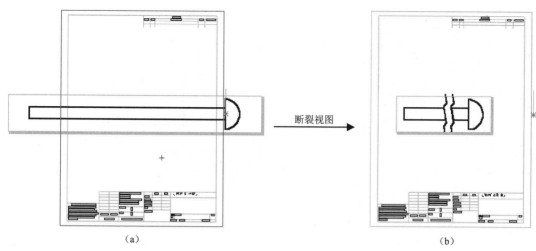

图 10-17 断裂视图举例

10.6 操纵视图

在派生视图中,许多视图的生成位置和角度都受到其他条件的限制(如辅助视图的位置与参考边线相垂直)。有时,用户需要自己任意调节视图的位置和角度以及显示或隐藏视图,SolidWorks 就提供了这项功能。此外,SolidWorks 还可以更改工程图中的线型、线条颜色等。

10.6.1 移动和旋转视图

光标指针移到视图边界上时,光标变为形状,表示可以拖动该视图。如果移动的视图与其他视图没有对齐或约束关系,可以拖动它到任意位置。

如果视图与其他视图之间有对齐或约束关系,若要任意移动视图,操作步骤如下。

(1) 单击要移动的视图。

(2) 选择菜单栏中的"工具"→"对齐工程图视图"→"解除对齐关系"命令。

(3) 单击该视图,即可以拖动它到任意的位置。

SolidWorks 提供了两种旋转视图的方法:一种是绕着所选边线旋转视图;一种是绕视图中心点以任意角度旋转视图。

1. 绕边线旋转视图

(1) 在工程图中选择一条直线。

(2) 选择菜单栏中的"工具"→"对齐工程图视图"→"水平边线"命令或选择"工具"→"对齐视图"→"竖直边线"命令。

(3) 此时视图会旋转,直到所选边线为水平或竖直状态,旋转视图如图 10-18 所示。

2. 围绕中心点旋转视图

(1) 选择要旋转的工程视图。

(2) 单击"前导视图"工具栏中的"旋转"按钮 ,系统弹出的"旋转工程视图"对话框如图 10-19 所示。

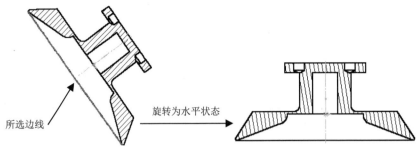

图 10-18 旋转视图

(3)使用以下方法旋转视图。
- 在"旋转工程视图"对话框的"工程视图角度"文本框中输入旋转的角度。
- 使用鼠标旋转视图。

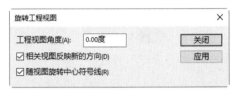

图 10-19 "旋转工程视图"对话框

(4)如果在"旋转工程视图"对话框中勾选了"相关视图反映新的方向"复选框,则与该视图相关的视图将随着该视图的旋转做相应的旋转。

(5)如果勾选了"随视图旋转中心符号线"复选框,则中心符号线将随视图一起旋转。

10.6.2 显示和隐藏

在编辑工程图时,可以使用"隐藏视图"命令来隐藏一个视图。隐藏视图后,可以使用"显示视图"命令再次显示此视图。当用户隐藏了具有从属视图(如局部、剖面或辅助视图等)的父视图时,可以选择是否一并隐藏这些从属视图。再次显示父视图或其中一个从属视图时,同样可选择是否显示其他相关的视图。

下面介绍隐藏或显示视图的操作步骤。

(1)在 FeatureManager 设计树或图形区中右击要隐藏的视图。

(2)在弹出的快捷菜单中选择"隐藏"命令,如果该视图有从属视图(局部、剖面视图等),则弹出询问对话框,如图 10-20 所示。

(3)单击"是"按钮,将会隐藏其从属视图;单击"否"按钮,将只隐藏该视图。此时,视图被隐藏起来。当光标移动到该视图的位置时,将只显示该视图的边界。

(4)如果要查看工程图中隐藏视图的位置,但不显示它们,则选择菜单栏中的"视图"→"被隐藏的视图"命令,此时被隐藏的视图将显示如图 10-21 所示的形状。

图 10-20 询问对话框

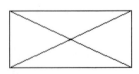

图 10-21 被隐藏的视图

(5)如果要再次显示被隐藏的视图,则右击被隐藏的视图,在弹出的快捷菜单中选择"显示"命令。

10.6.3　更改零部件的线型

在装配体中为了区别不同的零部件,可以改变每个零部件边线的线型。
下面介绍改变零部件边线线型的操作步骤。

(1) 在工程视图中右击要改变线型的视图。

(2) 在弹出的快捷菜单中选择"零部件线型"命令,系统弹出"零部件线型"对话框,如图 10-22 所示。

图 10-22　"零部件线型"对话框

(3) 取消勾选"使用文档默认值"复选框。

(4) 在对应的"线条样式"和"线粗"下拉列表框中选择线条样式和线条粗细。

(5) 重复步骤(4)、(5),直到为所有边线类型设定线型。

(6) 如果选择"从选择"单选钮,则会将此边线类型设定应用到该零件视图和它的从属视图中。

(7) 如果选择"所有视图"单选钮,则将此边线类型设定应用到该零件的所有视图。

(8) 如果零件在图层中,可以从"图层"下拉列表框中改变零件边线的图层。

(9) 单击"确定"按钮,关闭对话框,应用边线类型设定。

10.6.4　图层

图层是一种管理素材的方法,可以将图层看作重叠在一起的透明塑料纸,假如某一图层上没有任何可视元素,就可以透过该层看到下一层的图像。用户可以在每个图层上生成新的实体,然后指定实体的颜色、线条粗细和线型,还可以将标注尺寸、注解等项目放置在单一图层上,避免它们与工程图实体之间的干涉。SolidWorks 还可以隐藏图层,或将实体从一个图层上移动到另一图层上。

下面介绍建立图层的操作步骤。

(1) 选择菜单栏中的"视图"→"工具栏"→"图层"命令,打开"图层"工具栏,如图 10-23 所示。

（2）单击"图层属性"按钮，打开"图层"对话框，如图10-24所示。

（3）在"图层"对话框中单击"新建"按钮，则在对话框中建立一个新的图层。

图10-23　"图层"工具栏

（4）在"名称"选项中指定图层的名称。

（5）双击"说明"选项，然后输入该图层的说明文字。

（6）在"开关"选项中有一个灯泡图标，若要隐藏该图层，则双击该图标，灯泡变为灰色，图层上的所有实体都被隐藏起来。要重新打开图层，再次双击该灯泡图标。

（7）如果要指定图层上实体的线条颜色，单击"颜色"选项，在弹出的"颜色"对话框中选择颜色，如图10-25所示。

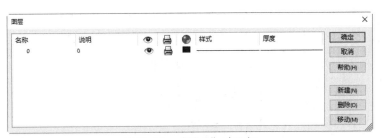

图10-24　"图层"对话框

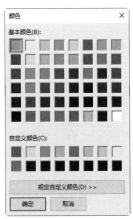

图10-25　"颜色"对话框

（8）如果要指定图层上实体的线条样式或厚度，则单击"样式"或"厚度"选项，然后从弹出的清单中选择想要的样式或厚度。

（9）如果建立了多个图层，可以单击"移动"按钮来重新排列图层的顺序。

（10）单击"确定"按钮，关闭对话框。

建立了多个图层后，只要在"图层"工具栏的"图层"下拉列表框中选择图层，就可以导航到任意的图层。

10.7　注解的标注

如果在三维零件模型或装配体中添加了尺寸、注释或符号，则在将三维模型转换为二维工程图纸的过程中，系统会将这些尺寸、注释等一起添加到图纸中。在工程图中，用户可以添加必要的参考尺寸、注释等，这些注释和参考尺寸不会影响零件或装配体文件。

工程图中的尺寸标注是与模型相关联的，模型中的更改会反映在工程图中。通常用户在生成每个零件特征时生成尺寸，然后将这些尺寸插入到各个工程图中。在模型中更改尺寸会更新工程图，反之，在工程图中更改插入的尺寸也会更改模型。用户可以在工程图文件中添加尺寸，但是这些尺寸是参考尺寸，并且是从动尺寸，参考尺寸显示模型的测量值，但并不驱动模型，也不能更改其数值，但是当更改模型时，参考尺寸会相应更新。当压缩特征时，特征的参考尺寸也随之被压缩。

默认情况下，插入的尺寸显示为黑色，包括零件或装配体文件中显示为蓝色的尺寸（如拉伸深度），参考尺寸显示为灰色，并带有括号。

10.7.1 注释

要更好地说明工程图，有时要用到注释。注释可以包括简单的文字、符号或超文本链接。

下面结合实例介绍添加注释的操作步骤。

【案例 10-9】注释

（1）打开源文件"\ch10\10.9 sourse.SLDDRW"，打开的工程图如图 10-26 所示。

（2）选择菜单栏中的"插入"→"注解"→"注释"命令，或者单击"注解"选项卡中的"注释"按钮 ，系统弹出"注释"属性管理器。

（3）在"引线"选项组中选择引导注释的引线和箭头类型。

（4）在"文字格式"选项组中设置注释文字的格式。

（5）拖动光标到要注释的位置，在图形区添加注释文字，如图 10-27 所示。

图 10-26 打开的工程图

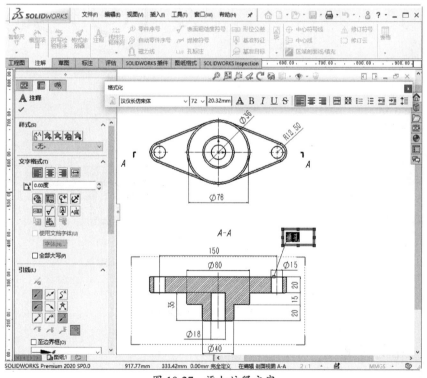

图 10-27 添加注释文字

（6）单击"确定"按钮 ✓，完成注释。

10.7.2 表面粗糙度

表面粗糙度用来表示加工表面上的微观几何形状特性，它对于机械零件表面的耐磨性、疲劳强度、配合性能、密封性、流体阻力及外观质量等都有很大的影响。

下面结合实例介绍插入表面粗糙度符号的操作步骤。

【案例 10-10】表面粗糙度

（1）打开源文件"\ch10\10.10sourse.SLDDRW"，打开的工程图如图 10-26 所示。

（2）选择菜单栏中的"插入"→"注解"→"表面粗糙度符号"命令，或者单击"注解"选项卡中的"表面粗糙度符号"按钮√。

（3）在弹出的"表面粗糙度"属性管理器中设置表面粗糙度的属性，如图 10-28（a）所示。

（4）在图形区中单击，以放置表面粗糙符号。

（5）可以不关闭对话框，设置多个表面粗糙度符号到图形上。

（6）单击"确定"按钮√，完成表面粗糙度的标注，如图 10-28（b）所示。

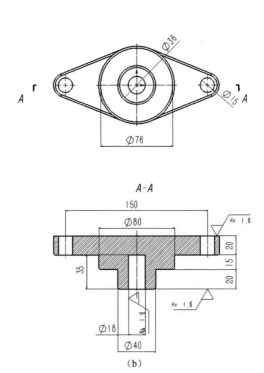

图 10-28 表面粗糙度的标注

10.7.3 几何公差

几何公差是机械加工工业中一项非常重要的指标，尤其在精密机器和仪表的加工中，几何公差是评定产品质量的重要技术指标。它对于在高速、高压、高温、重载等条件下工作的产品零件的精度、性能和寿命等有较大的影响。

下面结合实例介绍标注几何公差的操作步骤。

【案例 10-11】几何公差

（1）打开源文件"\ch10\10.11 sourse.SLDDRW"，打开的工程图如图 10-29 所示。

（2）选择菜单栏中的"插入"→"注解"→"形位公差"命令，或者单击"注解"选项卡中的"形位公差"按钮 ，系统弹出"形位公差"属性管理器和"属性"对话框。

（3）在"属性"对话框中单击"符号"文本框右侧的下拉按钮，在弹出的面板中选择几何公差符号。

（4）在"公差 1"文本框中输入几何公差值。

（5）设置好的几何公差会在"属性"对话框中显示，如图 10-30（a）所示。

（6）在图形区中单击，以放置几何公差。

（7）可以不关闭对话框，设置多个几何公差到图形上。

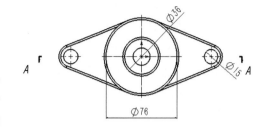

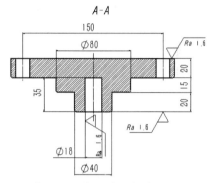

图 10-29 打开的工程图

（8）单击"确定"按钮，完成几何公差的标注，如图 10-30（b）所示。

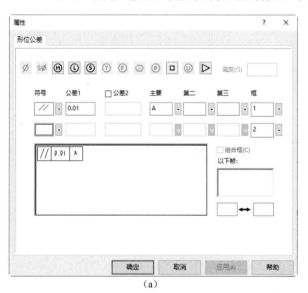

(a)

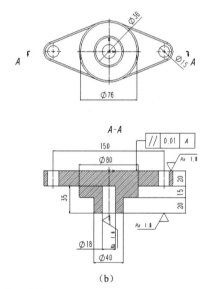

(b)

图 10-30 "属性"对话框设置及结果

10.7.4 基准特征符号

基准特征符号用来表示模型平面或参考基准面。

下面结合实例介绍插入基准特征符号的操作步骤。

【案例 10-12】基准特征符号

(1) 打开源文件 "\ch10\10.12sourse.SLDDRW",打开的工程图如图 10-31 所示。

基准特征符号

(2) 选择菜单栏中的 "插入" → "注解" → "基准特征符号" 命令,或者单击 "注解" 选项卡中的 "基准特征" 按钮 A。

(3) 在弹出的 "基准特征" 属性管理器中设置属性,如图 10-32 (a) 所示。

(4) 在图形区中单击,以放置符号。

(5) 可以不关闭对话框,设置多个基准特征符号到图形上。

(6) 单击 "确定" 按钮 ✓,完成基准特征符号的标注,如图 10-32 (b) 所示。

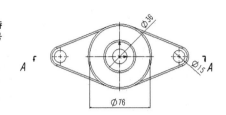

图 10-31 打开的工程图

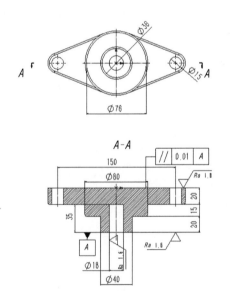

(a)　　　　　　　　　　　　　　(b)

图 10-32 "基准特征" 属性管理器设置及结果

10.8 分离工程图

分离格式的工程图无须将三维模型文件装入内存,即可打开并编辑工程图。用户可以将 RapidDraft 工程图传送给其他的 SolidWorks 用户而不传送模型文件。分离工程图的视图在模型的更新方面也有更多的控制。当设计组的设计员编辑模型时,其他的设计员可以独立地在工程图中进行操作,为工程图添加细节及注解。

由于内存中没有装入模型文件,以分离模式打开工程图的时间将大幅缩短。因为模型数据未被保存在内存中,所以可以有更多的内存来处理工程图数据,这对大型装配体工程图来说是很大的改善。

下面介绍将工程图转换为分离格式的操作步骤。

(1)单击"快速访问"工具栏中的"打开"按钮。

(2)在"打开"对话框中选择要转换为分离格式的工程图。

(3)单击"打开"按钮,打开工程图。

(4)单击"快速访问"工具栏中的"保存"按钮,选择"保存类型"为"分离的工程图",保存并关闭文件。

(5)再次打开该工程图,此时工程图已经被转换为分离格式。

在分离格式的工程图中进行编辑的方法与普通格式的工程图基本相同,这里就不再赘述。

10.9 打印工程图

用户可以打印整个工程图纸,也可以只打印图纸中所选的区域,其操作步骤如下。

选择菜单栏中的"文件"→"打印"命令,弹出"打印"对话框,如图 10-33 所示。在该对话框中设置相关打印属性,如打印机的选择,打印效果的设置,页眉、页脚设置,打印线条粗细的设置等。在"打印范围"选项组中选择"所有图纸"单选钮,可以打印整个工程图纸;选择其他单选钮,可以打印工程图中所选区域。单击"确定"按钮,开始打印。

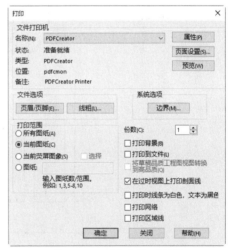

图 10-33 "打印"对话框

10.10 综合实例

本节分别以轴和齿轮泵装配体为例讲述零件工程图和装配体工程图的创建过程。

10.10.1 支承轴零件工程图的创建

本实例将如图 10-34 所示的齿轮泵支承轴转化为工程图。

【思路分析】

图 10-34 齿轮泵支承轴

零件图是用来表示零件结构形状、大小及技术要求的图样,是指导制造和检验零件的重要技术文件。首先放置一组视图,清晰合理地表达零件的各个尺寸，再标注技术要求，最后完成标题栏。创建齿轮泵支承轴工程图的过程如图 10-35 所示。

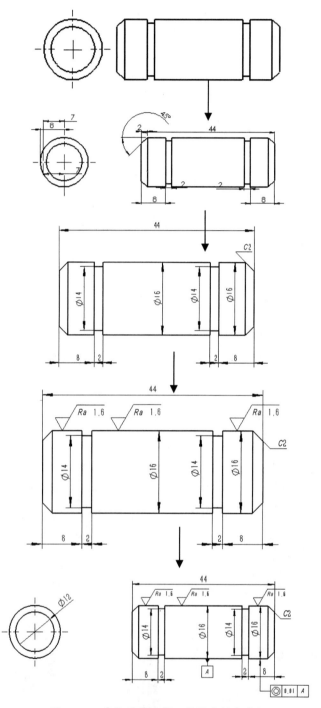

图 10-35　齿轮泵支承轴工程图的创建过程

【绘制步骤】

（1）启动 SolidWorks，单击"快速访问"工具栏中的"打开"按钮，在弹出的"打开"对话框中选择将要转化为工程图的零件文件。

（2）单击"快速访问"工具栏中的"从零件/装配图制作工程图"按钮，弹出"新建 SOLIDWORKS 文件"对话框，如图 10-36 所示，单击"高级"按钮，弹出"模板"选项卡，选择图纸尺寸。单击"确定"按钮，完成图纸设置。

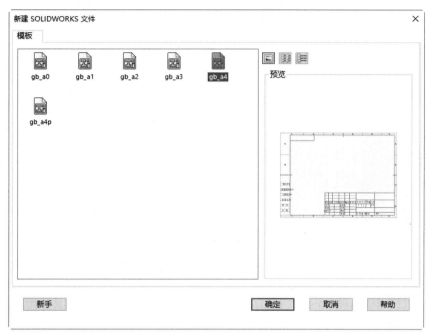

图 10-36 "新建 SOLIDWORKS 文件"对话框

（3）此时在右侧面将出现此零件的所有视图，如图 10-37 所示。将前视图拖动到图形编辑窗口，会出现如图 10-38 所示的放置框，在图纸中合适的位置放置主视图，如图 10-39 所示。

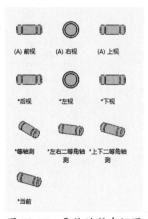

图 10-37 零件的所有视图

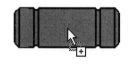

图 10-38 放置框

（4）利用同样的方法，在图形区放置左视图（由于该零件图比较简单，故俯视图没有标出），视图的相对位置如图 10-40 所示。

（5）在图形区的空白区域右击，在弹出的快捷菜单中单击"属性"按钮，弹出"图纸属性"对话框。在"比例"文本框中将比例设置成 2∶1，如图 10-41 所示，单击"确定"按钮，三视图将在图形区显示呈放大一倍的状态。

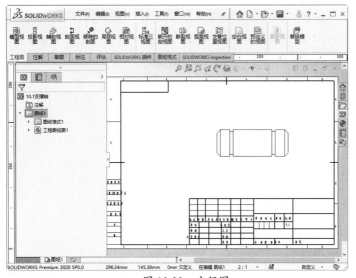

图 10-39 主视图 　　　　　　　　　图 10-40 视图的相对位置

（6）单击"注解"选项卡中的"模型项目"按钮，弹出"模型项目"属性管理器。各参数设置如图 10-42 所示，单击"确定"按钮，此时在视图中会自动显示尺寸，如图 10-43 所示。

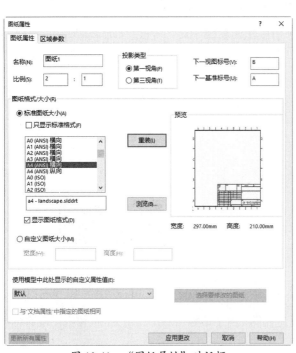

图 10-41 "图纸属性"对话框

图 10-42 "模型项目"属性管理器

（7）在主视图中选取要移动的尺寸，按住鼠标左键移动光标位置，即可在同一视图中动态地移动尺寸位置。选中多余的尺寸，然后按<Delete>键即可删除多余的尺寸，调整后的主视图如图 10-44 所示。

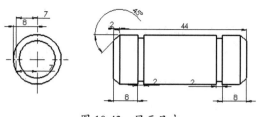
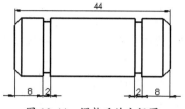

图 10-43 显示尺寸　　　　　　　　　　　图 10-44 调整后的主视图

（8）利用同样的方法可以调整左视图，删除尺寸后的左视图如图 10-45 所示。

（9）单击"草图"选项卡中的"中心线"按钮，在主视图中绘制中心线，如图 10-46 所示。

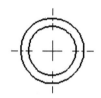
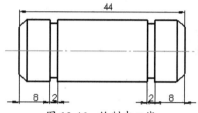

图 10-45 删除尺寸后的左视图　　　　　　图 10-46 绘制中心线

（10）单击"草图"选项卡中的"智能尺寸"按钮，标注视图中的尺寸，在标注过程中将不符合国标的尺寸删除。在标注尺寸时会弹出"尺寸"属性管理器，如图 10-47 所示，可以修改尺寸的公差、符号等。例如，要在尺寸前加直径符号，只需在"标注尺寸文字"选项组的"<DIM>"前单击，在下面选取直径符号即可。添加尺寸如图 10-48 所示。

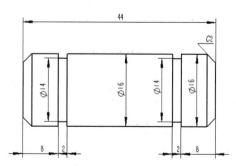

图 10-47 "尺寸"属性管理器　　　　　　　图 10-48 添加尺寸

(11) 单击"注解"选项卡中的"表面粗糙度"按钮√，系统弹出"表面粗糙度"属性管理器，各参数设置如图 10-49 所示。

(12) 设置完成后，移动光标到需要标注表面粗糙度的位置，单击即可完成标注。单击"确定"按钮√，表面粗糙度即可标注完成。下表面的标注需要设置"角度"为 180°，标注表面粗糙度效果如图 10-50 所示。

(13) 单击"注解"选项卡中的"基准特征"按钮，弹出"基准特征"属性管理器，各参数设置如图 10-51 所示。

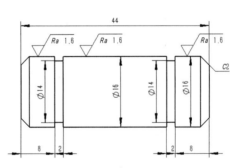

图 10-49　"表面粗糙度"属性管理器　　图 10-50　标注表面粗糙度效果　　图 10-51　"基准特征"属性管理器

(14) 设置完成后，移动光标到需要添加基准特征的位置单击，然后拖动光标到合适的位置再次单击即可完成标注。单击"确定"按钮√即可在图中添加基准符号，如图 10-52 所示。

(15) 单击"注解"选项卡中的"形位公差"按钮，弹出"形位公差"属性管理器及"属性"对话框。在"形位公差"属性管理器中设置各参数，如图 10-53 所示；在"属性"对话框中设置各参数，如图 10-54 所示。

(16) 设置完成后，移动光标到需要添加几何公差的位置单击即可完成标注。单击"确定"按钮√即可在图中添加几何公差符号，如图 10-55 所示。

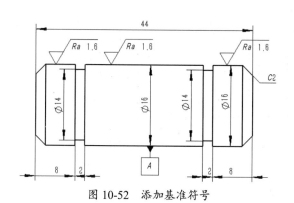

图 10-52　添加基准符号

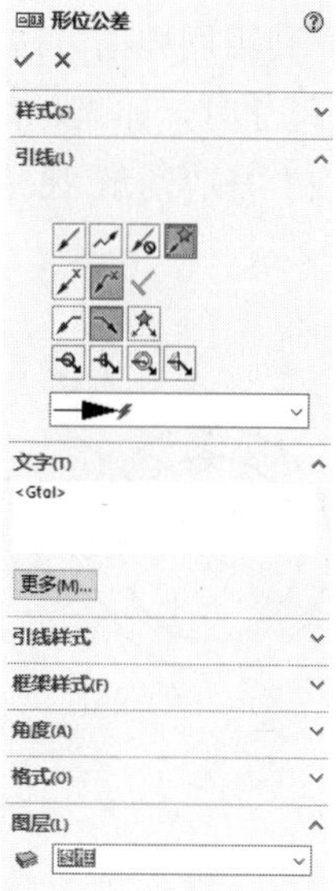

图 10-53　"形位公差"属性管理器

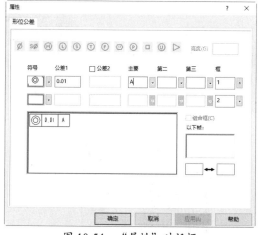

图 10-54　"属性"对话框

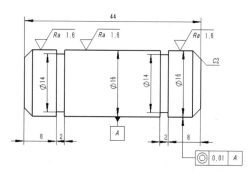

图 10-55　添加几何公差

（17）选择主视图中的所有尺寸，在"尺寸"属性管理器的"尺寸界线/引线显示"选项组中选择实心箭头，如图 10-56 所示。单击"确定"按钮 ✓，修改后的主视图如图 10-57 所示。

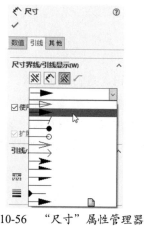

图 10-56　"尺寸"属性管理器

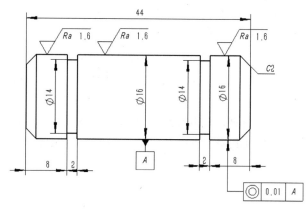

图 10-57　修改后的主视图

（18）利用同样的方法修改左视图中尺寸的属性，最终可以得到如图 10-58 所示的工程图。标注尺寸时，如果标注的字体比较小可以按如下步骤调整："工具"菜单→"选项"→"文档属性"→"注解/尺寸"，在其下拉列表中选择需要调整的项目。

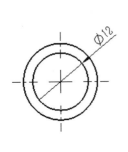
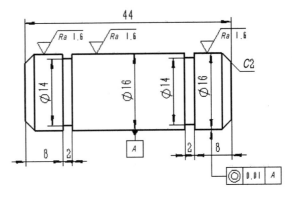

图 10-58　工程图

10.10.2　装配体工程图的创建

本实例将如图 10-59 所示的齿轮泵总装配体转化为工程图。

【思路分析】

装配图是表达机器或部件的图样，通常用来表达机器或部件的工作原理及零件、部件间的装配关系。装配体工程图的创建过程与支承轴零件工程图的创建过程和步骤基本相同，创建齿轮泵总装配体工程图的过程如图 10-60 所示。

【绘制步骤】

（1）启动 SolidWorks，单击"快速访问"工具栏中的"打开"按钮，在弹出的"打开"对话框中选择将要转化为工程图的总装配体文件。

（2）单击"快速访问"工具栏中的"从零件/装配图制作工程图"按钮，弹出"新建 SOLIDWORKS 文件"对话框，单击"高级"按钮，弹

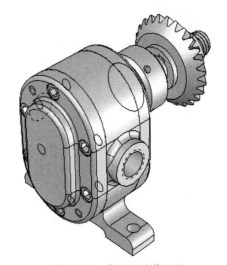

图 10-59　齿轮泵总装配体

出"模板"选项卡，设置图纸尺寸如图 10-61 所示。单击"确定"按钮，完成图纸设置。

（3）在图形区放入主视图。单击"工程图"选项卡中的"模型视图"按钮，弹出的"模型视图"属性管理器如图 10-62 所示。单击"浏览"按钮，选择要生成工程图的齿轮泵总装配体。选择完成后单击"模型视图"属性管理器中的"下一步"按钮，参数设置如图 10-63 所示。

第 10 章 工程图的绘制

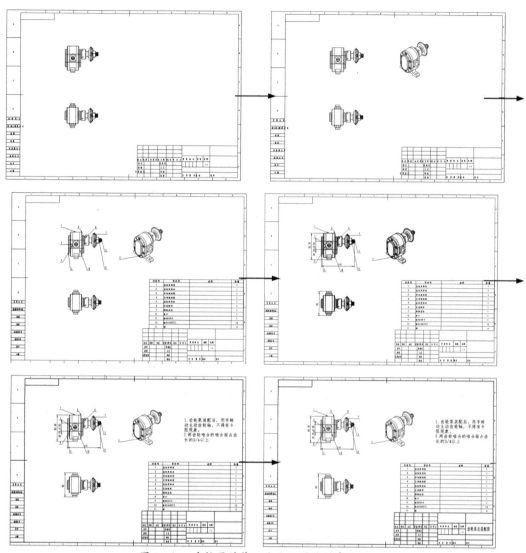

图 10-60 齿轮泵总装配体工程图的创建过程

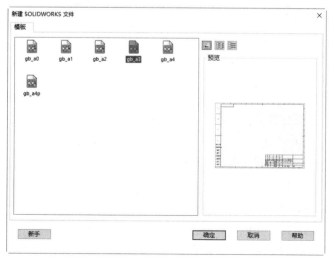

图 10-61 "新建 SOLIDWORKS 文件"对话框

图 10-62　"模型视图"属性管理器

图 10-63　模型视图参数设置

此时在图形区会出现如图 10-64 所示的放置框，在图纸中合适的位置放置主视图，如图 10-65 所示。在放置完主视图后将光标下移，会发现俯视图的预览将跟随光标出现（主视图与其他两个视图有固定的对齐关系。移动它，其他的视图也会跟着移动。其他两个视图可以独立移动，但是只能水平或垂直于主视图移动）。选择合适的位置放置俯视图，如图 10-66 所示。

（4）利用同样的方法，在图形区右上角放置轴测图，如图 10-67 所示。

图 10-64　放置框

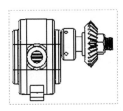
图 10-65　放置主视图

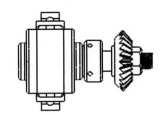
图 10-66　放置俯视图

图 10-67　放置轴测图

（5）单击"注解"选项卡中的"自动零件序号"按钮，在图形区分别单击主视图和轴测图将自动生成零件的序号，零件序号会插入到适当的视图中，不会重复。在弹出的"自动零件序号"属性管理器中可以设置零件序号的布局、样式等，具体参数设置如图 10-68 所示，自动生成的零件序号如图 10-69 所示。

（6）下面为视图生成材料明细表，工程图可包含基于表格的材料明细表或基于 Excel 的材料明细表，但不能两者都包含。选择菜单栏中的"插入"→"表格"→"材料明细表"命令，或者单击"注解"选项卡中的"材料明细表"按钮，选择刚才创建的主视图，弹出"材料明细表"属性管理器，设置如图 10-70 所示。单击"确定"按钮，在图形区将出现跟随光标的材料明细表表格，在图框的右下角单击确定定位点。创建明细表后的效果如图 10-71 所示。

第 10 章 工程图的绘制

图 10-68 "自动零件序号"
属性管理器

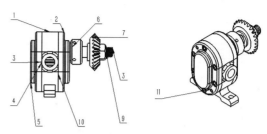

图 10-69 自动生成零件序号

图 10-70 "材料明细表"属性管理器

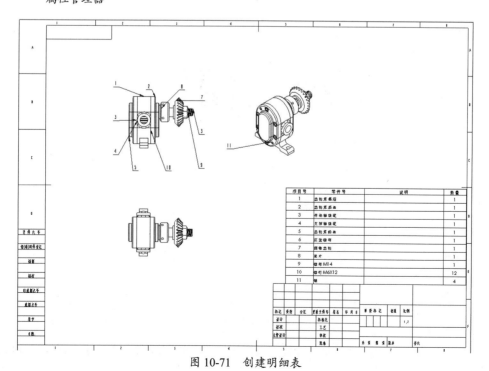

图 10-71 创建明细表

（7）下面为视图创建装配必要的尺寸。单击"草图"选项卡中的"智能尺寸"按钮，标注视图中的尺寸，如图10-72所示。

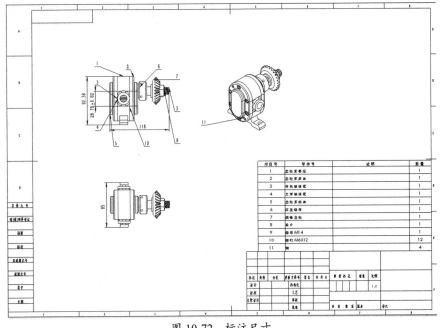

图10-72　标注尺寸

（8）选择视图中的所有尺寸，在"尺寸"属性管理器的"尺寸界线/引线显示"选项组中选择实心箭头。单击"确定"按钮，修改后的视图如图10-73所示。

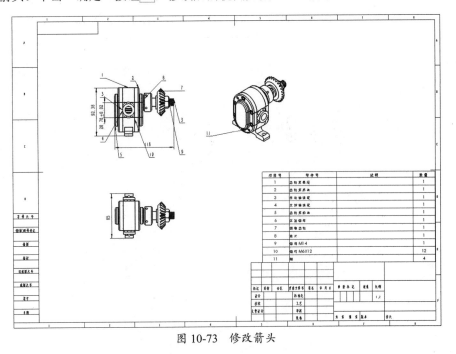

图10-73　修改箭头

（9）单击"注解"选项卡中的"注释"按钮，为工程图添加注释部分，如图10-74所示。

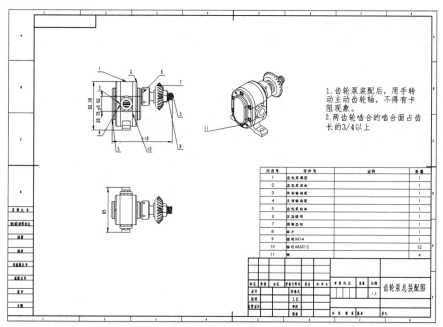

图 10-74　添加注释

第 11 章 手压阀设计综合实例

> 本章介绍手压阀装配体组成零件的绘制方法、装配过程，阀体工程图及手压阀装配工程图。手压阀装配体由胶垫、销钉、球头、阀杆、锁紧螺母、调节螺母、弹簧、阀体等零部件组成。
> 最后介绍手压阀的装配过程，还介绍了阀体及装配体工程图的创建过程。

11.1 胶垫

本例绘制胶垫，如图 11-1 所示。

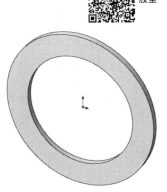

图 11-1 胶垫

【思路分析】

首先绘制胶垫的外形轮廓草图，然后拉伸成为胶垫。绘制的流程图如图 11-2 所示。

【创建步骤】

（1）新建文件。启动 SolidWorks 2020，单击"快速访问"工具栏中的"新建"按钮 ，在弹出的"新建 SOLIDWORKS 文件"对话框中单击"零件"按钮 ，然后单击"确定"按钮，创建一个新的零件文件。

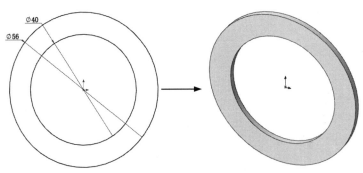

图 11-2 绘制胶垫的流程图

（2）绘制草图。在左侧的 FeatureManager 设计树中选择"前视基准面"作为绘制图形的基准面。单击"草图"选项卡中的"圆"按钮 ，绘制草图轮廓，标注并修改尺寸，结果如图 11-3 所示。

（3）拉伸实体。单击"特征"选项卡中的"拉伸凸台/基体"按钮 ，此时系统弹出如图 11-4 所示的"凸台-拉伸"属性管理器。选择步骤（2）中绘制的草图为拉伸截面，设置终止条件为"给定深度"，输入拉伸距离为 2mm，然后单击属性管理器中的"确定"按钮 ，结果如图 11-1 所示。

第 11 章 手压阀设计综合实例

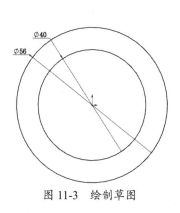

图 11-3 绘制草图

图 11-4 "凸台-拉伸"属性管理器

11.2 销钉

本例绘制销钉，如图 11-5 所示。

【思路分析】

首先绘制销钉的外形轮廓草图，然后旋转成为销钉主体轮廓，再绘制孔的草图，最后拉伸成为孔。绘制的流程图如图 11-6 所示。

【创建步骤】

（1）新建文件。启动 SolidWorks 2020，单击"快速访问"工具栏中的"新建"按钮，在弹出的"新建 SOLIDWORKS 文件"对话框中单击"零件"按钮，然后单击"确定"按钮，创建一个新的零件文件。

图 11-5 销钉

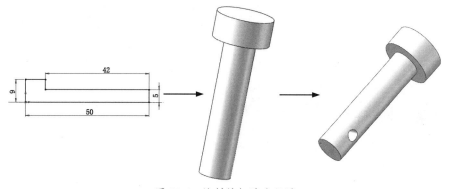

图 11-6 绘制销钉的流程图

（2）绘制草图。在左侧的 FeatureManager 设计树中选择"前视基准面"作为绘制图形的基准面。单击"草图"选项卡中的"中心线"按钮，绘制一条通过原点的水平中心线；单击"草图"选项卡中的"直线"按钮，绘制草图轮廓，标注并修改尺寸，结果如图 11-7 所示。

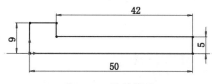

图 11-7 绘制草图

(3)旋转实体。单击"特征"选项卡中的"旋转凸台/基体"按钮,此时系统弹出如图 11-8 所示的"旋转"属性管理器。选择步骤(2)中绘制的水平中心线为旋转轴,设置终止条件为"给定深度",输入旋转角度为 360°,然后单击"确定"按钮,结果如图 11-9 所示。

图 11-8 "旋转"属性管理器　　　　图 11-9 旋转后的图形

(4)绘制草图。在左侧的 FeatureManager 设计树中选择"前视基准面"作为绘制图形的基准面。单击"草图"选项卡中的"圆"按钮,绘制草图轮廓,标注并修改尺寸,结果如图 11-10 所示。

(5)拉伸切除实体。单击"特征"选项卡中的"拉伸切除"按钮,此时系统弹出如图 11-11 所示的"切除-拉伸"属性管理器。选择步骤(4)中绘制的草图为拉伸截面,设置"方向 1"和"方向 2"中的终止条件为"完全贯穿",然后单击"确定"按钮,结果如图 11-5 所示。

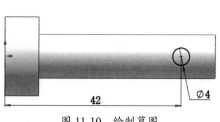

图 11-10 绘制草图　　　　图 11-11 "切除-拉伸"属性管理器

11.3 球头

球头

本例绘制球头,如图 11-12 所示。

【思路分析】

首先绘制球头的外形轮廓草图,然后旋转成为球头主体轮廓。绘制的流程图如图 11-13 所示。

图 11-12 球头　　　　　图 11-13 绘制球头的流程图

【创建步骤】

（1）新建文件。启动 SolidWorks 2020，单击"快速访问"工具栏中的"新建"按钮，在弹出的"新建 SOLIDWORKS 文件"对话框中单击"零件"按钮，然后单击"确定"按钮，创建一个新的零件文件。

（2）绘制草图。在左侧的 FeatureManager 设计树中选择"前视基准面"作为绘制图形的基准面。单击"草图"选项卡中的"中心线"按钮，绘制一条通过原点的水平中心线；单击"草图"选项卡中的"圆"按钮、"直线"按钮和"裁剪"按钮，绘制草图轮廓，标注并修改尺寸，结果如图 11-14 所示。

（3）旋转实体。单击"特征"选项卡中的"旋转凸台/基体"按钮，此时系统弹出如图 11-15 所示的"旋转"属性管理器。选择步骤（2）中绘制的水平中心线为旋转轴，设置终止条件为"给定深度"，输入旋转角度为 360°，然后单击"确定"按钮，结果如图 11-12 所示。

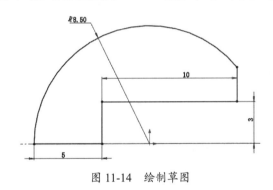

图 11-14 绘制草图

图 11-15 "旋转"属性管理器

11.4 阀杆

阀杆

本例绘制阀杆，如图 11-16 所示。

【思路分析】

首先绘制阀杆的外形轮廓草图，然后旋转成为阀杆。绘制的流程图如图 11-17 所示。

【创建步骤】

（1）新建文件。启动 SolidWorks 2020，单击"快速访问"工具栏中的"新建"按钮，在弹出的"新建 SOLIDWORKS 文件"对话框中单击"零件"按钮，然后单击"确定"按钮，创建一个新的零件文件。

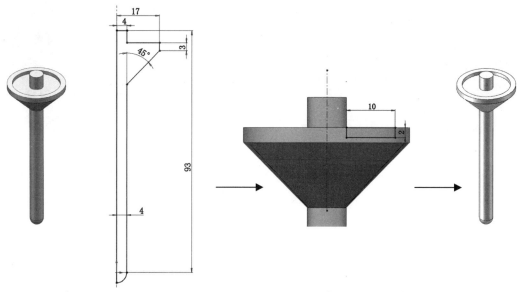

图 11-16 阀杆　　　　　　　　图 11-17 绘制阀杆的流程图

（2）绘制草图。在左侧的 FeatureManager 设计树中选择"前视基准面"作为绘制图形的基准面。单击"草图"选项卡中的"中心线"按钮，绘制一条通过原点的竖直中心线；单击"草图"选项卡中的"直线"按钮和"3 点圆弧"按钮，绘制草图轮廓，标注并修改尺寸，结果如图 11-18 所示。

（3）旋转实体。单击"特征"选项卡中的"旋转凸台/基体"按钮，此时系统弹出如图 11-19 所示的"旋转"属性管理器。选择步骤（2）中绘制的竖直中心线为旋转轴，设置终止条件为"给定深度"，输入旋转角度为 360°，然后单击"确定"按钮，结果如图 11-20 所示。

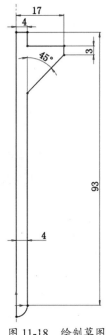

图 11-18 绘制草图　　　　图 11-19 "旋转"属性管理器　　　　图 11-20 旋转后的图形

(4）绘制草图。在左侧的 FeatureManager 设计树中选择"前视基准面"作为绘制图形的基准面。单击"草图"选项卡中的"中心线"按钮，绘制一条通过原点的竖直中心线；单击"草图"选项卡中的"矩形"按钮，绘制草图轮廓，标注并修改尺寸，结果如图 11-21 所示。

(5）旋转切除实体。单击"特征"选项卡中的"旋转切除"按钮，此时系统弹出如图 11-22 所示的"切除-旋转"属性管理器。选择步骤（4）中绘制的竖直中心线为旋转轴，设置终止条件为"给定深度"，输入旋转角度为 360°，然后单击"确定"按钮，结果如图 11-16 所示。

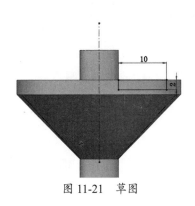

图 11-21 草图

图 11-22 "切除-旋转"属性管理器

11.5 锁紧螺母

本例绘制锁紧螺母，如图 11-23 所示。

【思路分析】

首先绘制锁紧螺母的外形轮廓草图，然后旋转成为锁紧螺母主体，最后绘制螺旋线和扫描截面扫描成螺纹。绘制的流程图如图 11-24 所示。

图 11-23 锁紧螺母

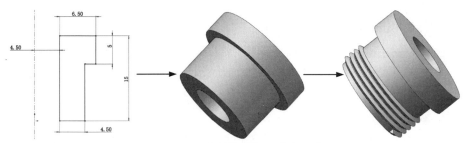

图 11-24 绘制锁紧螺母的流程图

【创建步骤】

11.5.1 创建主体

(1）新建文件。启动 SolidWorks 2020，单击"快速访问"工具栏中的"新建"按钮，在弹出的"新建 SOLIDWORKS 文件"对话框中单击"零件"按钮，然后单击"确定"按钮，创建一个新的零件文件。

（2）绘制草图。在左侧的 FeatureManager 设计树中选择"前视基准面"作为绘制图形的基准面。单击"草图"选项卡中的"中心线"按钮，绘制一条通过原点的竖直中心线；单击"草图"选项卡中的"直线"按钮，绘制草图轮廓，标注并修改尺寸，结果如图 11-25 所示。

（3）旋转实体。单击"特征"选项卡中的"旋转凸台/基体"按钮，此时系统弹出如图 11-26 所示的"旋转"属性管理器。选择步骤（2）中绘制的水平中心线为旋转轴，设置终止条件为"给定深度"，输入旋转角度为 360°，然后单击"确定"按钮，结果如图 11-27 所示。

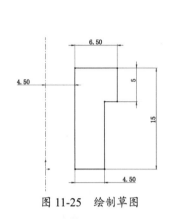

图 11-25　绘制草图　　　　图 11-26　"旋转"属性管理器　　　　图 11-27　旋转后的图形

11.5.2　创建螺纹

（1）绘制草图。在左侧的 FeatureManager 设计树中选择如图 11-27 所示的面 1 作为绘制图形的基准面。单击"草图"选项卡中的"转换实体引用"按钮，将如图 11-27 所示的面 1 的外圆柱边线转换为图素。

（2）绘制螺旋线。单击"曲线"工具栏中的"螺旋线/涡状线"按钮，此时系统弹出如图 11-28 所示的"螺旋线/涡状线"属性管理器。设置"定义方式"为"高度和螺距"，选择"恒定螺距"单选钮，输入"高度"为 5mm，"螺距"为 1.2mm，勾选"反向"复选框，输入起始角度为 0°，然后单击"确定"按钮。

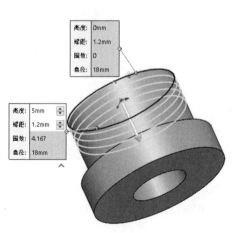

图 11-28　"螺旋线/涡状线"属性管理器

（3）绘制扫描截面。在左侧的 FeatureManager 设计树中选择"右视基准面"作为绘制图形的基准面。单击"草图"选项卡中的"直线"按钮，绘制草图轮廓，标注并修改尺寸，如图 11-29 所示。

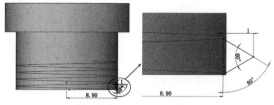

图 11-29　绘制扫描截面

（4）创建螺纹。单击"特征"选项卡中的"扫描"按钮，此时系统弹出如图 11-30 所示的"扫描"属性管理器。选择步骤（3）中绘制的草图为扫描截面，选择螺旋线为扫描引导线，然后单击"确定"按钮，结果如图 11-23 所示。

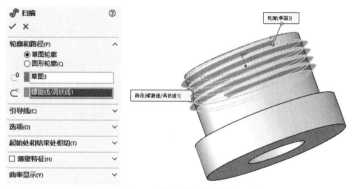

图 11-30　"扫描"属性管理器

11.6　调节螺母

本例绘制调节螺母，如图 11-31 所示。

图 11-31　调节螺母

【思路分析】

首先绘制六边形，然后拉伸成主体，再绘制草图，选取拉伸截面拉伸成孔和圆柱，最后绘制螺旋线和扫描截面创建螺纹。绘制的流程图如图 11-32 所示。

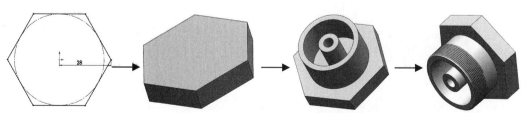

图 11-32　绘制调节螺母的流程图

【创建步骤】

11.6.1 创建主体

（1）新建文件。启动 SolidWorks 2020，单击"快速访问"工具栏中的"新建"按钮，在弹出的"新建 SOLIDWORKS 文件"对话框中单击"零件"按钮，然后单击"确定"按钮，创建一个新的零件文件。

（2）绘制草图。在左侧的 FeatureManager 设计树中选择"前视基准面"作为绘制图形的基准面。单击"草图"选项卡中的"多边形"按钮，绘制草图轮廓，标注并修改尺寸，结果如图 11-33 所示。

（3）拉伸实体。单击"特征"选项卡中的"拉伸凸台/基体"按钮，此时系统弹出如图 11-34 所示的"凸台-拉伸"属性管理器。选择步骤（2）中绘制的草图为拉伸截面，设置终止条件为"给定深度"，输入拉伸距离为 10mm，然后单击"确定"按钮，结果如图 11-35 所示。

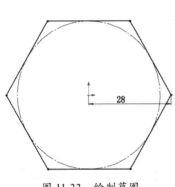

图 11-33 绘制草图

图 11-34 "凸台-拉伸"属性管理器

（4）绘制草图。在视图中选取如图 11-35 所示的面 1 作为绘制图形的基准面。单击"草图"选项卡中的"圆"按钮，绘制草图轮廓，标注并修改尺寸，结果如图 11-36 所示。

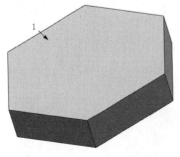

图 11-35 拉伸后的图形

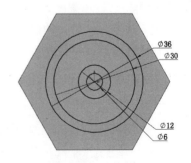

图 11-36 绘制草图

（5）拉伸实体。单击"特征"选项卡中的"拉伸凸台/基体"按钮，此时系统弹出"凸台-拉伸"属性管理器。选择如图 11-37 所示的拉伸截面，设置终止条件为"给定深度"，输入拉伸距离为 20mm，然后单击"确定"按钮，结果如图 11-38 所示。

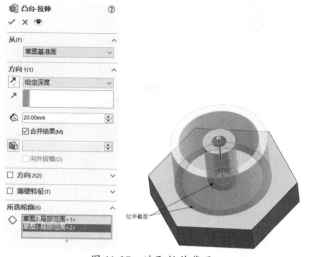

图 11-37　选取拉伸截面　　　　　　图 11-38　拉伸实体

11.6.2　创建螺纹

（1）绘制草图。在左侧的 FeatureManager 设计树中选择如图 11-38 所示的面 2 作为绘制图形的基准面。单击"草图"选项卡中的"转换实体引用"按钮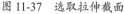，将如图 11-38 所示的面 2 的外圆柱边线转换为图素。

（2）绘制螺旋线。单击"曲线"工具栏中的"螺旋线/涡状线"按钮，此时系统弹出"螺旋线/涡状线"属性管理器。设置"定义方式"为"高度和螺距"，选择"恒定螺距"单选钮，输入"高度"为 10mm，"螺距"为 1mm，勾选"反向"复选框，输入"起始角度"为 0°，如图 11-39 所示，然后单击"确定"按钮。

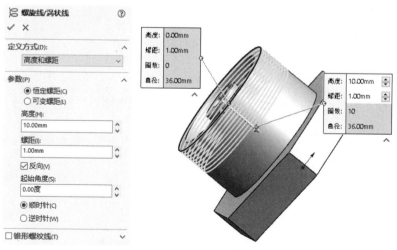

图 11-39　"螺旋线/涡状线"属性管理器

（3）绘制扫描截面。在左侧的 FeatureManager 设计树中选择"上视基准面"作为绘制图形的基准面。单击"草图"选项卡中的"直线"按钮，绘制草图轮廓，标注并修改尺寸，如图 11-40 所示。

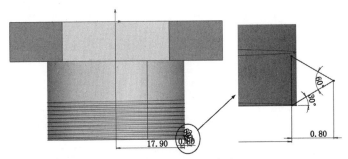

图 11-40 绘制扫描截面

（4）创建螺纹。单击"特征"选项卡中的"扫描"按钮 ，此时系统弹出如图 11-41 所示的"扫描"属性管理器。选择步骤（3）中绘制的草图为扫描截面，选择螺旋线为扫描引导线，然后单击"确定"按钮 ，结果如图 11-31 所示。

图 11-41 "扫描"属性管理器

11.7 弹簧

本例绘制弹簧，如图 11-42 所示。

【思路分析】

首先绘制螺旋线和扫描截面，然后扫描成弹簧，再绘制草图，切除多余部分。绘制流程如图 11-43 所示。

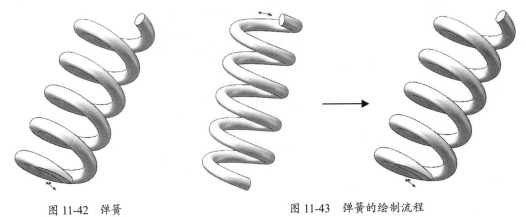

图 11-42 弹簧　　　　　图 11-43 弹簧的绘制流程

【创建步骤】

（1）新建文件。启动 SolidWorks 2020，单击"快速访问"工具栏中的"新建"按钮，在弹出的"新建 SOLIDWORKS 文件"对话框中单击"零件"按钮，然后单击"确定"按钮，创建一个新的零件文件。

（2）绘制草图。在左侧的 FeatureManager 设计树中选择"前视基准面"作为绘制图形的基准面。单击"草图"选项卡中的"圆"按钮，绘制直径为 18mm 的圆。

（3）绘制螺旋线。单击"曲线"工具栏中的"螺旋线/涡状线"按钮，此时系统弹出如图 11-44 所示的"螺旋线/涡状线"属性管理器。设置"定义方式"为"高度和螺距"，选择"恒定螺距"单选钮，输入"高度"为 50mm，"螺距"为 10mm，"起始角度"为 0°，然后单击"确定"按钮。

（4）绘制扫描截面。在左侧的 FeatureManager 设计树中选择"上视基准面"作为绘制图形的基准面。单击"草图"选项卡中的"圆"按钮，绘制直径为 3.6mm 的圆。

（5）扫描弹簧。单击"特征"选项卡中的"扫描"按钮，此时系统弹出如图 11-45 所示的"扫描"属性管理器。选择步骤（4）中绘制的草图为扫描截面，选择螺旋线为扫描引导线，然后单击"确定"按钮，结果如图 11-46 所示。

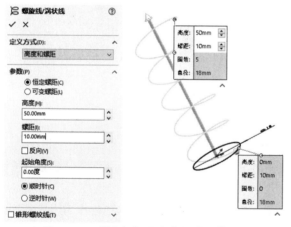

图 11-44　"螺旋线/涡状线"属性管理器

图 11-45　"扫描"属性管理器

（6）绘制草图。在左侧的 FeatureManager 设计树中选择"上视基准面"作为绘制图形的基准面。单击"草图"选项卡中的"矩形"按钮，绘制截面草图，标注并修改尺寸，结果如图 11-47 所示。

（7）拉伸切除实体。单击"特征"选项卡中的"拉伸切除"按钮，此时系统弹出"切除-拉伸"属性管理器，选择步骤（6）中绘制的草图为拉伸截面，设置终止条件为"两侧对称"，输入拉伸切除距离为 30mm，然后单击"确定"按钮，结果如图 11-42 所示。

图 11-46　弹簧　　图 11-47　绘制切除截面

11.8 手柄

本例绘制手柄，如图 11-48 所示。

【思路分析】

首先绘制手柄的外形轮廓草图，然后拉伸成为手柄主体轮廓，再绘制其他草图，通过拉伸创建实体，最后对四个边进行圆角处理。绘制的流程图如图 11-49 所示。

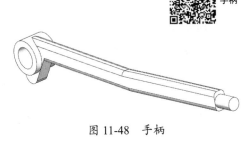

图 11-48 手柄

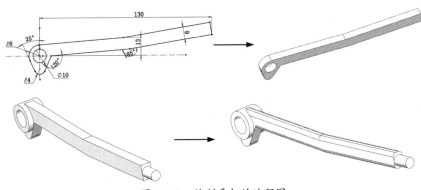

图 11-49 绘制手柄的流程图

【创建步骤】

11.8.1 创建手柄基体

（1）新建文件。启动 SolidWorks 2020，单击"快速访问"工具栏中的"新建"按钮，在弹出的"新建 SOLIDWORKS 文件"对话框中单击"零件"按钮，然后单击"确定"按钮，创建一个新的零件文件。

（2）绘制草图。在左侧的 FeatureManager 设计树中选择"前视基准面"作为绘制图形的基准面。单击"草图"选项卡中的"圆"按钮、"直线"按钮、"绘制圆角"按钮和"裁剪"按钮，绘制草图轮廓，标注并修改尺寸，结果如图 11-50 所示。

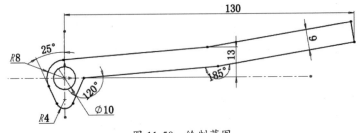

图 11-50 绘制草图

（3）拉伸实体。单击"特征"选项卡中的"拉伸凸台/基体"按钮，此时系统弹出如图 11-51 所示的"凸台-拉伸"属性管理器。选择步骤（2）中绘制的草图为拉伸截面，设置终止条件为"两侧对称"，输入拉伸距离为 6mm，然后单击"确定"按钮，结果如图 11-52 所示。

图 11-51 "凸台-拉伸"属性管理器

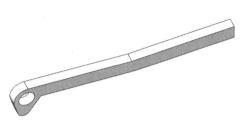

图 11-52 拉伸后的图形

11.8.2 创建凸台

(1)绘制草图。在左侧的 FeatureManager 设计树中选择"前视基准面"作为绘制图形的基准面。单击"草图"选项卡中的"圆"按钮 ⊙，绘制草图轮廓，标注并修改尺寸，结果如图 11-53 所示。

(2)拉伸实体。单击"特征"选项卡中的"拉伸凸台/基体"按钮 ⬚，此时系统弹出如图 11-54 所示的"凸台-拉伸"属性管理器。选择步骤(1)中绘制的草图为拉伸截面，设置终止条件为"两侧对称"，输入拉伸距离为 12mm，然后单击"确定"按钮 ✓，结果如图 11-55 所示。

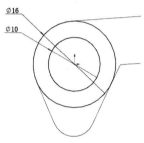

图 11-53 绘制草图

图 11-54 "凸台-拉伸"属性管理器

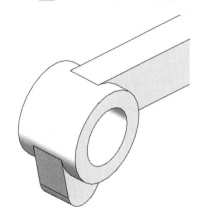

图 11-55 拉伸后的图形

(3)绘制草图。在左侧的 FeatureManager 设计树中选择如图 11-56 所示的面 1 作为绘制图形的基准面。单击"草图"选项卡中的"圆"按钮 ⊙，绘制草图轮廓，标注并修改尺寸，结果如图 11-57 所示。

(4)拉伸实体。单击"特征"选项卡中的"拉伸凸台/基体"按钮 ⬚，此时系统弹出"凸台-拉伸"属性管理器。选择步骤(3)中绘制的草图为拉伸截面，设置终止条件为"给定深度"，输入拉伸距离为 10mm，然后单击"确定"按钮 ✓，结果如图 11-58 所示。

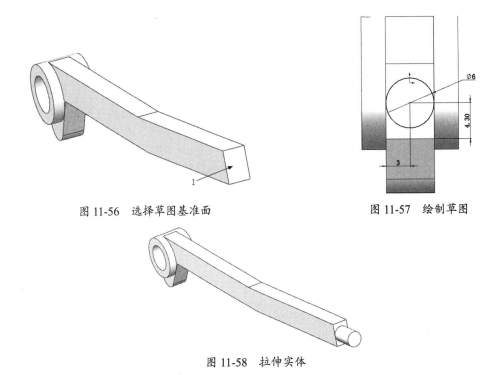

图 11-56 选择草图基准面　　　　图 11-57 绘制草图

图 11-58 拉伸实体

11.8.3 倒圆角

单击"特征"选项卡中的"圆角"按钮，此时系统弹出如图 11-59 所示的"圆角"属性管理器。选择如图 11-59 所示的边为圆角边，输入圆角半径为 2mm，然后单击"确定"按钮，结果如图 11-48 所示。

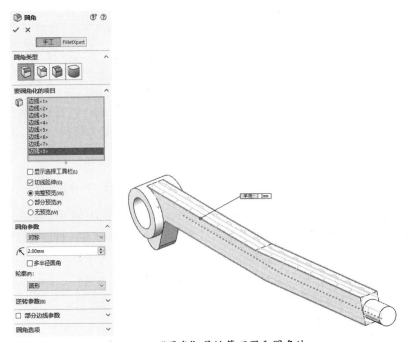

图 11-59 "圆角"属性管理器和圆角边

11.9 阀体

本例绘制阀体，如图 11-60 所示。

【思路分析】

首先通过拉伸创建阀体的基体，上入口和下出口的基体也通过拉伸创建，内腔通过旋转切除产生，上入口和下出口的孔通过拉伸切除创建，通过拉伸创建上端的台阶、支架、连接配合面和连接孔，最后倒圆角和倒角，并利用扫描切除得到需要的螺纹，完成模型的创建。绘制的流程图如图 11-61 所示。

图 11-60 阀体

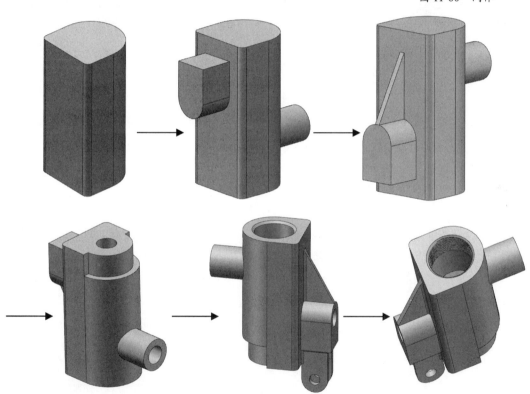

图 11-61 绘制阀体的流程图

【创建步骤】

11.9.1 创建阀体主体及筋板

（1）新建文件。启动 SolidWorks 2020，单击"快速访问"工具栏中的"新建"按钮 ，在弹出的"新建 SOLIDWORKS 文件"对话框中单击"零件"按钮 ，然后单击"确定"按钮，创建一个新的零件文件。

（2）绘制草图。在左侧的 FeatureManager 设计树中选择"前视基准面"作为绘制图形的基准面。单击"草图"选项卡中的"矩形"按钮▢、"圆心/起/终点圆弧"按钮、"绘制圆角"按钮,绘制草图轮廓,标注并修改尺寸,结果如图 11-62 所示。

(3)拉伸实体。单击"特征"选项卡中的"拉伸凸台/基体"按钮,此时系统弹出如图 11-63 所示的"凸台-拉伸"属性管理器。选择步骤(2)中绘制的草图为拉伸截面,设置终止条件为"给定深度",输入拉伸距离为 120mm,然后单击"确定"按钮✓,结果如图 11-64 所示。

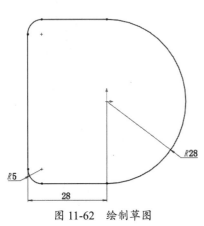
图 11-62 绘制草图

图 11-63 "凸台-拉伸"属性管理器

图 11-64 拉伸后的图形

(4)绘制草图。在左侧的 FeatureManager 设计树中选择"右视基准面"作为绘制图形的基准面。单击"草图"选项卡中的"圆"按钮,绘制草图轮廓,标注并修改尺寸,结果如图 11-65 所示。

(5)拉伸实体。单击"特征"选项卡中的"拉伸凸台/基体"按钮,此时系统弹出如图 11-66 所示的"凸台-拉伸"属性管理器。选择步骤(4)中绘制的草图为拉伸截面,设置终止条件为"给定深度",输入拉伸距离为 56mm,然后单击"确定"按钮✓,结果如图 11-66 所示。

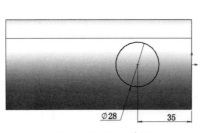
图 11-65 绘制草图

图 11-66 拉伸后的图形

(6)绘制草图。在左侧的 FeatureManager 设计树中选择"右视基准面"作为绘制图形的基准面。单击"草图"选项卡中的"矩形"按钮▢和"圆心/起/终点圆弧"按钮,绘制草图轮廓，标注并修改尺寸，结果如图 11-67 所示。

（7）拉伸实体。单击"特征"选项卡中的"拉伸凸台/基体"按钮，此时系统弹出"凸台-拉伸"属性管理器。选择步骤（6）中绘制的草图为拉伸截面，设置终止条件为"给定深度"，输入拉伸距离为 56mm，然后单击"确定"按钮，结果如图 11-68 所示。

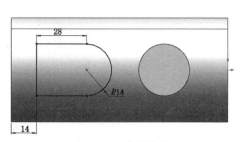

图 11-67 绘制草图

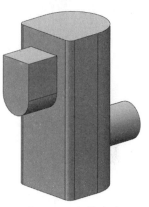

图 11-68 拉伸实体

（8）绘制草图。在左侧的 FeatureManager 设计树中选择"上视基准面"作为绘制图形的基准面。单击"草图"选项卡中的"直线"按钮，绘制草图轮廓，标注并修改尺寸，结果如图 11-69 所示。

（9）创建筋。单击"特征"选项卡中的"筋"按钮，此时系统弹出如图 11-70 所示的"筋"属性管理器。选择步骤（8）中绘制的草图为拉伸截面，设置"厚度"为"两侧"，输入筋厚度为 4mm，然后单击"确定"按钮，结果如图 11-71 所示。

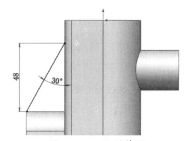

图 11-69 绘制草图

图 11-70 "筋"属性管理器

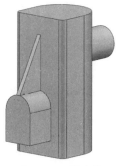

图 11-71 创建筋

11.9.2 创建阀体内腔及上下入口

（1）绘制草图。在左侧的 FeatureManager 设计树中选择"上视基准面"作为绘制图形的基准面。单击"草图"选项卡中的"中心线"按钮和"直线"按钮，绘制草图轮廓，标注并修改尺寸，结果如图 11-72 所示。

（2）旋转切除孔。单击"特征"选项卡中的"旋转切除"按钮，此时系统弹出如图 11-73 所示的"切除-旋转"属性管理器。选择步骤（1）中绘制的草图为旋转截面，中心线为旋转轴，输入旋转角度为 360°，然后单击"确定"按钮，结果如图 11-74 所示。

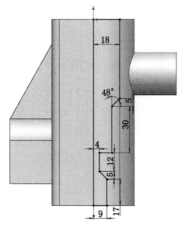

图 11-72　绘制草图　　　图 11-73　"切除-旋转"属性管理器　　　图 11-74　创建内孔

（3）绘制草图。在视图中选择如图 11-74 所示的面 1 作为绘制图形的基准面。单击"草图"选项卡中的"圆"按钮，在面 1 圆心处绘制直径为 16mm 的圆。

（4）拉伸切除实体。单击"特征"选项卡中的"拉伸切除"按钮，此时系统弹出如图 11-75 所示的"切除-拉伸"属性管理器。选择步骤（3）中绘制的草图为拉伸截面，设置终止条件为"成形到下一面"，然后单击"确定"按钮，结果如图 11-76 所示。

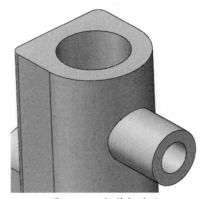

图 11-75　"切除-拉伸"属性管理器　　　图 11-76　拉伸切除孔

（5）绘制草图。在视图中选择如图 11-77 所示的面 2 作为绘制图形的基准面。单击"草图"选项卡中的"圆"按钮，在面 2 圆心处绘制直径为 16mm 的圆。

（6）拉伸切除实体。单击"特征"选项卡中的"拉伸切除"按钮，此时系统弹出"切除-拉伸"属性管理器。选择步骤（5）中绘制的草图为拉伸截面，设置终止条件为"成形到下一面"，然后单击"确定"按钮，结果如图 11-78 所示。

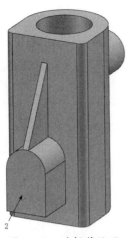

图 11-77 选择草绘面

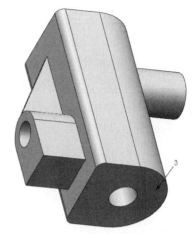

图 11-78 拉伸切除

（7）绘制草图。选择如图 11-78 所示的面 3 作为绘制图形的基准面。单击"草图"选项卡中的"圆"按钮 ⊙、"直线"按钮 ╱ 和"剪裁"按钮 ⚒，绘制草图轮廓，标注并修改尺寸，结果如图 11-79 所示。

（8）拉伸切除实体。单击"特征"选项卡中的"拉伸切除"按钮 ⊡，此时系统弹出如图 11-80 所示的"切除-拉伸"属性管理器。选择步骤（7）中绘制的草图为拉伸截面，设置终止条件为"给定深度"，输入距离为 20mm，然后单击"确定"按钮 ✓，结果如图 11-81 所示。

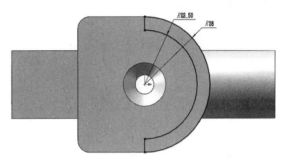

图 11-79 绘制草图

图 11-80 "切除-拉伸"属性管理器

图 11-81 切除实体

11.9.3 创建阀体台阶及支架

（1）绘制草图。选择如图 11-81 所示的面 4 作为绘制图形的基准面。单击"草图"选项卡中的"直线"按钮 ╱，绘制草图轮廓，标注并修改尺寸，结果如图 11-82 所示。

（2）拉伸实体。单击"特征"选项卡中的"拉伸凸台/基体"按钮，此时系统弹出如图 11-83 所示的"凸台-拉伸"属性管理器。选择步骤（2）中绘制的草图为拉伸截面，设置终止条件为"给定深度"，输入拉伸距离为 40mm，然后单击"确定"按钮，结果如图 11-84 所示。

（3）绘制草图。选择如图 11-84 所示的面 5 作为绘制图形的基准面。单击"草图"选项卡中的"直线"按钮，绘制草图轮廓，标注并修改尺寸，结果如图 11-85 所示。

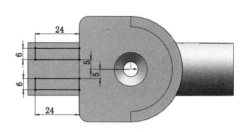

图 11-82　绘制草图

图 11-83　"凸台-拉伸"属性管理器

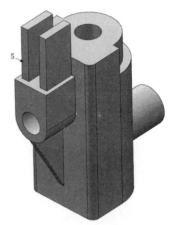

图 11-84　拉伸实体

（4）拉伸切除实体。单击"特征"选项卡中的"拉伸切除"按钮，此时系统弹出"切除-拉伸"属性管理器。选择步骤（4）中绘制的草图为拉伸截面，设置终止条件为"完全贯穿"，然后单击"确定"按钮，结果如图 11-86 所示。

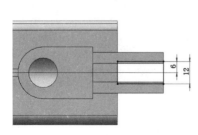

图 11-85　绘制草图

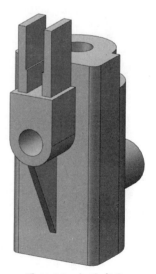

图 11-86　切除实体

（5）绘制草图。在左侧的 FeatureManager 设计树中选择"上视基准面"作为绘制图形的基准面。单击"草图"选项卡中的"圆"按钮⊙，绘制草图轮廓，标注并修改尺寸，结果如图 11-87 所示。

（6）拉伸切除实体。单击"特征"选项卡中的"拉伸切除"按钮，此时系统弹出"切除-拉伸"属性管理器。选择步骤（5）中绘制的草图为拉伸截面，设置"方向 1"和"方向 2"终止条件为"完全贯穿"，然后单击"确定"按钮✓，结果如图 11-88 所示。

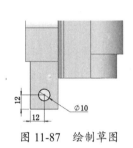

图 11-87　绘制草图

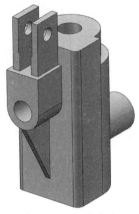

图 11-88　切除实体

11.9.4　倒圆角及倒角

（1）倒圆角。单击"特征"选项卡中的"圆角"按钮，此时系统弹出如图 11-89 所示的"圆角"属性管理器。选择如图 11-89 所示的边为圆角边，输入圆角半径为 12mm，然后单击"确定"按钮✓，结果如图 11-90 所示。

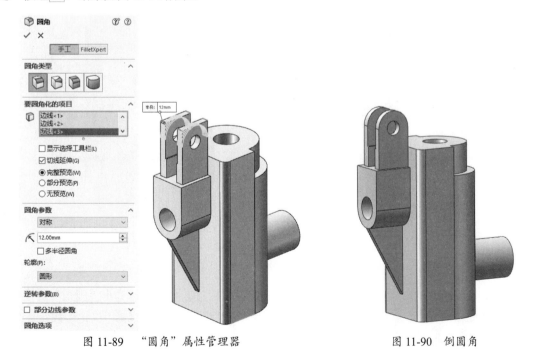

图 11-89　"圆角"属性管理器　　　　　图 11-90　倒圆角

（2）倒角。单击"特征"选项卡中的"倒角"按钮，此时系统弹出"倒角"属性管理器。

选择如图 11-91 所示的边为倒角边，输入倒角距离为 1mm，然后单击"确定"按钮✓。

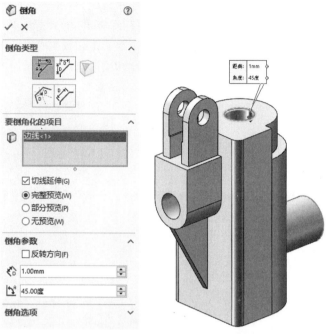

图 11-91 "倒角"属性管理器

重复"倒角"命令，选择如图 11-92 所示的边为倒角边，输入倒角距离为 2mm，然后单击"确定"按钮✓，结果如图 11-93 所示。

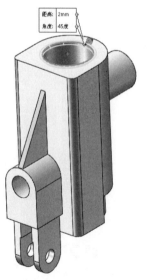
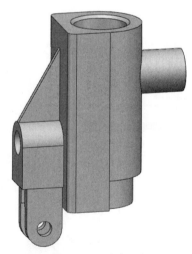

图 11-92 选择倒角边　　　　　　图 11-93 创建倒角

（3）倒圆角。单击"特征"选项卡中的"圆角"按钮⬤，此时系统弹出"圆角"属性管理器。选择如图 11-94 所示的边为圆角边，输入圆角半径为 2mm，然后单击"确定"按钮✓，结果如图 11-95 所示。

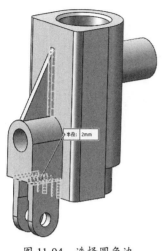
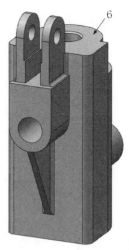

图 11-94　选择圆角边　　　　　　　　图 11-95　创建圆角

11.9.5　创建螺纹

（1）绘制草图。在视图中选择如图 11-95 所示的面 6 作为绘制图形的基准面。单击"草图"选项卡中的"转换实体引用"按钮，将内孔边线转换为图素。

（2）绘制螺旋线。单击"曲线"工具栏中的"螺旋线/涡状线"按钮，此时系统弹出如图 11-96 所示的"螺旋线/涡状线"属性管理器。设置"定义方式"为"高度和螺距"，选择"恒定螺距"单选钮，输入"高度"为 10mm，"螺距"为 1.2mm，勾选"反向"复选框，输入"起始角度"为 0°，然后单击"确定"按钮。

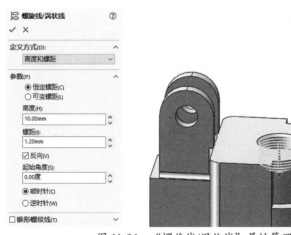

图 11-96　"螺旋线/涡状线"属性管理器

（3）绘制扫描截面。在左侧的 FeatureManager 设计树中选择"上视基准面"作为绘制图形的基准面。单击"草图"选项卡中的"直线"按钮，绘制草图轮廓，标注并修改尺寸，如图 11-97 所示。

（4）创建螺纹。单击"特征"选项卡中的"扫描切除"按钮，此时系统弹出如图 11-98 所示的"切除-扫描"属性管理器。选择步骤（3）中绘制的草图为扫描截面，选择螺旋线为扫描引导线，然后单击"确定"按钮，结果如图 11-99 所示。

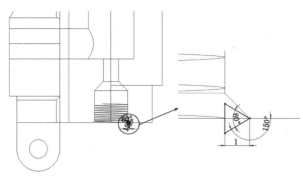

图 11-97 绘制扫描截面

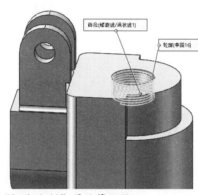
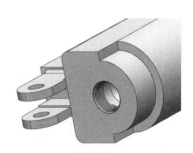

图 11-98 "切除-扫描"属性管理器　　　　图 11-99 创建内螺纹

（5）绘制草图。在视图中选择如图 11-100 所示的面 7 作为绘制图形的基准面。单击"草图"选项卡中的"转换实体引用"按钮，将内孔边线转换为图素。

（6）绘制螺旋线。单击"曲线"工具栏中的"螺旋线/涡状线"按钮，此时系统弹出"螺旋线/涡状线"属性管理器。设置"定义方式"为"高度和螺距"，选择"恒定螺距"单选钮，输入"高度"为 20mm，"螺距"为 1mm，勾选"反向"复选框，输入"起始角度"为 0°，然后单击"确定"按钮。结果如图 11-101 所示。

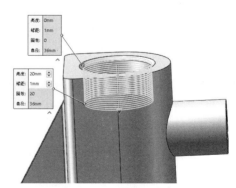

图 11-100 选择绘图平面　　　　图 11-101 绘制螺旋线

（7）绘制扫描截面。在左侧的 FeatureManager 设计树中选择"上视基准面"作为绘制图形的基准面。单击"草图"选项卡中的"直线"按钮，绘制草图轮廓，标注并修改尺寸，如图 11-102 所示。

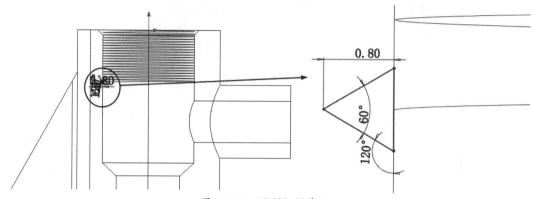

图 11-102　绘制扫描截面

（8）创建螺纹。单击"特征"选项卡中的"扫描切除"按钮，此时系统弹出"切除-扫描"属性管理器。选择步骤（7）中绘制的草图为扫描截面，选择螺旋线为扫描引导线，然后单击"确定"按钮，最终结果如图 11-60 所示。

11.10　手压阀装配体

本例创建手压阀装配体，如图 11-103 所示。

【思路分析】

首先创建一个装配体文件，然后依次插入手压阀的零部件，最后添加零件之间的配合关系。绘制的流程图如图 11-104 所示。

【创建步骤】

图 11-103　手压阀装配体

1. 阀体-阀杆配合

（1）新建文件。单击"快速访问"工具栏中的"新建"按钮，在弹出的"新建 SOLIDWORKS 文件"对话框中，先单击"装配体"按钮，再单击"确定"按钮，创建一个新的装配体文件。系统弹出"开始装配体"属性管理器，如图 11-105 所示。

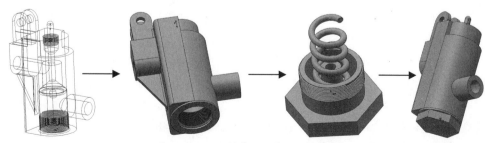

图 11-104　绘制手压阀装配体流程图

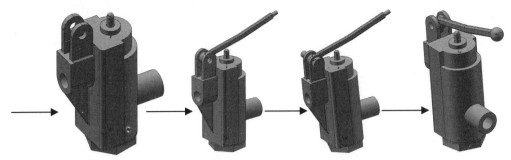

图 11-104　手压阀装配体流程图（续）

（2）定位阀体。单击"开始装配体"属性管理器中的"浏览"按钮，系统弹出"打开"对话框，选择前面创建的阀体零件，这时对话框的浏览区中将显示零件的预览结果，如图 11-106 所示。在"打开"对话框中单击"打开"按钮，系统进入装配界面，光标变为 形状，选择菜单栏中的"视图"→"原点"命令，显示坐标原点，将光标移动至原点位置，光标变为 形状，如图 11-107 所示，在目标位置单击将阀体放入装配界面中。

图 11-105　"开始装配体"
属性管理器

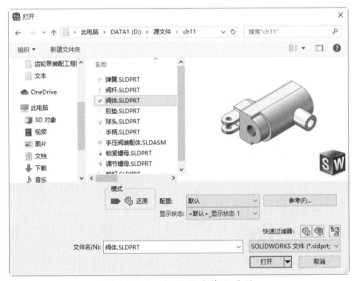

图 11-106　打开所选装配零件

（3）插入阀杆。单击"装配体"选项卡中的"插入零部件"按钮 ，在弹出的"打开"对话框中选择阀杆，将其插入到装配界面中，如图 11-108 所示。

（4）添加装配关系。单击"装配体"选项卡中的"配合"按钮 ，系统弹出"配合"属性管理器，如图 11-109 所示。选择图 11-108 中的面 1 和面 3 为配合面，在"配合"属性管理器中单击"同轴心"按钮 ，添加"同心"关系，单击"确定"按钮 。选择面 2 和面 4 为配合面；在"配合"属性管理器中单击"距离"按钮 ，输入距离为 48mm，添加"距离"关系，单击"确定"按钮 ，结果如图 11-110 所示。

图 11-107　定位阀体

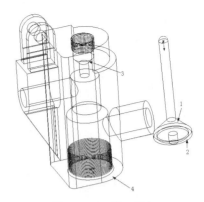

图 11-108　插入阀杆

图 11-109　"配合"属性管理器

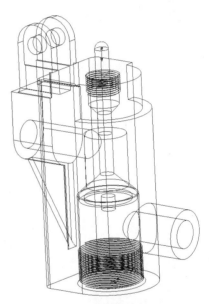

图 11-110　配合后的图形

2．阀体-胶垫配合

（1）插入胶垫。单击"装配体"选项卡中的"插入零部件"按钮，在弹出的"打开"对话框中选择胶垫，将其插入到装配界面中适当位置，如图 11-111 所示。

（2）添加装配关系。单击"装配体"选项卡中的"配合"按钮，选择图 11-111 中的面 2 和面 4，在"配合"属性管理器中单击"同轴心"按钮，添加"同轴心"关系；选择图 11-111 中的面 1 和面 3，在"配合"属性管理器中单击"重合"按钮，添加"重合"关系；单击"确定"按钮，完成阀体和胶垫的装配，如图 11-112 所示。

3．调节螺母-弹簧配合

（1）插入调节螺母。单击"装配体"选项卡中的"插入零部件"按钮，在弹出的"打开"对话框中选择调节螺母，将其插入到装配界面中适当位置。

（2）插入弹簧。单击"装配体"选项卡中的"插入零部件"按钮，在弹出的"打开"对话框中选择弹簧，将其插入到装配界面中适当位置，如图 11-113 所示。

（3）添加装配关系。单击"装配体"选项卡中的"配合"按钮 ⊗，选择图 11-113 中的面 1 和面 2，在"配合"属性管理器中单击"重合"按钮 ⼈，添加"重合"关系；选择调节螺母的上视基准面和弹簧的右视基准面，在"配合"属性管理器中单击"重合"按钮 ⼈，添加"重合"关系；选择调节螺母的右视基准面和弹簧的上视基准面，在"配合"属性管理器中单击"重合"按钮 ⼈，添加"重合"关系；单击"确定"按钮 ✓，完成调节螺母和弹簧的装配，如图 11-114 所示。

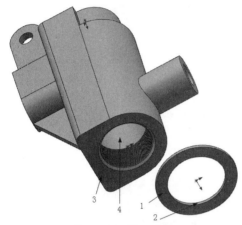

图 11-111 插入胶垫

图 11-112 装配胶垫

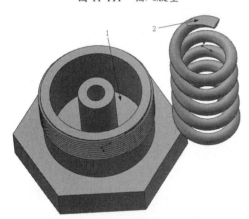

图 11-113 插入调节螺母和弹簧

图 11-114 调节螺母和弹簧装配

4. 胶垫和调节螺母的配合

添加装配关系。单击"装配体"选项卡中的"配合"按钮 ⊗，选择图 11-115 中的面 2 和面 4，在"配合"属性管理器中单击"同轴心"按钮 ◎，添加"同轴心"关系；选择图 11-115 中的面 1 和面 3，在"配合"属性管理器中单击"重合"按钮 ⼈，添加"重合"关系，选择阀体的上视基准面和调节螺母的上视基准面，在"配合"属性管理器中单击"角度"按钮 ⌂，输入角度为 78°，添加"角度"关系，单击"确定"按钮 ✓，结果如图 11-116 所示。

5. 装配锁紧螺母

（1）插入锁紧螺母。单击"装配体"选项卡中的"插入零部件"按钮，在弹出的"打开"对话框中选择锁紧螺母，将其插入到装配界面中，如图 11-117 所示。

图 11-115 选择装配面

图 11-116 胶垫和调节螺母的配合

（2）添加装配关系。单击"装配体"选项卡中的"配合"按钮◎，选择图 11-117 中的面 2 和面 4，在"配合"属性管理器中单击"同轴心"按钮◎，添加"同轴心"关系；选择图 11-117 中的面 1 和面 3，在"配合"属性管理器中单击"重合"按钮✕，添加"重合"关系；选择锁紧螺母的右视基准面和阀体的右视基准面，在"配合"属性管理器中设置"角度"为 41°，勾选"反转尺寸"复选框，添加"角度"关系；单击"确定"按钮✓，结果如图 11-118 所示。

图 11-117 插入锁紧螺母

图 11-118 配合后的图形

6．装配手柄

（1）插入手柄。单击"装配体"选项卡中的"插入零部件"按钮，在弹出的"打开"对话框中选择手柄，将其插入到装配界面中，如图 11-119 所示。

（2）添加装配关系。单击"装配体"选项卡中的"配合"按钮◎，选择图 11-119 中的面 1 和面 3，添加"重合"关系；选择图 11-119 中的面 2 和面 4，添加"同轴心"关系；单击"确定"按钮✓，结果如图 11-120 所示。

7．装配销钉

（1）插入销钉。单击"装配体"选项卡中的"插入零部件"按钮，在弹出的"打开"对话框中选择销钉，将其插入到装配界面中，如图 11-121 所示。

图 11-119 插入手柄到装配体　　　　图 11-120 配合后的图形

（2）添加装配关系。单击"装配体"选项卡中的"配合"按钮，选择图 11-121 中面 2 和面 3，添加"同轴心"关系；添加图 11-121 中的面 1 和面 4，添加"重合"关系；单击"确定"按钮，结果如图 11-122 所示。

图 11-121 插入销钉到装配体　　　　图 11-122 配合关系后的图形

8．装配球头

（1）插入球头。单击"装配体"选项卡中的"插入零部件"按钮，在弹出的"打开"对话框中选择球头，将其插入到装配界面中，如图 11-123 所示。

（2）添加装配关系。单击"装配体"选项卡中的"配合"按钮，选择图 11-123 中面 2 和面 4，添加"同轴心"关系；选择图 11-123 中的手柄的前视基准面和球头的前视基准面，添加"平行"关系；添加图 11-123 中的面 1 和面 3，添加"重合"关系；单击"确定"按钮，最终结果如图 11-103 所示。

（3）检查干涉。选择菜单栏中的"工具"→"评估"→"干涉检查"命令，弹出"干涉检查"属性管理器，在视图中选择装配体，单击"计算"按钮，显示结果为"无干涉"，如图 11-124 所示。若显示"干涉"，则调整零件中之间的位置关系然后再检查，直到没有干涉，单击"确定"按钮。

第 11 章 手压阀设计综合实例

图 11-123 插入球头到装配体

图 11-124 "干涉检查"属性管理器

11.11 阀体工程图

阀体工程图

本例创建阀体工程图，如图 11-125 所示。

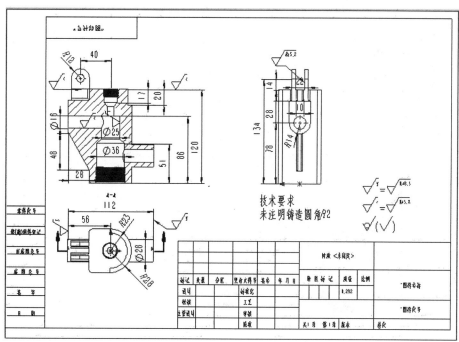

图 11-125 阀体工程图

【思路分析】

本例将阀体零件图转化为工程图。首先创建俯视图，然后根据俯视图创建剖视图，最后创建左视图。阀体的创建过程如图 11-126 所示。

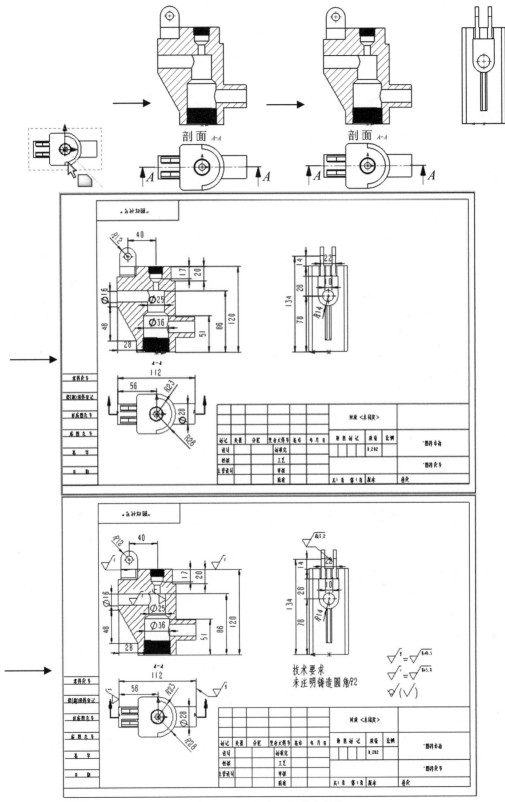

图 11-126　阀体工程图流程图

【创建步骤】

11.11.1　创建视图

（1）打开文件。启动 SolidWorks 2020，选择菜单栏中"文件"→"打开"命令，在弹出的"打开"对话框中选择将要转化为工程图的零件文件。

（2）进行图纸设置。单击"快速访问"工具栏中的"从零件/装配图制作工程图"按钮，弹出"新建 SOLIDWORKS 文件"对话框，如图 11-127 所示。单击"高级"按钮，弹出"模板"选项卡，设置图纸尺寸，如图 11-128 所示，单击"确定"按钮，完成图纸设置。

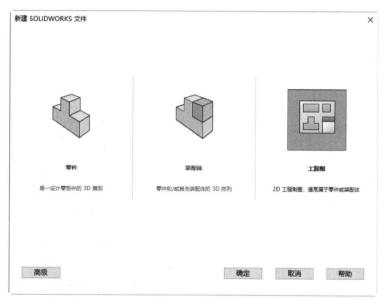

图 11-127　"新建 SOLIDWORKS 文件"对话框

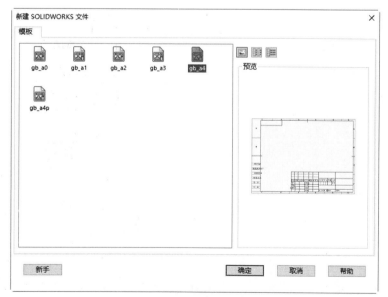

图 11-128　"模板"选项卡

(3) 创建前视图。在工程图文件绘图区右侧显示"视图调色板"属性管理器，如图 11-129 所示，选择前视图，并在图纸中合适的位置放置前视图，如图 11-130 所示。

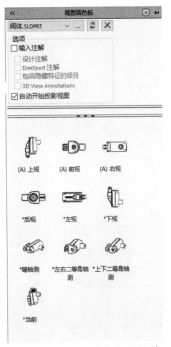

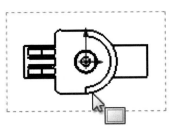

图 11-129　"视图调色板"属性管理器　　　　图 11-130　创建前视图

(4) 剖面视图。单击"工程图"选项卡中的"剖面视图"按钮 ，系统弹出"剖面视图辅助"属性管理器，如图 11-131 所示，选择"水平"剖切线 ，将水平剖切线放置在前视图圆心处，弹出"剖面视图"对话框，单击"确定"按钮，系统弹出"剖面视图"属性管理器，采用默认设置，将剖视图放置在前视图的上方，单击"确定"按钮 ，生成剖面视图如图 11-132 所示。

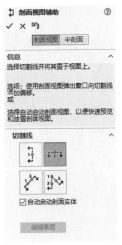

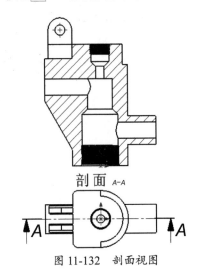

图 11-131　"剖面视图辅助"属性管理器　　　　图 11-132　剖面视图

(5) 投影视图。单击"工程图"选项卡中的"投影视图"按钮 ，在剖面图上单击，向右拖动鼠标，生成投影视图如图 11-133 所示。

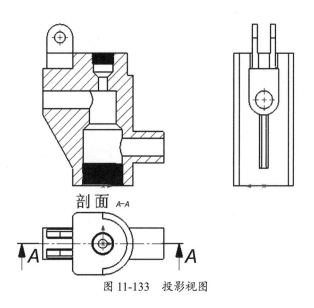

图 11-133 投影视图

11.11.2 添加标注

（1）标注长度尺寸。单击"草图"选项卡中的"智能尺寸"按钮，标注视图中的尺寸，如图 11-134 所示。

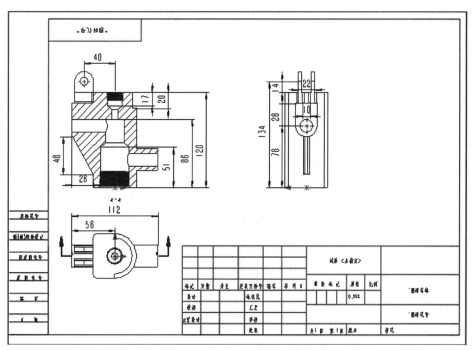

图 11-134 标注长度尺寸

（2）标注直径、半径尺寸。在"公差单位等级"框内选择单位为"无"，标注半径和直径如图 11-135 所示。

（3）标注表面粗糙度。单击"注解"选项卡中的"表面粗糙度"按钮，弹出"表面粗糙度"属性管理器，各选项设置如图 11-136 所示；设置完成后，移动光标到需要标注表面粗糙度的位置单击,再单击"确定"按钮√,完成表面粗糙度的标注,表面粗糙度标注效果如图11-137所示。

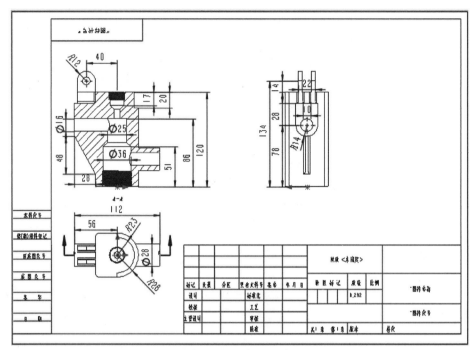

图11-135　标注尺寸

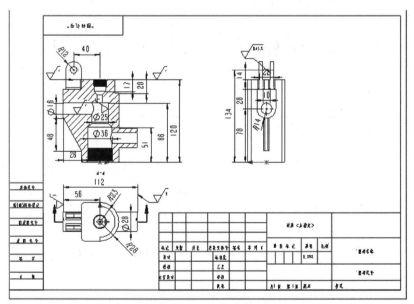

图11-136　"表面粗糙度"属性管理器

图11-137　表面粗糙度标注效果

11.11.3 添加注释

单击"注解"选项卡中的"注释"按钮 A，为工程图添加注释——技术要求，如图 11-125 所示，完成工程图的创建。

11.12 手压阀装配工程图

手压阀装配工程图

本例绘制手压阀装配工程图，如图 11-138 所示。

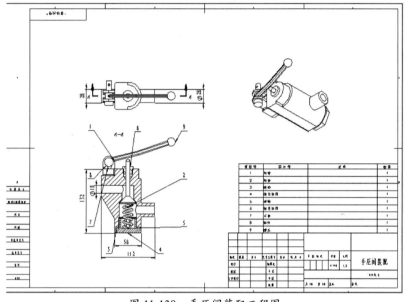

图 11-138 手压阀装配工程图

【思路分析】

本例将通过前面所学的知识，利用图 11-139 所示手压阀装配图讲述利用 SolidWorks 的工程图功能创建工程图、使用工程图的一般方法和技巧。

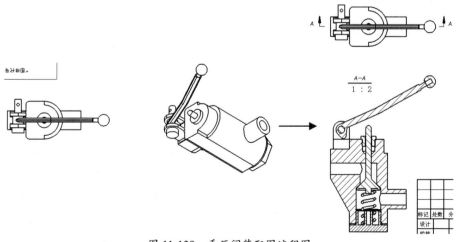

图 11-139 手压阀装配图流程图

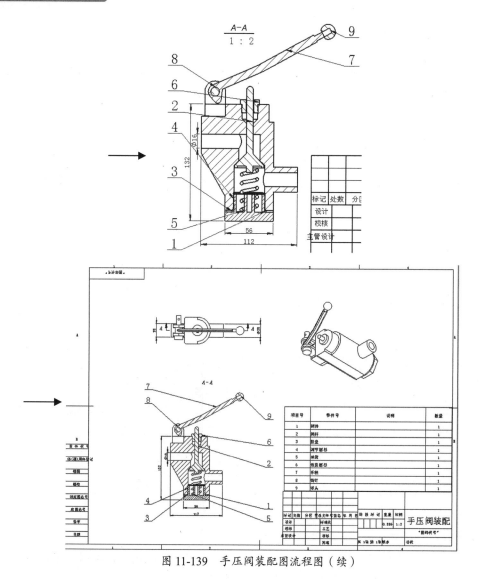

图 11-139 手压阀装配图流程图（续）

【创建步骤】

11.12.1 创建视图

（1）新建工程图。单击"快速访问"工具栏中的"新建"按钮，在弹出的"新建 SOLIDWORKS 文件"对话框中，先单击"工程图"按钮，再单击"确定"按钮，创建一个新的工程图。

（2）新建图纸。在左侧的设计树上右击图纸，选择"属性"命令，弹出"图纸属性"对话框，如图 11-140 所示，选择"标准图纸大小"选项中的"A3（GB）"，如图 11-141 所示，单击"确定"按钮，完成图纸的设置。

（3）新建前视图。单击"工程图"选项卡中的"模型视图"按钮，弹出"模型视图"属性管理器，单击"浏览"按钮，弹出"打开"对话框，选择手压阀装配体，单击"打开"按钮，如图 11-142 所示，在绘图区显示视图布局，放置前视图，如图 11-143 所示。

第 11 章 手压阀设计综合实例

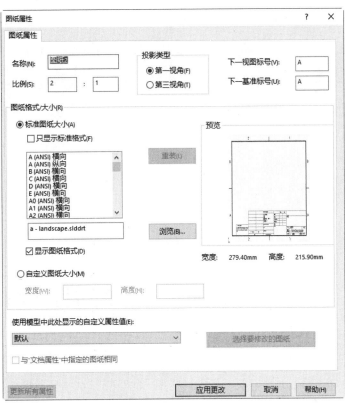

图 11-140 "图纸属性"对话框

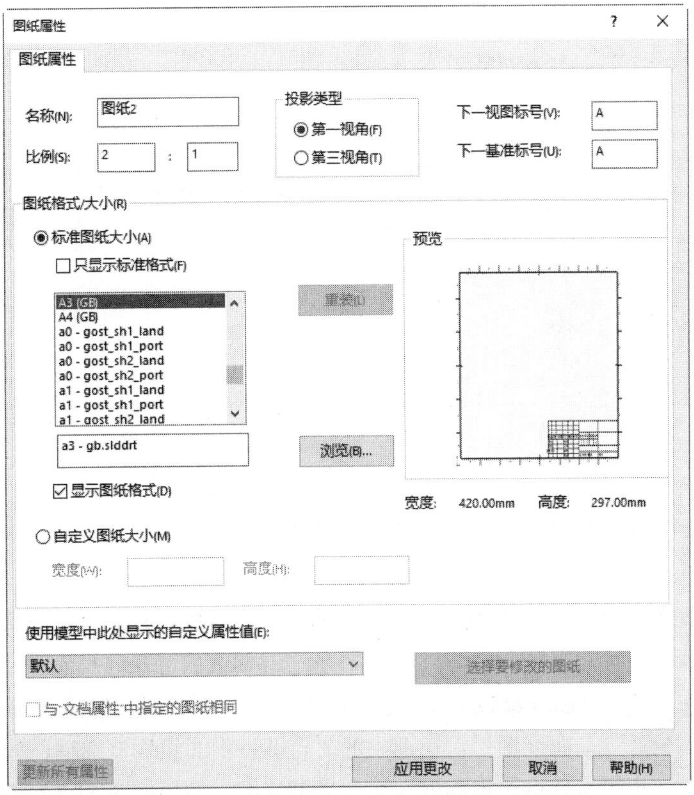

图 11-141 设置图纸

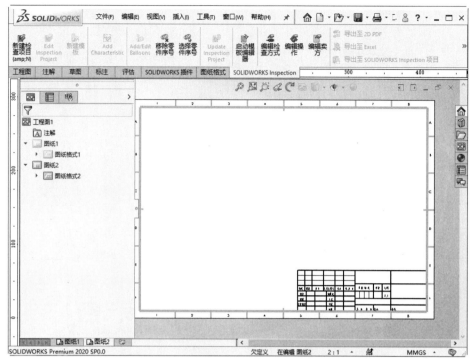

图 11-142 新建图纸

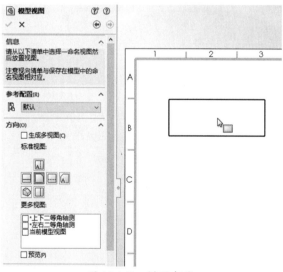

图 11-143 模型布局

(4) 创建其余投影视图。依次向不同方向拖动鼠标,在绘图区放置轴测图,结果如图 11-144 所示。

(5) 创建剖视图。单击"工程图"选项卡中的"剖面视图"按钮,系统弹出"剖面视图辅助"属性管理器,选择"水平"剖切线,将水平剖切线放置在前视图圆心处,弹出"剖面视图"对话框,在左侧的 FeatureManager 设计树中选择"工程图视图 1"中的阀杆、弹簧、手柄、销钉、球头,勾选"剖面视图"对话框中的"自动打剖面线"复选框,如图 11-145 所示。单击"确定"按钮,退出对话框,拖动鼠标,放置剖视图,结果如图 11-146 所示。

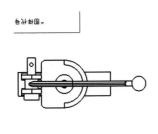 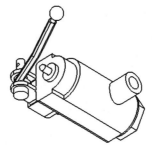

图 11-144　投影视图

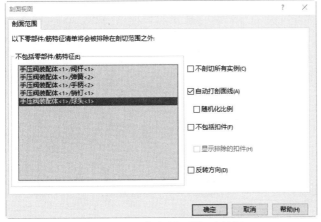 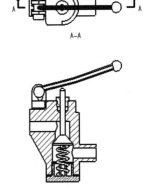

图 11-145　"剖面视图"对话框　　　　图 11-146　剖视图

11.12.2　添加尺寸及序号

（1）标注尺寸。选择菜单栏中的"工具"→"标注尺寸"→"智能尺寸"命令，或者单击"注解"选项卡中的"智能尺寸"按钮，标注视图中的尺寸，最终得到的结果如图 11-147 所示。

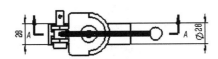

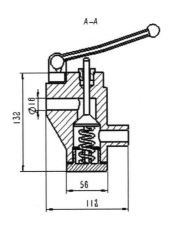

图 11-147　显示尺寸标注

409

（2）零件序号。选择菜单栏中的"插入"→"注解"→"自动零件序号"命令，或者单击"注解"选项卡中的"自动零件序号"按钮，在图形区域分别单击剖视图和轴测图将自动生成零件的序号，零件序号会插入到适当的视图中，不会重复。在弹出的属性管理器中可以设置零件序号的布局、样式等，参数设置如图 11-148 所示，生成零件序号的结果如图 11-149 所示。

图 11-148　自动零件序号设置

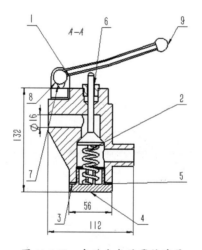

图 11-149　自动生成的零件序号

11.12.3　添加明细表及注释

（1）生成明细表。选择菜单栏中的"插入"→"表格"→"材料明细表"命令，或者选择"表格"下拉列表中的"材料明细表"按钮，选择刚才创建的剖面视图，将弹出"材料明细表"属性管理器，设置如图 11-150 所示。单击"确定"按钮，在图形区域将出现跟随鼠标的材料明细表，在图框的右下角单击确定定位点。创建明细表后的效果如图 11-151 所示，同时适当调整视图比例。

第 11 章　手压阀设计综合实例

图 11-150　材料明细表设置

（2）添加注释。单击右键弹出快捷菜单，如图 11-152 所示，选择"编辑图纸格式"命令，进入编辑环境，双击修改"图纸名称"，输入"手压阀装配"，修改结果如图 11-153 所示。此工程图即绘制完成。

项目号	零件号	说明	数量
1	阀体		1
2	阀杆		1
3	胶垫		1
4	调节螺母		1
5	弹簧		1
6	锁紧螺母		1
7	手柄		1
8	销钉		1
9	球头		1

图 11-151　添加创建明细表　　　　　图 11-152　快捷菜单

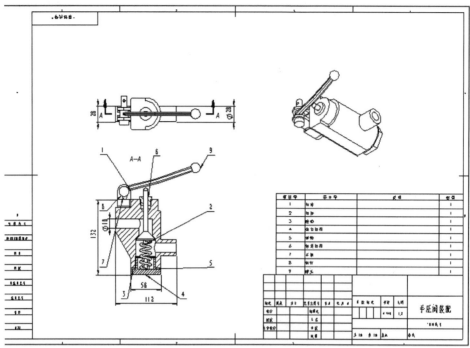

图 11-153　添加注释